从建场到盈利——
规模猪场经营管理解决方案

柏家林　吕军国　编著

U0381014

中国农业出版社

·北京·

图书在版编目（CIP）数据

从建场到盈利：规模猪场经营管理解决方案/柏家林，吕军国编著．—北京：中国农业出版社，2013.5（2015.1重印）

ISBN 978-7-109-17896-0

Ⅰ.①从⋯　Ⅱ.①柏⋯②吕⋯　Ⅲ.①养猪场－经营管理　Ⅳ.①S828

中国版本图书馆 CIP 数据核字（2013）第 101367 号

中国农业出版社出版

（北京市朝阳区农展馆北路 2 号）

（邮政编码 100125）

责任编辑　肖　邦

中国农业出版社印刷厂印刷　新华书店北京发行所发行

2013 年 9 月第 1 版　2015 年 1 月北京第 3 次印刷

开本：850mm×1168mm 1/32　印张：11.875

字数：300 千字

定价：28.00 元

（凡本版图书出现印刷、装订错误，请向出版社发行部调换）

前　言

　　近年来，我国养猪生产已从家庭副业分散经营向有一定规模养猪场和养猪专业大户方向发展，现代化养猪生产在全国各地蓬勃发展与壮大，先进的科学技术、复杂的生产设备、养猪流水作业等都要求有较高水平的科技人员与熟练的饲养人员掌握养猪工艺流程所需的各项技术，分工细致、配合密切、管理严密、和谐协调。猪场的经营管理就是对养猪生产、流通、分配、消费等经济活动进行组织、调节、保障和监督，通过有效的生产手段，建立合理的生产秩序达到经营获利的目标。在生产实践中，许多规模化养猪场在猪种、饲料、防疫、环境控制、饲养管理、经营管理等方面，不同程度地采用了先进技术，生产成绩有了明显提高。但就经济效益来说，却高低不一、有盈有亏，主要原因在于经营管理水平的差异。因此，养猪生产要取得高产、高效、优质，不仅要提高养猪生产科学技术水平，同时要提高科学经营管理水平，二者缺一不可。经营管理同样可以出效益。一个好的养猪生产者，同时又必须是一个好的经营管理者。

　　规模化养猪在发展过程中也遇到了一些问题和困难，有些猪场由于生产经营及饲养管理措施不力、生产技术和兽医技术跟不上、对市场行情了解不全，造成猪场生产指标不高、生产经营不善、管理措施落实不到位，严重影响猪场的经济效益。我们在日常的生产管理中体会到，采用先进科学的养猪管理技术，可大大提高规模化养猪的经济效益，这就是编写《从建场到盈利——规模猪场经营管理解决方案》一书的目的所在。

本书在内容的编排上，以规模化猪场的生产经营为重点，着重介绍了养猪各个生产阶段的生产管理操作内容，同时介绍了猪场经营过程中所涉及的制度管理、猪群管理、技术管理、财务管理、公司＋农户操作等知识。在写作上既注意到基础理论的普及和新技术的推广，也介绍临床诊断的经验和常规方法的应用，又介绍了经营管理高效益猪场的相关知识及应用方法。内容丰富，文字通俗易懂，所介绍的各项方法和技术实用性都较强。

本书在编写过程中，参考了许多专家、学者的学术成果，在此表示衷心感谢。

由于编写水平有限，书中不妥之处在所难免，敬请读者批评指正。

编　者

2013 年 6 月，兰州

目　录

第 一 章
规模化养猪场
生产管理技术

第一节　树立现代养猪生产的经营观念

　　读者朋友，当你准备养猪或者已经开始养猪，你一定希望自己能成功养猪致富。在实际的饲养过程中，能不能养好，不但要掌握一定的养猪饲养管理技术，而且要在思想观念上具备养猪成功者的基本素质。同样是养猪，在相同的市场条件下，有的养殖场（户）成功致富，而有的却经营失败亏本。总结分析表明，20％的养猪失败或亏本户是由于疾病影响造成，80％不是败在技术管理上，而是败在观念上，是错误的观念导致了生产经营管理方面亏本的结果。

　　因此，当你决定开始从事养猪的时候，从开始计划的那一天起，你的思想观念、行为，就应与你的生产经营效益挂上钩。要更新观念，把握市场行情，做好每一个细节工作，包括猪场场址选择、建设规划、设备购置、引种、饲料配制、饲养人员选择、生产管理规范、防疫消毒等每一环节都十分重要，要树立"要养就一定要成功"的决心，科学饲养管理、科学预防控制疾病、科学提高产品质量，力争取得良好的养猪经济效益。

一、养猪生产经营要点

1. 充分认识养猪市场波动规律，把握合适养猪时机　养猪实践告诉我们，养猪生产经营管理每3年左右要有一个周期性变化，而且每个周期又分为上升期、高峰期、下降期和低谷期4个阶段。上升期中仔猪、母猪和育肥猪存栏数较少，商品猪供不应求，肉价暴涨，养猪的利润较大，出现养猪热。随着价格上涨，养猪户大量选留育成母猪和成年母猪进行仔猪繁育，进入生猪市场的育肥猪进一步减少，猪价、肉价继续上涨，进入高峰期。高峰期中肥猪和仔猪价格均处于高水平，养猪户的积极性更加高涨。由于上升期所选留的母猪已陆续产仔，导致生猪存栏数逐渐上升，特别是仔猪和母猪数量大，生产后劲足。当大批仔猪通过6个月左右的饲养期出栏时，肥猪的供求开始发生变化，即由供不应求逐渐变为供大于求，毛猪、猪肉价格下滑，进入下降期。下降期中上升期和高峰期选留的母猪开始批量产仔，再加上原有的基础母猪和育肥猪，生猪存栏数处于最高水平。出现肥猪市场供大于求，价格下跌，当跌到成本价以下时，养猪户便不积极补栏，从而出现仔猪滞销。饲养户由盈利逐渐走向亏损，随着肥猪、仔猪价格的进一步下跌，养猪的亏损更加严重，这时人们开始屠宰母猪，养猪生产开始进入低谷期。低谷期中肥猪、仔猪的市场供给数量大而价格低，出现滞销，饲养户亏损严重，从而大量淘汰成年母猪，甚至妊娠母猪，导致成年母猪、后备母猪及仔猪的比例偏小，生产后劲不足。当这个时期繁育的仔猪长大出栏时，育肥猪开始减少，供小于求，毛猪、猪肉价格又开始上涨，养猪生产开始进入下一周期的上升期。近年来由于国外新品种的引进，科学养猪水平的不断提高和集约化规模养猪事业的发展，使完成一个周期所需的时期不断缩短，生猪市场的变化更加迅速。

因此，实际生产中新建、扩建猪场，新上养猪项目应在低谷期进行，这时猪价低，待仔猪育肥出栏时正赶上肥猪价格上涨时期。在高峰期要加强对育肥猪的饲养管理，做到快速育肥早日出栏。对生产性能差的公、母猪或原计划要淘汰的猪争取在这段时期处理，同时要少留仔猪。上升后期或高峰期不宜购买仔猪和选留繁育母猪。因为此时猪价正高，待出栏时正赶上下降或低谷期，高价购的仔猪正赶上低谷期或下降期出栏，将造成较大的损失。同时高峰期选留的母猪在下降期或低谷期产仔，仔猪卖不出去还会造成规模膨胀，占用资金增大，进而出现多养多亏的局面。在下降后期和低谷期要选留足够的后备猪和成年母猪，这些猪将会在高峰期产仔，所留的育肥猪在高峰期出栏。上升期的猪宜迟出栏，下降期宜早出栏。

2. 根据实际情况，确定合理的养猪规模 根据猪群、劳力、资金、设备等生产要素在养猪生产经营单位中的聚集程度，结合当地条件及个人的实际情况，确定适宜的养猪规模，以从最佳产出率中获得最佳经济效益。养猪规模不同，其经济效益不同，从调查的数据可以发现：饲养不足 30 头生猪的养殖户，其年纯收入为 2 081.7 元；31～50 头的养殖户，年纯收入为 2 660.1 元；而养 101～200 头、201～500 头的养殖户年纯收入分别为 7 038.0 元和 32 569.6 元。这就是说只有一定规模才能获得较高的效益，规模大小要根据实际条件而定。建议农户以年出栏生猪 100～200 头的生产规模为宜。如果兼养公、母猪，则养母猪 20 头，公猪 2 头，年出栏商品猪 300～500 头为宜。养猪一定要量力而行，不能贪大求多。因为养猪成本比较高，一旦出现饲料供应不足，资金周转困难等情况，就会造成两难的局面，致使养猪生产失败。所以，要稳定生产，逐步扩大规模。

3. 树立成本节约意识，提高有效产出 有些养猪户整天忙碌辛苦，但生产效益不高，为什么呢？就是不注意成本节约，不是科学饲喂，而是胡乱饲喂，造成饲料、药物、用具、水电浪费等。养猪70%成本来自饲料，如果没有成本节约的意识，大手大脚地干活，就会增加成本。因此，在科学饲养的基础上，一定要千方百计降低饲料成本，并在多种经营上下功夫，进行综合养殖，提高有效产出。生产规模确定以后，要做好全年计划，尤其是饲料计划。现以养20头母猪，2头公猪，年出栏350头生猪的规模为例进行分析。每头公、母猪年需全价料1 100千克，生猪从15千克至115千克出栏每头约需混合料380千克，每头小猪从出生到体重达到15千克需混合料约15千克。这样全年总共需混合料：公、母猪1 100千克/头×22头＝24 200千克，生猪380千克/头×350头＝133 000千克，仔猪15千克/头×350头＝5 250千克。这三项共计162 450千克。如果按下列配方配比的话，还得计算出各类饲料原料的总量。玉米占63%，则需102 343.5千克；豆粕占15%，需243 67.5千克；麦麸、米糠各占10%，各需16 245.0千克；骨粉占0.6%，需974.7千克；贝壳粉占1%，需1 624.5千克，盐占0.4%，需要649.8千克；维生素、微量元素等添加剂543千克。这个配方只是粗略计算，仔猪要比这个配方更细一些，蛋白质饲料也多一些。

4. 严格规章制度管理，提高工作效益　养猪是一项系统工程，每一个环节的失误都会影响生产管理效益。各生产环节都要建立严格的管理制度，用制度去规范生产操作、管理员工，奖罚分明、责任到人，使每个环节的员工干活有方向、努力有目标，从而激发每个员工的工作自觉性和积极性，提高工作效率。

5. 寻求技术帮助，少投入多收益　养猪是一项技术性很强的工作，如果没有专业人员指导，无疑是"盲人摸象"，看似简单，实际操作很复杂。如防疫消毒，一旦出现疫情，就可能全场覆灭。如平时生产管理，正常母猪一年提供22头仔猪，而差的母猪一年只能提供15头仔猪，效益差异就有1 500元～2 500元。因此，在生产中，不会就要及时请教，最好定期请专业人员来检查生产，发现问题并及时解决。

6. 重视防疫消毒工作，确保生产稳定　在养猪生产中，一定要坚持"预防为主，防重于治"的原则，平时加强消毒免疫，做好清洁卫生。防疫是养猪的关键，俗语说，"养猪赚不赚钱看防疫"。一旦猪场防疫出问题，造成的损失将是惨重的。如2006年一些猪场（养猪户）由于"高热病"的影响，血本无归，就是防疫消毒不到位造成的。

我国传统养猪生产仅是一种副业，生产效益和效率受重视不够。现代集约化养猪生产已跨入市场经济时代，在市场竞争机制的作用下，养猪生产效益和效率直接关系养猪生产的成败。因此，养猪生产的竞争实质是生产效益和效率的竞争，归根结底是科学技术实力的竞争。

近20多年来，在科学技术进步的推动下，我国养猪生产正大踏步向前迈进。集约化生产条件下，肉猪的生产成绩已接近国际先进水平。高水平养猪生产条件下的养猪生产竞争，只有更进一步提高养猪生产的科技含量、降低养猪生产成本、提高养猪生产效率，才是竞争的制胜法宝。在竞争中求生存，通过竞争求发展，已成为适应市场经济时代的必然选择。

养猪生产过程是经营管理过程，也是人、猪协调共处、互相统一的过程，良好的管理出效益。人、猪之间的协调共处也能产生效益，进而提高养猪生产在市场经济中的竞争能力。传统养猪时代已经过去，对养猪而言，只有在设施、设备、饲养条件（诸如猪舍环境调控设施、猪对生存空间的适宜要求等）适合猪的要求，营养供给符合猪的生理要求时，猪的生产性能才能有比较理想的表现。猪的福利越得到满足就越会给养猪生产者带来更可观的回报。对猪场管理者而言，不但要有合理的全局性的统筹规划，还要善于挖掘物力、财力的最大潜力（如饲料、物资周转、猪群结构把握、资金的合理运转等），充分发挥人的主观能动作用。对任何一个环节的把握缺乏科学态度都将影响到整个养猪生产效益。

二、影响养猪生产效率和效益的因素

1. 生产目标 养猪生产的目标不同，生产效益和生产效率就不同。以生产仔猪为目标的养殖场（户），要求饲养设备条件比较好、仔猪哺育和保育设施质量高。如温度控制设备要好、专业技术力量比较强、饲料质量高、饲养人员责任心更强。生产中任何一个环节的疏漏，都会影响仔猪的生产效益。

以养生长育肥猪为目标的养猪生产，最容易影响生产效益的因素是疾病，一旦发生传染病，将会造成不可估量的损失。另一个重要的影响因素是饲料的质量和价格。饲料原料要合格，要防止以次充好，配合饲料营养要全面。当市场上猪粮价格比在 6∶1 以上时，盈利的空间较大，当低于 5∶1 时，养肉猪则无利或微利。

以种猪为目标的养猪生产，要生产高质量可出售的种猪，前期研究投入高。由于种猪的市场份额比较有限，生产效益受市场影响很大，种猪场和管理要求比较严格，卫生防疫投入也比较大，如果人力、物力、财力不足，就难以达到预期目的。

以综合养猪为目标的养猪生产，即自繁自养，易于控制某些疾病，综合生产效益比较高。虽然对技术条件和管理水平要求更高、资金投入更多、资金周转更慢，但是规模化经营的整体效益比较显著。

2. 饲料 养猪生产中，饲料成本投入占的比例很大。若生产饲料的技术水平不高，饲料质量比较低，将显著影响生产成本和效益。现代养猪生产条件下，饲料已经不是传统养猪年代的"一瓢糠一瓢水"，饲料已成为一种科技密集型产品。提高饲料科技含量，不但对饲料的配合水平和制备技术要求高，而且也必须按照科学选购饲料的原则，坚持营养价值和合理价格的要求选购饲料，即购买饲料的营养质量观。除了常规饲料外，饲料添加剂的利用不可忽视，需要更多的技术支持，否则影响生产效益。

3. 猪场环境条件与设备　　要养好猪，设备、环境是重要条件，猪场设施、设备要适合饲养的猪群。饲养母猪，要求有质量比较高的妊娠栏、分娩栏（产床）和保育栏（温控条件好）。饲养生长育肥猪则要求通风良好、环境温度适宜、清洁卫生供水的猪舍。猪舍条件不好，也能影响猪的正常生长或正常饲料利用效率，影响生产效益。

4. 饲养管理　　不同生长阶段的猪，对饲料质量和环境条件要求不同，饲养管理方式也不同。不适宜的饲养和管理都影响生产效率。例如，乳猪尽早利用高质量饲料诱饲（教槽），有利于促进仔猪生长发育，使仔猪尽快适应配合料。若不诱饲，则可能降低仔猪生长速度，影响后期仔猪饲料的利用效率。又如，仔猪体温调节能力差，需要保温设备帮助仔猪保温，若不对仔猪保温，不但严重影响生长，还可能造成死亡。

5. 经营管理策略　　如何利用好现有的人力、物力、财力和信息资源，并充分挖掘其潜力是做好养猪生产经营管理的基础。因此，资金的合理利用、猪群的适宜结构、人员的合理安排使用、猪场设备的充分合理利用、信息来源准确可靠、猪场饲养管理水平等都是经营管理策略考虑的范围。策略不对将影响整个养猪生产的有效进行，影响生产效率和效益。例如，肉猪销售的市场信息把握不准确，盲目大量生产肉猪，可能受肉猪售价影响，降低整体生产效益。

6. 资金流动　　资金是养猪生产正常运行的经济命脉。资金的流动应有严格的操作规程，应随时跟踪资金流动情况。经认证应该投入的资金，如人工报酬、原材料购买、卫生防疫和环境保护等要充分保证投入，保证资金正常运作。若资金投入不当，资金运作出现越轨行为，将降低资金的投入产出比，降低资金运行效益。资金投入决策失误，会对生产效益产生严重影响。

三、目前规模化猪场存在的主要问题及解决方法

据有关资料统计，目前我国基础母猪 500 头、年出栏 10 000 头以上的规模化猪场约有 2 000 余个。但随着市场竞争的日益激烈，要想在这个行业站住脚，淘得一桶金却并非易事。当前有相当一部分规模化养猪场，特别是一些刚走上规模养殖的猪场，管理混乱、管理水平低、管理能力差，有规模无效益或者效益不够明显等现象非常突出。

（一）规模化养猪场存在的主要管理问题

1. 缺乏长远的战略规划　战略规划对企业生存和发展具有决定性指导作用，关系着企业在市场竞争中的前途和命运，是企业一切工作所必须遵循的总纲。一个企业如果总体战略失误，具体工作即使搞得再好也很难取得成功，这方面的实例在中外市场上屡见不鲜。虽然我国是养猪和猪肉消费大国，但从总体上看，与国外养猪企业和国内大型农业产业化企业相比较，我国的养猪企业从规模、资金实力、品牌、市场到企业许多构成要素都显得薄弱，市场竞争能力、市场占有率和抗风险能力都比较差。另外，我国生猪价格波动较大，受猪肉健康和安全以及品质的制约，国际市场不能得到进一步的开拓，养猪企业面临的处境越来越严峻。面对养猪现状和竞争日益激烈的环境，养猪企业的路应该怎样走，怎样制订养猪企业发展战略，养猪企业中长期的定位是什么、靠什么来求生存、求发展、怎么发展等方面的问题，都是每个养猪企业管理者应该经常思考的课题。

2. 缺乏有效的市场营销管理　所谓市场营销管理是指企业识别、分析、挖掘市场营销机会，以实现企业任务和目标的管理过程。企业市场营销管理的目的在于使企业的经营活动与复杂多变的市场营销环境相适应，这是企业经营成败的关键。随着中国

加入世界贸易组织，谙熟营销策略的外国养猪企业逐步进入中国。中国的养猪企业如果不重视市场营销管理，路将会越走越窄，将会面临严峻的考验。俗话说，"会养不如会卖"，道出了养猪企业市场营销管理的重要性。

3. 缺乏规范化的管理模式　猪场一切活动均在管理之列，探索并建立一套规范化的现代规模化猪场管理模式是非常重要的。我们的养猪专家及养猪企业家们最重要的任务就是把这个模式进行复制并不断地加以完善，这比任何的空谈理论都重要。最好的模式应该是实用的、可操作的和可复制的。

4. 懂得正规化管理的全能型（既懂管理，又懂技术）**场长奇缺**　规模化猪场场长人才匮乏已成为制约规模化养猪发展的瓶颈。为什么有的猪场寿命很短？为什么许多猪场在市场行情好的时候仍然盈利不多或不盈利甚至于亏损，在市场行情不好的时候亏损甚至倒闭或转卖？是饲养管理问题？是猪病问题？是市场问题？还是经营管理问题？都是，也都不是。关键的问题是，没有一个懂得规模化猪场正规化管理的全能型场长。懂技术的，不懂管理；懂管理的，不懂技术。真正懂得规模化猪场正规化管理的全能型场长的稀缺程度，从那些被挖来聘任的万头以上的规模化猪场场长月薪待遇上可见一斑。总体上讲，有1～2年规模化猪场管理经验的场长月薪1 500～3 000元；3～5年的3 000～5 000元；5年以上的5 000～10 000元；特大型猪场（或养猪公司）聘任的规模化猪场场长（或经理）年薪可达10万～50万元。

（二）规模化养猪场需要解决的基本对策

1. 制订和实施企业发展战略　针对我国养猪行业的现状，必须根据企业自身、市场环境和竞争对手的情况，制订和实施企业发展战略。知己知彼、正确定位、扬长避短，使企业克服危机，稳步发展。养猪企业的发展战略应涉及中长期干什么、靠什么和怎么干等三大方面的问题。不能被现阶段的困难吓倒，也不能被迷惑而丧失信心。应站在战略高度上明确企业定位，从实施体制创新、品牌经营、开展产业化经营等方面入手，通过种猪繁育体系的建立、市场营销体系的建立、企业文化的建立、企业安全预警系统（包括环保、疫病）的建立，逐步提升和塑造自己的竞争能力，逐步培养生存和发展的能力。

2. 加强企业市场营销管理　加强企业市场营销管理应从以下四个方面入手：

（1）进行市场调研和自身分析，分析和评价市场机会　为了能够使生产出来的猪完全符合客户的需要，并以市场的需求为中心，规模猪场必须定期进行周密的市场调研。首先调查市场的发展趋势，政治因素、政策因素对本行业的影响，本行业高科技发展的方向，各个地区市场需求量，客户的购买力、购买欲望、购买心理等；其次调查同行业各个主要竞争对手状况、实力、市场占有率、产品的优缺点及发展趋势，价格、销售渠道、广告、服务质量等营销策略，并调查近期内是否有新的竞争对手进入市场。猪场自身分析应包括对本场的竞争环境、市场知名度、促销效果、猪的质量和用户使用效果，本场猪的市场潜力，员工的素质和接受新观念、新技术的能力，技术力量及其应用，企业文化、管理水平、生产成本等方面作透彻的了解，用强弱机威综合分析法（strengths，weaknesses/limitations，opportunities and threats，SWOT）仔细分析企业在市场竞争中的优势、劣势，分析市场环境所带来的机会和威胁。有什么优势未发挥，有什么机遇未抓住，什么弱点未克服，什么阻碍本企业的发展，怎样消除威胁、求生存求发展等，做到知己知彼，百战不殆。

（2）进行市场细分，选择目标市场　根据顾客的情况和产品的用途，市场可细分为外销型猪场和内销型猪场，规模猪场可根据本身的实际情况决定选择哪一类或几类，甚至选择整体市场为本企业的目标市场，从而发挥本企业的有利条件，制订最佳的营销策略，提高市场占有率，以期取得更好的经济效益。

（3）确定合理的市场营销组合策略　一是产品策略，这是营销活动的核心内容。首先要树立产品的整体概念，不仅指猪本身，而且包括各种服务，以满足顾客的需求；定期评估本场猪的质量水平和优缺点，保证销售的猪质量长期稳定，使本场的猪质量保持同行业的领先水平，用质量托起企业销售市场，打出自己的品牌。作为规模猪场来说，品牌的作用绝不能低估，事实证明，品牌可以帮助养猪企业占领市场、扩大产品销售；在市场竞争中，品牌作为产品甚至企业的代号而成为销售竞争的工具，在客户中影响大，为他们所熟悉、所接受的品牌就销售得快。致力于新产品的开发，养猪企业要达到"生产第一代，掌握第二代，研究第三代，构思第四代"，才能使本企业的产品质量处于领先水平。二是价格策略。一般养猪企业应根据猪品种、质量、市场受欢迎程度、生产成本地区性、级别、竞争对手价格来决定猪的价格，但猪价格有时还受政府行政干预的影响。三是销售渠道策略。销售渠道策略包括两个方面的内容，一方面是猪的销售途径，另一方面是猪的运输。由于猪属于鲜活商品，一般采用猪场直销型的销售渠道，采用这种短渠道销售猪，需要掌握猪现场销售技巧并具备一定的配套设施方便客户选购。四是促销组合策略。有效的促销活动能提高养猪企业的知名度、美誉度，影响市场。促销组合策略可分为人员推销、产品广告、营业推广、宣传推广等推销方式，最常用且影响比较大的促销方式是人员推销，对于推销人员来说促销第一步是推销自己，将自己高尚的品质、良好的素养呈现给对方；第二步是推销企业，将企业的形象展示给对方，取得客户的信任后，才推销猪。

（4）管理市场营销活动　建立营销管理信息系统、营销管理计划系统、营销管理组织系统、营销管理控制系统，四个系统相互联系、相互制约，构成完整的市场营销管理体系，对整个猪场的市场营销管理活动给予帮助和支持。

3. 建立规范化的管理模式

（1）正规化管理　具体有企业文化管理、人性化管理、生产指标绩效管理、组织架构、岗位定编及人才机制、生产例会与技术培训等方面。

（2）制度化管理　猪场的日常管理工作要制度化，要让制度管人，而不是人管人。要建立健全猪场各项规章制度。

（3）流程化管理　由于现代规模化猪场周期性和规律性很强，生产过程环环相连，因此要求全场员工对自己所做的工作内容和特点要非常清晰明了，做到每周每日工作事事清。

（4）规程化管理　在猪场的生产管理中，各个生产环节细化的科学饲养管理技术操作规程是重中之重，既是搞好猪场生产的基础，也是搞好猪病防治工作的基础。

（5）数字化管理　要建立一套完整的、科学的生产线报表体系，并用电脑管理软件系统进行统计、汇总及分析。

（6）信息化管理　规模化猪场的管理者要有收集并利用市场信息、行业信息、新技术信息的能力，经常参加一些养猪行业会议，积极参与养猪行业的各种活动，要"走出去，请进来"。充分利用现代信息工具如网络等。

4. 培养一个卓越的懂得正规化管理的全能型场长　卓越的规模化猪场场长必须具备学习创新能力、规范管理能力、全面技术能力、培训授课能力。猪场场长通过对生产技术指标、生产流程、满负荷生产参数、满负荷生产计划、满负荷存栏猪结构进行计划和控制，加强成本计划、核算、监督和控制，加强销售管理，提高管理水平和管理效率。要振兴中国养猪业、发展中养猪业，把养猪大国变为养猪强国，就必须大量培养规模化养猪人才，尤其是真正懂得规模化猪场正规化管理的全能型场长（或经理）。

第二节　猪场选址与猪舍建筑

正确选择猪场场址并按最佳的生产联系和卫生要求等进行合理的规划和布局，是猪场建设的关键。科学合理的规划和布局，有利于提高设备利用率和人员劳动生产率，也有利于严格推广卫生防疫制度和措施。

一、规模猪场的建设总体要求

概括为布局合理、功能完善、便于管理、防疫可靠、交通便利、水电充足、环保达标等。

二、猪场总体规划

猪场总体规划是根据确定的生产管理工艺流程来规划猪场建设规模。商品猪场的规划应根据建设地区资源、投资、本地区及周边地区市场需求量和社会经济发展状况，以及技术与经济合理性和管理水平等因素综合确定。通常基础母猪数 120～300 头，年出栏商品猪 2 000～5 000 头的为小型猪场；基础母猪数 300～600 头，年出栏商品猪 5 000～10 000 头的为中型猪场；基础母猪数 600 头以上，年出栏商品猪 10 000 以上的为大型猪场。

总体规划的步骤是：首先根据生产管理工艺确定要建设哪些主要设施和附属设施以及各类猪舍、各类猪栏数量和所需要的面积，然后计算各类猪舍栋数，最后完成各类猪舍的布局安排。商品猪场的建设规模应与其基础母猪的数量相适应。

规模化猪场猪舍样式、结构、内部布置和设备牵涉的细节很多，需要多考察几个养猪场，请教专家和听取有经验养殖人员的建议，特别是屋顶、天棚、地面及排污沟等怎么建最合理，要取长补短，综合分析比较，选择适合本地气候和管理特点的建筑形式，再做出详细的方案。

三、生产管理工艺

规模化养猪场生产管理实行"全进全出"一环扣一环的流水

式作业。所以，猪舍建筑也需要根据这一生产管理工艺来规划。根据目前普遍饲养的瘦肉型猪品种的生产特点，其主要生产技术指标如表1-1所示。

表1-1　商品猪场主要生产技术指标

项　目	指　标	项　目	指　标
生产母猪平均年产仔窝数	2 窝以上	每头母猪年产仔数	19 头以上
每窝平均产仔数	11 头以上	哺乳仔猪的成活率	92%以上
平均窝产活仔数	10 头以上	保育猪的成活率	96%以上
仔猪断奶日龄	28 天以上	生长育肥猪成活率	98%以上
配种分娩率	85%以上	全期成活率	90%以上

猪群结构是依照生产功能、工艺流程、技术指标确定的。中小型集约化养猪场正常运营情况下，以出栏商品猪数来计算猪群结构，可分为四种规模（表1-2）。

表1-2　猪群存栏数与结构

单位：头

规模与群别	1 000	3 000	5 000	10 000
成年种公猪	2～3	7～8	11～12	22～25
后备公猪	1～2	2～4	4～6	8～10
生产母猪	56～60	170～200	280～300	560～600
后备母猪	17～20	50～60	83～90	167～200
哺乳仔猪	100 以上	320 以上	530 以上	1 000 以上
保育猪	100 以上	310 以上	510 以上	1 000 以上
生长发育猪	300 以上	930 以上	1 540 以上	3 000 以上
合计存栏	500 以上	1 800 以上	2 960 以上	5 900 以上
年产商品肉猪	1 000 以上	3 000 以上	5 000 以上	10 000 以上

猪群具体划分如下：

（1）成年公猪群　直接参与生产的公猪组成成年公猪群。实行人工辅助自然交配的猪场，种公猪应占生产母猪群 2.0％～5.0％；实行人工授精配种的猪场种公猪可降低到 1.0％以下。

（2）后备公猪群　由为更新成年公猪而饲养的幼猪组成或直接从种猪场购买 75 千克以上的公猪，占成年公猪的 30％～50％，一般选留比例为 10∶2。

（3）生产母猪群　由已经产仔的母猪组成，占猪群总存栏量的 10％～12％。

（4）后备母猪群　由用于更新生产母猪的幼猪组成，占生产母猪群的 25％～30％，选留比例为 2∶1。

（5）仔猪群　系指出生到断奶的哺乳仔猪，占出栏猪数的 15％～17％。

（6）保育猪群　系指断奶后仔猪。在网床笼内（一般指35～70 日龄仔猪）或地面饲养，而后转入生长发育群。

（7）生长发育（育成、育肥）猪群　经保育阶段以后，转入地面饲养，依体重可分为育成期（体重 25～35 千克）、育肥前期（体重 35～60 千克）和育肥后期（体重 60～100 千克）。

四、猪舍面积及布局

（1）各类猪栏所需数量计算　生产管理工艺不同，所需各类猪栏数就不同。所以，在计划猪场猪舍面积时，可参考猪群存栏数与结构表（表1-2）及猪群饲养密度及每栏猪数（表1-3）。

表1-3　猪群饲养密度及每栏数量

阶　段	密度（米²/头）	群体（头/栏）	备　注
保育猪	0.25～0.3		
25～53 千克	0.4	1. 不大于 20 头，2. 不将两栏以上的猪一次合并	不包括食槽面积
53～75 千克	0.7		
75～97 千克	1.0		

（续）

阶　　段	密度（米²/头）	群体（头/栏）	备　　注
公猪	10.0	1	最好配有运动场，可并栏以促进发情
妊娠母猪	1.3	1	
空怀母猪	1.3	1	
哺乳母猪	3.5～4.0	1	

（2）各类猪舍栋数　求得各类猪栏的数量后，再根据各类猪栏的规格及排粪沟、走道、饲养员值班室的规格，即可计算出各类猪舍的建筑尺寸和需要的数量。

（3）各类猪舍布局　根据生产工艺流程，将各类猪舍在生产区内做出平面布局安排。为管理方便，缩短转群距离，可以按照以分娩舍为中心，保育舍靠近分娩舍，育成舍靠近保育舍，育肥舍挨着育成舍，妊娠（配种）舍也应靠近分娩舍排列。也可按照配种猪舍、妊娠猪舍、分娩哺乳猪舍、培育猪舍、育成猪舍和育肥猪舍的顺序依次排列。

（4）猪舍方向　一般为南北向方位，南北向偏东或偏西不超过30°角，保持猪舍纵向轴线与当地常年主导风向成30°～60°角。

（5）猪舍与猪舍之间的间距　须考虑防火、行车、通风、防疫的需要，结合具体场地确定，通常间距10～20米。

（6）猪舍猪栏面积利用系数　由猪栏总面积与猪舍总面积之比表示，各类猪舍的猪栏面积利用系数应不低于下列参数：配种、妊娠猪舍65%；分娩哺乳猪舍50%；培育猪舍70%；育成、育肥猪舍75%。

（7）猪舍的饲养密度　由每头猪占猪栏面积表示，各类猪群饲养密度均不应超出表1-3的规定。

五、养猪场建筑面积

猪场占地面积依据猪场生产的任务、性质、规模和场地的总体情况而定。总的生产区面积一般可按每头繁殖母猪 40~50 米^2 或按年出栏 1 头育肥猪不超过 2.5~4 米^2 计划。

具体面积就是猪场需要建设的项目面积，即猪舍面积、辅助生产及生活管理建筑面积，以及生活用房、道路、舍与舍间距、绿化等面积之和。猪舍面积能够通过以上计算得出。辅助生产及生活管理建筑面积可参考表 1-4。在计算时还可以考虑猪群饲养密度及每栏数量（表 1-3）和猪舍的栏面积利用系数。

表 1-4 养猪场的辅助生产及生活管理建筑面积

项 目	面积参数（米^2）	项 目	面积参数（米^2）
更衣、沐浴消毒室	30~50	锅炉房	60~80
兽医、化验室	50~80	仓库	60~90
饲料加工间	200~300	维修间	15~30
配电室	30~45	办公室	30~60
水泵房	15~30	门卫值班室	15~30

1. 猪场需要建设的项目 猪场通常分四个功能区，即生产区、生产管理区、隔离区、生活区。在进行分区规划时，应首先从人、畜健康角度出发，以便于防疫和安全生产等为原则来合理安排各区位置。

（1）生产区 是猪场的最主要区域，包括各类猪舍、道路和生产设施。各猪舍由料库内门领料，用场内小车运送。在靠围墙处设装猪台，出售猪只时由装猪台装车，避免外来车辆和人员直接进场。

（2）生产管理区 也叫生产辅助区，包括行政办公室、后勤水电供应设施、车库、饲料加工调配车间及储存库、卫生消毒池等。该区与日常饲养工作关系密切，距生产区距离不宜远。饲料库应靠近进场道路处，以便场外运料车辆不进入生产区而方便卸料入库。消毒、更衣、洗澡间应设在场大门的一侧。

（3）隔离区 包括兽医室和隔离猪舍、尸体剖检和处理设施、粪便处理及贮存设施等。为防止病原传播，该区应设在整个猪场的下风与地势低洼处，病畜隔离舍要尽可能与外界隔绝，在四周还应有天然或人工的隔离屏障。对该区污水和废弃物要严格控制，以免污染周围环境。

（4）生活区　猪场生活区要求单独设立，该区包括文化娱乐室、职工宿舍、食堂等。为保证良好的卫生条件，避免生产区臭气、尘埃和污水的污染，该区应在猪场的上风和地势较高地方，并与猪舍隔离开来。猪场养殖人员生活用房按劳动定员人数每人4 米^2 计。

2. 猪场的劳动者定员按每人每年平均可生产商品猪数确定　小型猪场为 225～250 头/（人·年）；中型猪场为 275～300 头/（人·年）。其中生产管理人员不大于全场定员总数的 30%，饲养员应不少于全场定员总数的 70%。如一个年生产商品猪 2 000 头的小型猪场，需要 8～9 人；一个年生产商品猪 6 000 头的中型猪场，需要20～22 人。

六、场址选择与猪舍建筑设计

养猪场应建在地势干燥、排水良好、易于组织防疫的地方，用地符合当地规划要求。猪场周围 3 000 米无大型皮革厂、化工厂、肉品加工厂、矿厂，距离交通要道、公共场所、居民区、城镇、学校至少 1 000 米以上，距离医院、畜产品加工厂、垃圾及污水处理场至少 2 000 米以上，周围应有围墙或其他有效屏障。

要考虑是否有足够的电力供应保障猪场生产和生活的正常运转，并预备好后备电源。要确保水源充足，水质优良。还应考虑顺风方向与最近居民区的距离，扩大距离可使猪场的不良气味在到达居民区之前被稀释。在规划阶段就应考虑到为将来扩建留有余地。

（一）一般农户猪场选址的要求

一般农户养猪比较少，有的只有几头，也应有栏舍圈养，而不宜放养。如果要兴办养猪场，场舍地址的选择应尽可能考虑水质、饲料、防疫、能源、交通、土质、市场等因素。一般应选在地势较高的地方，最好向南稍倾斜，水源充沛、水质清洁和交通便利，距离生活区或交通要道不能太近，有利于粪便污水处理，使饮用水源不受污染。栏舍设计应考虑通风、光照等，进出方便，既便于冬季保暖又便于夏季防暑，且要投资较少。

猪舍的式样，常见的有单列式、双列式两种，水泥地面。种公猪应设有运动场，母猪栏设仔猪哺乳间。每头猪所占面积，种公猪 $6\sim8$ 米^2，带仔母猪 $5\sim8$ 米^2，肉猪 1 米^2。方位上应坐北朝南，或偏东南。

在生态农业的发展中，一些地方已探索出"一坡山、一片果、一塘水、一棚鸭、一栏猪、一塘鱼"立体养殖的成功经验。在池塘或水库坡上栽果树（或种蔬菜、庄稼、牧草等），岸边建猪栏、鸭棚，水中放鸭子和养鱼。猪粪、尿用作果树及庄稼的肥料，或猪粪、鸭粪喂鱼。也可以建沼气池，将猪粪、鸭粪引入沼气池发酵产生沼气做燃料供炊事与照明；猪粪、鸭粪发酵后再用作肥料，或流入鱼塘，提高鱼塘肥力，增加浮游生物，为鱼类增加饵料。这些立体养殖模式，既可以产生互补性，保持生态的良好循环，又可取得较好经济效益。

（二）猪场布局和猪舍建筑设计

1. 猪场布局　在选定场地上进行分区规划和确定各区建筑物的合理布局，是建立良好的猪场环境和组织高效率生产的基础工作和可靠保证。因此，必须根据有利防疫、方便饲养管理、改善场区小气候、节约用地等原则考虑布局。

2. 猪舍排列　如图 1-1 所示。

3. 猪舍建筑　猪舍建筑类型应根据当地气候环境因素来决定。无论使用哪一种建筑类型，都要充分考虑到猪舍通风、干燥、卫生、冬暖夏凉的要求。

　　猪舍形式的设计与建筑，首先要符合养猪生产工艺流程，其次要考虑各自的实际情况。黄河以南地区以防潮隔热和防暑降温为主，黄河以北则以防寒保温和防潮防湿为重点。

　　（1）按屋顶形式猪舍分单坡式、双坡式、联合式、平顶式、拱顶式、钟楼式和半钟楼式等。单坡式一般跨度小，结构简单，造价低，光照和通风好，适合小规模猪场。双坡式一般跨度大，双列猪舍

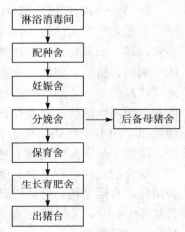

图 1-1　猪舍排列示意图

和多列猪舍常用该形式，其保温效果好，但投资较多。联合式的特点介于单坡式、双坡式之间。平顶式适于各种跨度，如果保温和防水做得好，使用效果也较好，但造价较高。钟楼式是在双坡式屋顶上安装天窗，如天窗仅安装于阳面即为半钟楼式，舍内空间大，有利于采光和通风，缺点是不利于保温，适于炎热地区。

　　（2）按墙的结构和有无窗户猪舍分开放式、半开放式和封闭式。开放式是三面有墙一面无墙，建筑简单，节省材料，造价低，通风采光好，舍内有害气体易排出。但由于猪舍不封闭，猪舍内的气温随着外界变化而变化，不能人为控制，尤其北方冬季寒冷，影响了猪的繁殖与生长，正如常说的一年养猪半年长，相对的占用面积也较大。半开放式是三面有墙一面半截墙，保温稍优于开放式。封闭式是四面有墙，又可分为有窗和无窗两种。开敞式自然通风猪舍的跨度不应大于 15 米。

　　（3）按猪栏排列猪舍分单列式、双列式和多列式。单列封闭式猪舍的猪栏排成一列，北墙可设或不设走道。构造简单，采光、通风、防潮好，冬季不是很冷的地区适用。双列式封闭猪舍

的猪栏排成两列，中间设走道，管理方便，利用率高，保温较好，采光、防潮不如单列式，冬季寒冷地区适用，适宜养肥猪。多列式封闭猪舍的猪栏排成 3 列或 4 列，中间设 2 条或 3 条走道，保温好，利用率高，但构造复杂，造价高，通风降温较困难。

(4) 塑料大棚式猪舍。即用塑料扣成大棚式的猪舍，能利用太阳辐射提高猪舍内温度，北方冬季养猪多采用这种形式。这是一种投资少、效果好的猪舍。根据建筑上塑料布层数，猪舍可分为单层塑料棚舍与双层塑料棚舍。根据猪舍排列，可分为单列塑料棚舍和双列塑料棚舍。另外还有半地下塑料棚舍和种养结合塑料棚舍。按屋顶形式又可分为单坡式、不等坡式和等坡式。

①单层塑料棚舍与双层塑料棚舍　扣单层塑料布的猪舍为单层塑料棚舍，扣双层塑料布猪舍为双层塑料棚舍。单层塑料棚舍比无棚舍的平均温度可提高 10℃ 以上，说明塑料棚舍比无棚舍能显著提高猪舍温度。根据沈阳地区试验，在冬季最冷天气舍温不管在白天黑夜始终保持在 8℃ 以上。由于舍温的提高，使猪的增重也有很大提高。试验表明，有棚舍比无棚舍日增重可增加 238 克，每增重 1 千克可节省饲料 0.55 千克。说明塑料大棚养猪是在北方寒冷地区投资少、效果好的一种方法。双层塑料棚舍比单层塑料棚舍温度高，保温性能好。如黑龙江省试验表明，冬季 11 月份至次年 3 月份，双层塑料棚舍比单层塑料棚舍温度提高 3℃ 以上，肉猪的日增重可提高 50 克以上，每增重 1 千克节省饲料 0.3 千克。

②单列塑料棚舍和双列塑料棚舍　单列塑料棚舍指单列猪舍扣塑料布。双列塑料棚舍，由两列相对猪舍连在一起扣上塑料布。这类猪舍多为南北朝向，上、下午及午间都能充分利用阳光，以提高舍内温度。

③半地下塑料棚舍　半地下塑料棚舍宜建在地势高燥、地下水位低或半山坡地方。一般地下部分为 80～100 厘米。这类猪舍

内壁要砌成墙，防止猪拱或塌方。底面整平，修筑混凝土地面，因此这类猪舍冬季温度高于其他类型猪舍。

④种养结合塑料棚舍　这种猪舍是既养猪又种植（种菜）。建筑方式同单列塑料棚舍。一般在一列舍内有一半养猪，一半种菜，中间设隔断墙。隔断墙留洞口不封闭，猪舍内污浊空气可流动到种菜室那边，种菜室那边新鲜空气也可流动到猪舍。但给菜打药时要将洞口封闭严密，以防猪中毒。最好在猪床位置下面修建沼气池，利用猪粪尿生产沼气，供照明、煮饭、取暖等用。

塑料棚舍需要注意的问题如下：

①塑料大棚猪舍冬季湿度较大，塑料膜滴水，猪密度较大时，相对湿度很高，空气中氨气浓度也大，这样会影响猪的生长发育。因此，需设排气孔，适当通风，以降低舍内湿度、排出污浊气体。

②为了保持棚舍内温度，冬季在夜晚于塑料棚的上面要盖一层防寒草帘子，帘子内面最好用牛皮纸、外面用稻草做成。这样可减少棚舍内温度的散失。夏季可除去塑料膜，但必须设有遮阳物，这样能达到冬暖夏凉。

③塑料棚的造型要合理，采光面积大，冬季阳光直射入舍内，达到北墙底。

④塑料棚舍应建在背风、高燥、向阳处，一般坐北朝南，并偏西5°～10°。这样在11月份至次年2月份期间，每天棚舍接受阳光照射的时间最长，获取的太阳能最多，对棚舍增温效果好。

4. 猪场环境保护

(1) 死畜及粪便处理　将死畜及猪的胎盘投入病死猪无害化处理间，不得扔在蓄粪坑里，也不能与粪肥一起在大田施撒。猪粪尿应经过无害化处理后使用。生态养猪的核心是猪粪尿的合理处理，猪粪可以配合成有机复合肥，污水则可采用厌氧发酵，生成再生能源沼气。

(2) 猪场绿化　在猪舍四周种植高大乔木，既有利于猪舍之间的通风，又能起到遮阳的作用，有利于炎热季节降温。

（3）发展生态立体农牧业　在猪舍周边发展种植业，可以充分消化猪场粪水或沼气渣，促进良性生态循环。

第三节　引养良种

一、猪的经济类型

根据不同猪种肉脂生产能力和外形特点，按胴体的经济用途可分为瘦肉型（腌肉型）、脂肪型和介于二者之间的兼用型 3 个类型。

（一）瘦肉型

瘦肉型猪的生产方向以腌肉用为主，胴体瘦肉率达 55% 以上，膘厚 1.5～3.5 厘米，可加工成长期保存的肉制品，如腌肉、香肠、火腿等。其外形特点是：前躯轻、后躯重、中躯长，背线与腹线平直，四肢较高，体长大于胸围 15～20 厘米及以上。我国近年来引入的各种瘦肉猪良种均属此类型，如杜洛克、汉普夏、大约克夏、长白猪等。

（二）脂肪型

脂肪型猪的脂肪一般占胴体的 45% 以上，膘厚 4 厘米以上。其外形特点是：头颈粗重，体躯宽、深而短，体长胸围相等或略小于胸围 2～5 厘米，四肢较短。我国大多数地方猪种都属此类型，如太湖猪、民猪、八眉猪、内江猪、荣昌猪、藏猪、金华猪、宁乡猪和大花白猪等。

（三）兼用型

这种类型以生产鲜肉为主，胴体中的瘦肉和脂肪比例相近，各占 45% 左右，外形介于脂肪型和瘦肉型之间。在这类猪种中，凡偏向于脂肪型者称为脂肉兼用型，凡偏向于产瘦肉稍多者，称为肉脂兼用型。我国大多数培育猪种都属于此类型，如北京黑猪、上海白猪、关中黑猪、汉白猪、哈白猪等。

猪的经济类型实质上是生长发育类型，既是可遗传的，又是可塑的，是不同时期消费需求和生产水平的反映。随着市场对瘦肉需求的不断增加，脂肪型猪逐渐向兼用型和瘦肉型转变。

二、猪的著名品种

（一）长白猪

原名兰德瑞斯，原产于丹麦，由于体长，毛色全白，故在我国都称为长白猪。长白猪是 1887 年用大约克夏猪与丹麦本土种猪杂交后经长期选育而形成的培育品种。1961 年成为丹麦全国推广品种。是目前世界分布很广泛的腌肉型品种。

1. 外形特征 毛色全白，体躯呈流线型，前轻后重，头小，鼻嘴直、狭长，两耳向前下平行直伸，背腰特长，腹线平直不松弛，皮肤薄，骨骼细，后躯发达，臀部和腿部丰满，平均乳头 7～8 对。

2. 生产性能 长白猪具有生长快、饲料利用率高，瘦肉率高（瘦肉率可达 62％以上），母猪产仔多，泌乳性能好等优点。长白猪性成熟较晚，6 月龄开始出现性行为，9～10 月龄体重达 120 千克左右开始配种。初产母猪产仔数 10～11 头，经产母猪产仔 11～12 头，仔猪初生重可达 1.3 千克以上。但长白猪体质较差，不耐寒，肢蹄不够结实（英系、丹系长白猪肢蹄相对有所改善），抗逆性较差。

3. 杂交利用 长白猪被广泛用作生产配套系的父本。国外三元杂交中常作为第一父本或母本。我国以长白猪作父本，以地方良种猪作母本杂交，其后代能显著提高日增重、瘦肉率和饲料转化率。

（二）约克夏猪

原产于英国约克郡及其毗邻地区。该品种是以当地地方猪种为母本，引入我国广东猪种育成，1852 年正式确定为新品种。约克夏可分为大、中、小三型。目前在世界分布最广的是大约克夏猪，因其体型大，全身被毛白色，故又名大白猪，在世界猪种中占有重要地位。

1. 外形特征　毛色全白，体格大而匀称，呈长方形，头颈较长，脸微凹，耳大直立，鼻直，背腰微弓，腹线平直，四肢较长且结实，肌肉发达，体躯长，臀宽长，平均乳头 7 对。

2. 生产性能　大约克夏猪具有增重快、饲料利用率高、繁殖性能较高、肉质好的优点。体质和适应性优于长白猪，母猪以母性好著称。大约克夏猪初情期为 5～6 月龄，一般于 8 月龄（第三次发情）体重达 120 千克以上配种。经产母猪平均产仔 12.2 头，产活仔猪 10 头。成年公猪体重 300～500 千克，母猪 200～350 千克。公猪 30～100 千克阶段平均日增重可达 982 克，饲料转化率 2.8，瘦肉率 62%。

3. 杂交利用　常作为生产配套系的母本。国外三元杂交中常用作母本或第一父本，最常用的组合是杜洛克×长白×大约克夏，简称杜·长·大。我国用大约克夏猪作父本，分别为与民猪、华中两头乌、大花白、荣昌、内江等母猪交配，均可获得较好效果。其一代杂种猪日增重较母本提高 20% 以上，二元杂交后代胴体眼肌面积增大，瘦肉率有所提高。据测定，宰前体重 97～100 千克的大约克夏×太湖一代杂种猪、大约克夏×通城一代杂种猪，胴体瘦肉率比地方品种分别提高 3.6 和 2.7 个百分点。

（三）杜洛克猪

原产于美国东北部，其主要亲本是纽约州的杜洛克和新泽西州的泽西红，故原名为杜洛克泽西。为世界著名的鲜肉型品种，世界各地分布很广，我国的台湾地区也有自己的培育品系。

1. 外形特征　毛为棕红色（也有金黄色到暗棕色），樱桃红色最受欢迎，耳中等大，耳尖前垂，四肢粗壮，头较小而清秀，身上不允许有白毛。杜洛克猪体躯宽深，背略呈弓形，四肢粗壮，臀部肌肉发达丰满。性情温驯，抗寒，适应性强。

2. 生产性能 杜洛克猪生长速度快，饲料转化效率高，瘦肉率高，抗逆性强，体质结实，肢蹄健壮，肉色好。公猪性欲强，但产仔数少，泌乳力稍差，饲料转化率低。在我国杜洛克种猪平均窝产仔 9.9 ± 1.8 头，达 90 千克活重日龄为 159 天，平均日增重 760 克，饲料转化率 2.55，90 千克屠宰率 74.4%。

3. 杂交利用 杜洛克猪在二元杂交中作父本，三元杂交中作终端父本。目前常用的有美系杜洛克、台系杜洛克和加系杜洛克，它们各有优势。

(四) 皮特兰猪

原产于比利时的布拉帮特省。1919—1920 年比利时布拉帮特省附近用本地猪与法国的贝叶猪杂交改良，后又引入英国的泰姆沃斯猪血统，1955 年被欧洲各国认可，是近年来欧洲较为流行的肉用型新品种。

1. 外形特征 毛色灰白夹有黑色斑块，还有部分红毛，耳中等大小、向前倾，头面平直，嘴大且直，体躯呈方形或圆柱形，体宽而短，四肢短而骨骼细，呈双肌臀，肌肉特别发达。

2. 生产性能 经产母猪平均窝产仔数 9.7 头，瘦肉率特别高，可达 70%～78%，并能在杂交中显著提高杂交后代的胴体瘦肉率，但抗应激能力较差，体重达 90 千克以后，生长速度明显减慢，肉质不佳，易出现 PSE 肉[*]。

3. 杂交利用 由于瘦肉率很高，在杂交体系中常用作父本。最好利用它与杜洛克猪或汉普夏猪杂交，杂交一代公猪作为杂交系统的终端父本，这样既可提高瘦肉率，又可防止 PSE 猪肉的出现。

---

[*] PSE 肉：含有猪应激综合征（porcine stress syndrome，PSS）隐性基因的猪屠宰后，猪肉表现出苍白、松软、渗水特征，这种肉称 PSE 肉。

（五）汉普夏猪

原产于美国肯塔基州的布奥尼地区，是由当地薄皮猪和英国引进的白肩猪杂交选育而成的，为世界著名的鲜肉型品种。

1. 体型外貌　被毛黑色，在肩和前肢有一条白带环绕，俗称为"白带猪"。嘴较长而直，耳中等大小且直立，体躯较长，肌肉发达，膘薄瘦肉多。

2. 生产性能　汉普夏猪具有瘦肉率高、眼肌面积大、胴体品质好等优点。但是比其他瘦肉型猪生长速度慢，饲料转化率稍差。成年公猪体重 315～410 千克，成年母猪体重 250～340 千克。一般窝产仔数 10 头左右，公猪平均日增重可达 845 克，饲料转化率 2.5，胴体瘦肉率 61.5%。

3. 杂交利用　公猪性欲旺盛，是比较理想的杂交配套生产体系中父本，母猪因母性良好，也可作母本。以其为父本，以地方品种猪作母本杂交后能显著提高商品猪的瘦肉率。

（六）梅山猪

主要分布在江苏省的太仓、昆山以及上海嘉定等地。梅山猪是太湖猪中的一个类群，以太湖排水干道——浏河两岸为繁殖中心。梅山猪体型中等，头大额宽，额部褶皱多而深，体黑色，耳大下垂，性成熟早，初情期为 2.5～3 月龄。全身被毛黑色或青灰色，毛稀疏，四肢蹄部为白色，乳头多为 8～9 对。梅山母猪以繁殖能力最高、泌乳力强、使用年限长和肉质鲜美著称，成年母猪平均排卵 29 枚，产仔多，三胎以上产仔数可达 16 头。在保证适宜瘦肉率，提高繁殖力的杂交改良中，梅山猪是一个比较理想的母本。

三、引种方式和杂交利用

（一）一定规模的猪场

建议建立一个祖代核心群，引进高品质纯种的大约克母猪和长白公猪，杂交产生第一代（F_1），从杂交一代的母猪群中挑选出优良个体作为母本（即平常说的长大母猪），与高品质的纯种杜洛克公猪（父本）杂交，生育出来的后代（即杜长大，俗称外三元）作为商品猪。上述杂交方式称为三品种杂交，它能获得明显的杂种优势，即繁殖性能好、生长速度快、料肉比低、瘦肉率高、抗病力强、屠宰率高、肉色好等特点。

（二）一般中小规模的猪场

引入后备长大母猪和后备杜洛克公猪直接进行杂交生产。引种比例采取长大母猪：杜洛克公猪为 20～25：1。多年的实践证明，杜长大三元杂交利用，优势明显，适应性强。

（三）小型猪场及农村饲养的小型猪场

以太湖猪或上海白猪为母本，与长白公猪杂交所生杂交一代，从中选留长太或长上母猪与杜洛克猪进行三元杂交，所生产出来后代用做商品肉猪（杜长太或杜长上，俗称内三元）。该杂交组合产仔数多、耐粗饲、生长速度快、应激小、肉质特别优良、瘦肉率较高，深受广大养殖户欢迎，其缺点是气喘病较严重。

四、商品猪场的引种方案

目前大多数养猪场采用"小而全"的自繁自养模式。由于品种更新不及时，普遍存在商品猪生长速度偏慢、料肉比偏高、体型不丰满等问题，分析原因，除了饲养管理、环境卫生、饲料营养等因素外，还与品种不纯和近亲繁殖有很大的关系。现推荐一些引种方案供参考。

（一）规模 600 头母猪商品场的引种方案

1. 引种方案一　人工授精的公、母比例为 1：60，杜洛克的存栏为 10 头；自然交配的公、母比例为 1：20，杜洛克的存栏为 30 头。

引种杜洛克公猪，人工授精为 5 头（10×50%），自然交配为 15 头（30×50%）。公猪的年淘汰率为 50%。

引种长大母猪 200 头（600×30%÷90%＝200 头），长大母猪的年淘汰率为 30%，引种后备猪利用率为 90%。

2. 引种方案二 人工授精的公、母比例为 1∶60，杜洛克的存栏为 10 头；自然交配的公、母比例为 1∶20，杜洛克的存栏为 30 头。另外，长白公猪存栏为 2 头。

引种杜洛克公猪，人工授精为 5 头（10×50%），自然交配为 15 头（30×50%）。

引种长白公猪 1 头（2×50%）。

引种大约克母猪 18 头（40×40%÷90%＝18 头），大约克纯种母猪的年淘汰率为 40%，引种的后备猪的利用率为 90%。

600 头长大母猪每年要更新 200 头。这样，这 200 头长大母猪由大约克母猪提供，按每头大约克提供 5 头计算，需要 40 头（200÷5）大约克母猪。

就目前的环境来看，大约克母猪比长白母猪的产仔性能高，而长白猪的生长性能比大约克猪的高，所以建议采用杜长大的模式。

从以上的两种引种方案来看，引种方案二比较合理，引种的费用相对较低，同时也起到了补充血缘、提高猪场生产性能的作用，与有实力的育种公司的种猪性能同步。

（二）规模 300 头母猪场的引种方案

1. 引种方案一 人工授精的公、母比例为 1∶60，杜洛克的存栏为 5 头；自然交配的公、母比例为 1∶20，杜洛克的存栏为 15 头。

引种杜洛克公猪，人工授精为 3 头（5×50%），自然交配为 8 头（15×50%）。公猪的年淘汰率为 50%。

引种长大母猪 100 头（300×30%÷90%），长大母猪的年淘汰率为 30%，引种的后备猪利用率为 90%。

2. 引种方案二　人工授精的公、母比例为 1：60，杜洛克的存栏为 5 头；自然交配的公、母比例为 1：20，杜洛克的存栏为 15 头，另外，长白公猪存栏为 1 头。

引种杜洛克公猪，人工授精为 3 头（5×50％），自然交配为 8 头（15×50％）。

引种长白公猪 0.5 头，即每两年引种 1 头（1×50％×2＝1）。

引种大约克母猪 9 头（20×40％÷90％），大约克纯种母猪的年淘汰率为 40％，引种后备猪的利用率为 90％。

300 头长大母猪每年要更新 100 头。这样，这 100 头长大母猪由大约克母猪提供，按每头大约克提供 5 头计算，需要 20 头（100÷5）大约克母猪。

从以上的两种引种方案来看，建议用引种方案二，因为引种的费用相对比较低，并且也起到了补充血缘、提高猪场生产性能的作用。

（三）100 头及 100 头以下猪场的引种方案

1. 引种方案一　以 100 头为例，自然交配的公、母比例为 1：20，杜洛克的存栏为 5 头。

引种杜洛克公猪 3 头（5×50％），公猪的淘汰率为 50％。

引种长大母猪 33 头（100×30％÷90％），长大母猪的年淘汰率为 30％，引种的后备猪利用率为 90％。

2. 引种方案二　自然交配的公、母比例为 1：20，杜洛克的存栏为 5 头。另外，长白公猪存栏为 1 头。

引种杜洛克公猪 3 头（5×50％），公猪的年淘汰率为 50％。

引种长白公猪 0.5 头（1×50％），即每两年引种 1 头（1×50％×2＝1）。

引种大约克母猪 3 头（6×40％÷90％），大约克纯种母猪的年淘汰率为 40％，引种的后备猪利用率为 90％。

100 头长大母猪每年要更新 30 头。这样，这 30 头长大后备母猪由大约克母猪提供，按每头大约克提供 5 头计算，需要大约克母猪 6 头（30÷5）。

对于 100 头母猪以下猪场的引种，建议用方案一，避免导致"小而全"的模式，引种的费用也不是太高。

（四）引种时的注意事项

1. 体型的误区 由于胴体性状属于中等遗传力性状，高强度的选择使遗传更稳定。如果育种工作者偏好选择体躯丰满，特别是臀部大的猪只，往往后代也表现出好体型，这样，体型好看，生长速度快的种猪就容易被固定下来，对外供种。外来购种人员，养殖户也更偏好体型好的种猪，公猪无可厚非，如果是选择母猪那就要担心了。实际情况往往是体型好、瘦肉率高的母猪，有产仔性能低下、适应力差、淘汰率高的弊病。

2. 种公猪的选择 选种时不但要看猪的体型外貌，同时要向种猪场索要系谱卡及其生产性能记录。

（1）生长速度 好的种公猪日增重要在 850 克以上（体重 30～100 千克阶段），尽量要求提供测定过的种猪。

（2）料肉比 好的种公猪的料肉比要求在 2.7 以下（体重 30～100 千克阶段）。

（3）瘦肉率 好的种公猪的瘦肉率要求在 64% 以上（100 千克阶段）。

（4）体型 体长、背腰平直、臀部丰满、四肢粗壮、无包皮积尿，睾丸发育良好，左右匀称。

3. 种母猪的选择 主选繁殖性能。

基于产仔性能的考虑，普遍认为母本应该选择体长、四肢粗壮，外阴及乳头发育良好，健康，气质好。同时，在选种的时候，必须问清楚其育种群的规模以及育种群的平均产仔数。要求纯种母猪产仔数在 10.5 头以上，二元长大或大长母猪产仔数在 11 头以上，后备猪的利用率要求在 92% 以上。

（五）引种后要做的工作

1. 种猪的隔离饲养　购进的种猪必须放在隔离区，隔离区可建在场内，但必须远离本场的养猪生产区和生活区。在种猪转入前必须彻底清洗、消毒并空栏 7 天以上，由固定的饲养员负责。人员的进出必须淋浴更衣，饲料、药品等要独立分开放置。

种猪引进 2 周后，如表现健康，则可以赶入一些准备淘汰的老公猪或老母猪到隔离区。一方面，它们带有本场的特异性微生物，让新引进的种猪接触产生轻度感染，产生特异性免疫。另一方面，它们作为"哨兵猪"，可以试探新种猪有无传染性疾病，如导致"哨兵猪"发生明显疾病的，要适时采取相应措施。

2. 保健　为了避免营养性腹泻，在种猪进入后的头几天，不要喂过多的饲料。建议在种猪进入的 1 周内，在饲料中添加广谱抗菌素，如土霉素、磺胺类药物、金霉素和泰乐菌素等。

3. 疫苗接种　引入新的种猪后，在 6 月龄前按本场的免疫程序进行免疫注射，针对本场较突出的疾病可加强免疫。特别注意，不要套用供种猪场推荐的免疫程序。

第四节　猪的饲料配合

一、猪常用饲料类型

根据国际分类方法，饲料分为粗饲料、青绿饲料、青贮饲料、能量饲料、蛋白质饲料、矿物质饲料、维生素饲料和添加剂八大类。按饲料所含的主要营养成分划分，饲料可分为能量饲料、蛋白质饲料、矿物质饲料、维生素饲料、饲料添加剂五种。现将常用的五种饲料的营养特点介绍如下。

（一）能量饲料

饲料干物质中粗纤维的含量在 18% 以下，可消化能含量高于 10.45 兆焦/千克，蛋白质含量在 20% 以下的饲料称为能量饲料。猪的能量饲料主要有以下几类（种）。

1. 谷实类饲料

（1）玉米 玉米的能量含量在谷实类籽实中居首位，其用量超过任何其他能量饲料，在各类配合饲料中占 50% 以上。所以，玉米被称为"饲料之王"。玉米适口性好，粗纤维含量很少，淀粉消化率高，且脂肪含量达 3.5%～4.5%，可利用能值高，是猪的重要能量饲料来源。玉米含有较高的亚油酸（可达 2%），其含量是谷实类饲料中最高的，占玉米脂肪含量的近 60%。由于玉米脂肪含量高，不饱和脂肪酸丰富，在育肥后期多喂玉米可使胴体变软，背膘变厚。但玉米氨基酸组成不平衡，特别是赖氨酸、蛋氨酸及色氨酸含量低，故使用时应添加赖氨酸。玉米营养成分的含量不仅受品种、产地、成熟度等条件的影响而变化，同时玉米水分含量也影响各种营养素的含量。玉米水分含量过高，容易腐败、霉变，感染黄曲霉菌。玉米经粉碎后，更易吸水、结块、霉变，不便保存。因此，玉米一般要整粒保存，且贮存时水分应降低至 14% 以下，夏季贮存温度不宜超过 25℃，要注意通风、防潮等。

（2）高粱 高粱的籽实是一种重要的能量饲料，饲喂高粱的猪肉质更加优良。高粱与玉米一样，主要成分为淀粉，粗纤维少，可消化养分高。粗蛋白质和粗脂肪含量与玉米相差不多。但高粱与玉米一样，含钙量少，非植酸磷含量较多。矿物质中锰、铁含量比玉米高，钠含量比玉米低。维生素 D、B 族维生素含量与玉米相当，烟酸含量多，缺乏胡萝卜素。另外，高粱中含有单宁，有苦味，适口性差，猪不爱采食。因此，猪日粮中含量不超过 15%。使用单宁含量高的高粱时，还应注意添加维生素 A、蛋氨酸、赖氨酸、胆碱和必需脂肪酸等。高粱的养分含量变化比玉米大。

（3）小麦 小麦是人类最主要的粮食作物之一，营养价值高，适口性好，在来源充足或玉米价格较高时，小麦也可作为猪的主要能量饲料，一般可占日粮的 30% 左右，可用于提高猪肉品质。小麦粗纤维含量略高于玉米，粗脂肪含量低于玉米。小麦粗蛋白质含量高于玉米，属谷实类中蛋白质含量较高者，仅次于大麦。小麦的能值较高，仅次于玉米。但小麦和玉米一样，钙少磷多，且含磷量中一半是植酸磷。小麦缺乏胡萝卜素，氨基酸、尤其是赖氨酸含量较低，配制日粮时要注意保证营养平衡。另外小麦不能粉碎得过细，过细会因适口性变差而降低饲料的摄入量，从而影响猪的生长。

（4）大麦　大麦是一种重要的能量饲料，粗蛋白质含量较高，约 13%，比玉米高，是蛋白质品质最好的能量饲料，赖氨酸、色氨酸、异亮氨酸，特别是赖氨酸含量高于玉米，粗脂肪含量低于玉米，钙、磷含量比玉米略高，胡萝卜素、维生素 A、维生素 K、维生素 D 和叶酸不足，硫胺素和核黄素与玉米相差不多，烟酸含量丰富，是玉米的 3 倍多。但大麦适口性比玉米差，纤维含量高，热能低，不适合饲喂仔猪，也不适合自由采食，饲喂种猪比较合适。日粮中取代玉米用量一般以不超过 50% 为宜，配合饲料中所占比例不得超过 25%。建议使用脱壳大麦，既可增加营养价值，又可提高日粮比例。注意不能粉碎得过细，含大麦的饲料中还应添加相应的酶制剂。

（5）稻谷　稻谷是世界上最重要的谷物之一，在我国居各类谷物产量之首。稻谷加工成的大米作为人类的粮食，但在生产过剩、价格下滑或缓解玉米供应不足时，也可作为饲料使用。稻谷具有坚硬的外壳，粗纤维含量较高（达 9%），故能量价值较低，仅相当于玉米的 65%～85%。若制成糙米，则其粗纤维可降至1% 以下，能量价值可上升至各类谷物籽实类之首。糙米中蛋白质含量为 7%～9%，可消化蛋白多，必需氨基酸、矿物质含量与玉米相当。B 族维生素含量较高，但几乎不含 β-胡萝卜素。用糙米取代玉米喂猪，生产性能与玉米相当。碎米是大米加工过程中由于机械作用而打碎的大米，碎米的营养价值和大米完全相同。在某些产稻区，常因玉米短缺而用碎米代替玉米，可起到同样的作用。虽然碎米所含粗纤维偏高，但只要配方科学，使用比例得当，尤其是用于中后期育肥也是可行的，对改善胴体脂肪硬度、提高肉质有一定效果。

2. 谷实类加工副产品

（1）米糠　稻谷的加工副产品称稻糠，稻糠可分为砻糠、米糠和统糠。砻糠是粉碎的稻壳，米糠是糙米（去壳的谷粒）精制成大米的果皮、种皮、外胚乳和糊粉层等的混合物，统糠是米糠与砻糠不同比例的混合物。一般每 100 千克稻谷可出大米 72 千克，砻糠 22 千克，米糠 6 千克。米糠的品种和成分因大米精制的程度而不同，精制程度越高，则胚乳中物质进入米糠越多，米糠的饲用价值越高。米糠脂肪含量高，最高达 22.4%，且大多属不饱和脂肪酸，蛋白质含量比大米高，平均达 14%。氨基酸平衡情况较好，其中赖氨酸、色氨酸和苏氨酸含量高于玉米，但仍不能满足猪的需要。米糠的粗纤维含量不高，所以有效能值较高。米糠钙少磷多，微量元素中铁和锰含量丰富，锌、钾、镁、硅含量也较高，而铜偏低。B 族维生素及维生素 E 含量高，是核黄素的良好来源，缺少维生素 A、维生素 D 和维生素 C。米糠是能值较高的糠麸类饲料，但其含有的生长抑制剂会降低饲料利用率，未经加热处理的米糠还含有影响蛋白质消化的胰蛋白酶抑制因子。因此，一定要在新鲜时饲喂，新鲜米糠在生长猪中可用到 10%～12%。但大量饲喂米糠会导致体脂肪变软，降低胴体品质，故肉猪饲料中米糠最大添加量应控制在 15% 以下。由于米糠含脂肪较高，且大部分是不饱和脂肪酸，易酸败变质，贮存时间不能长，最好经压榨去油后制成米糠饼（脱脂处理）再作饲用。

（2）小麦麸和次粉　小麦麸和次粉数量大，是小麦加工的副产品，是我国畜禽常用的饲料原料。小麦麸俗称麸皮，成分可因小麦面粉加工要求的不同而不同，一般由种皮、糊粉层、部分胚芽及少量胚乳组成，其中胚乳的变化最大。在精面生产过程中，只有85%左右的胚乳进入面粉，其余部分进入麦麸，这种麦麸的营养价值很高。在粗面生产过程中，胚乳基本全部进入面粉，甚至少量的糊粉层物质也进入面粉，这样生产的麦麸营养价值就低得多。一般生产精面粉时，麦麸约占小麦总量的30%，生产粗面粉时，麦麸约占小麦总量的20%。次粉由糊粉层、胚乳和少量细麸皮组成，是磨制精粉后除去小麦麸、胚及合格面粉以外的部分。小麦麸含有较多的B族维生素，如维生素B_1、维生素B_2、烟酸、胆碱，也含有维生素E。粗蛋白质含量高（16%左右），这一数值比整粒小麦含量还高，而且质量较好。与玉米和小麦籽粒相比，小麦麸和次粉的氨基酸组成较平衡，其中赖氨酸、色氨酸和苏氨酸含量均较高，特别是赖氨酸含量较高。脂肪含量为4%左右，其中不饱和脂肪酸含量高，故易氧化酸败。矿物质含量丰富，但钙少磷多，磷多属植酸磷；小麦麸和次粉还含有植酸酶，因此用这些饲料时要注意补钙。由于麦麸能值低、粗纤维含量高，容积大，可用于调节日粮能量浓度，起到限饲作用。同时，小麦麸质地疏松，适口性好，含有适量的硫酸盐类，有轻泻作用，可预防便秘，有助于胃肠蠕动和通便润肠，是妊娠后期和哺乳母猪的良好饲料。麦麸用于猪的育肥可提高猪的胴体品质，产生白色硬体脂。一般使用量不宜超过15%。小麦麸用于仔猪不宜过多，以免引起消化不良。

（3）豆腐渣　豆腐渣是来自豆腐、豆奶工厂的加工副产品，为黄豆浸渍成豆乳后，部分蛋白质被提取、过滤所得的残渣。用作饲料，来源非常广泛，数量较大。豆渣中的蛋白质含量受加工工艺的影响特别大，特别是受滤浆时间的影响，滤浆的时间越长，则豆渣中的可溶性营养物质（包括蛋白质）越少。干物质中粗蛋白、粗纤维和粗脂肪含量较高，维生素含量低且大部分转移到豆浆中，与豆类籽实一样含有抗胰蛋白酶因子。

豆腐渣水分含量很高，不容易加工干燥，一般煮熟后再喂，作为多汁饲料。保存时间不宜过久，过久容易变质，特别是夏天，放置一天就可能发臭。鲜豆腐渣也可经干燥、粉碎后作配合饲料原料，但加工成本较高。鲜豆腐渣是猪的良好多汁饲料，能提高猪日增量，如果育肥猪使用过多会出现软脂现象而影响胴体品质，仔猪也应避免使用。

3. 块根、块茎类饲料 块根、块茎类饲料是富含淀粉及糖类的根、茎、瓜类等饲料原料。

（1）马铃薯 马铃薯是重要的蔬菜和原料。马铃薯块茎干物质中80％左右是淀粉，各种动物对它的消化率都比较高。生马铃薯可喂猪，但消化率不高，经过蒸煮后，可占日粮的30％～50％，饲喂价值是玉米的20％～22％。马铃薯植株中含有一种有毒物质龙葵素，正常情况下对猪无毒，可放心饲喂。但在块茎贮藏期间生芽或经日光照射马铃薯变成绿色以后，龙葵素含量增加，有可能发生中毒现象。妊娠后期和产后母猪不能立即饲喂马铃薯。

（2）甘薯 是我国种植最广，产量最大的薯类作物。甘薯多汁，富含淀粉，有甜味，适口性好，生喂或熟喂猪都爱吃，是很好的能量饲料。育肥期饲喂甘薯，可促进消化、蓄积体脂，是育肥猪的优质饲料。鲜甘薯含水量约70％，粗蛋白质含量低于玉米。甘薯中含有胰蛋白酶抑制因子，加热能使其失活，可提高蛋白质消化率。甘薯粗纤维含量低，故能值比较高。鲜喂时（生的、熟的或者青贮），其饲用价值接近玉米。甘薯干与豆饼或酵母混合作基础饲料时，其饲用价值相当于玉米的87％。生的和熟的甘薯其干物质和能量的消化率相同，而熟甘薯蛋白质的消化率几乎为生甘薯的一倍。甘薯忌冻，贮存在13℃左右的环境下比较安全，当温度高于18℃，相对湿度为80％时会发芽。黑斑甘薯味苦，含有毒性酮，应禁用。为便于贮存和饲喂，甘薯常切成片，晾晒制成甘薯干备用。仔猪对甘薯的利用率较差，故少用为宜。

（3）胡萝卜　产量高、易栽培、耐贮藏、营养丰富，是家畜冬、春季重要的多汁饲料。胡萝卜可列入能量饲料内，胡萝卜中主要营养物质是无氮浸出物，还含有蔗糖和果糖，故具甜味。胡萝卜中胡萝卜素含量丰富，为一般牧草饲料所不及。胡萝卜中含有大量钾盐、磷盐和铁盐等。一般来说，颜色越深，胡萝卜素和铁盐含量越高，红色的比黄色的高，黄色的又比白色的高。新鲜胡萝卜中水分含量多、容积大，因此在生产实践中并不依赖它来供给能量。它的重要作用主要是在冬季作为多汁饲料和供胡萝卜素。由于胡萝卜中含有一定量的蔗糖以及它的多汁性，在冬季青饲料缺乏时，日粮中添加一些胡萝卜能改善日粮的口味，调节消化机能。对于种猪，饲喂胡萝卜能供给丰富的胡萝卜素，对公猪精子的正常生成及母猪的正常发情、排卵、受孕与怀胎具有良好作用。胡萝卜煮熟后，其所含的胡萝卜素、维生素 C、维生素 E 会遭到破坏，因此最好生喂。成年母猪日饲喂量 2～3 千克。

（4）饲用甜菜　甜菜作物按其块根中的干物质与糖分含量多少，可分为糖甜菜、半糖甜菜和饲用甜菜三种。其中饲用甜菜的种植面积大，产量高，但干物质含量低，为 8％～11％，含糖约1％。饲用甜菜喂猪时喂量不宜过多，也不宜单一饲喂。刚收获的甜菜不宜马上投喂，否则易引起下痢。

（二）蛋白质饲料

蛋白质饲料是指饲料干物质中粗蛋白质含量大于或等于20％，消化能含量超过 10.45 兆焦/千克，且粗纤维含量低于18％的饲料，与能量饲料相比，蛋白质饲料的蛋白质含量高，且品质优良，在能量价值方面则差别不大，或者略偏高。根据其来源和属性不同，主要包括以下几个类别。

1. 植物性蛋白质饲料

（1）豆饼和豆粕　大豆饼和豆粕是我国最常用的一种植物性蛋白质饲料，营养价值很高，大豆饼的粗蛋白质含量在 40％～45％，大豆粕的粗蛋白质含量高于大豆饼，去皮大豆粕粗蛋白质含量可达50%。大豆饼（粕）的氨基酸组成较合理，赖氨酸含量2.5%～3.0%，是所有饼粕类饲料中含量最高的，异亮氨酸、色氨酸含量也比较高，但蛋氨酸含量低，仅0.5%～0.7%，故玉米—豆粕基础日粮中需要添加蛋氨酸。大豆饼（粕）中钙少磷多，磷多属难以利用的植酸磷。维生素A、维生素D含量少，B族维生素除维生素B_2、维生素B_{12}外均较高。粗脂肪含量较低，尤其大豆粕的脂肪含量更低。大豆饼（粕）含有胰蛋白酶抑制因子、尿素酶、凝集素、皂角苷、甲状腺肿诱发因子、抗凝固因子等有害物质。但这些物质大都不耐热，一般在饲用前经100～110℃加热处理3～5分钟即可去除。注意加热时间不宜太长，温度不能过高也不能过低，加热不足破坏不了毒素，导致蛋白质利用率低，加热过度可导致赖氨酸等必需氨基酸变性，尤其是赖氨酸消化率降低，引起畜禽生产性能下降。

处理良好的大豆饼（粕）对任何阶段的猪都可使用，用量以不超过25%为宜。由于大豆粕已脱去油脂，多用也不会造成软脂现象。在代用乳和仔猪开食料中，应对大豆饼（粕）的用量加以限制，以不超过10%为宜。因为大豆饼（粕）的碳水化合物中粗纤维含量较多，其中的糖类多属多糖和低聚糖类，幼畜体内无相应消化酶，采食太多有可能引起下痢。一般乳猪阶段饲喂熟化的脱皮大豆粕效果较好。

（2）棉籽饼　棉籽饼是棉花籽实提取棉籽油后的副产品，一般含有32%～37%的粗蛋白质，产量仅次于豆饼，是一种重要的蛋白质资源。棉籽饼因加工条件不同，营养价值相差很大，主要影响因素是棉籽壳是否脱去及脱去程度。在油脂厂去掉的棉籽壳中，虽夹杂着部分棉仁，粗纤维也达48%，木质素达32%，脱壳以前去掉的短绒含粗纤维90%，因而在用棉花籽实加工成的油饼中，是否含有棉籽壳，或者含棉籽壳多少，是决定它可利用能量水平和蛋白质含量的主要影响因素。

棉籽饼（粕）蛋白质组成不太理想，精氨酸含量过高，达

3.6％～3.8％，而赖氨酸含量过低，仅 1.3％～1.5％，只有大豆饼（粕）的一半。蛋氨酸含量也不足，约 0.4％，同时，赖氨酸的利用率较差，故赖氨酸是棉籽饼（粕）的第一限制性氨基酸。棉籽饼（粕）中有效能值主要取决于粗纤维含量，即饼（粕）中的含壳量。维生素含量受热损失较多，矿物质中磷多，且多属植酸磷，利用率低。

棉仁饼（粕）含粗蛋白33％～40％，棉籽饼为23％～30％。棉饼的缺点是含有游离棉酚，棉酚是一种有毒物质，易引起畜禽中毒，其含量取决于棉籽的品种和加工方法。棉酚中毒有蓄积性，可与消化道中的铁形成复合物，导致缺铁。去毒方法有多种，脱毒后的棉籽饼（粕）营养价值能得到提高，如用草木灰或生石灰加清水搅拌浸泡法；将棉籽饼粉加适量水入锅内煮，并不断搅拌，保持沸腾半小时，冷却后即可饲用的蒸煮法，此法宜在农村和饲养场采用，缺点是煮沸可使饼（粕）中赖氨酸的有效性大大降低。添加 0.5％～1％ 的硫酸亚铁粉可结合部分棉酚而去毒。但有试验表明，硫酸亚铁与赖氨酸同时加入饲料中，会形成两种以上的复杂化合物而降低饲用效果，甚至无效，故应用时应注意。

品质优良的棉仁饼（粕）是猪的良好蛋白质饲料，可取代猪饲料中50％的大豆饼（粕）而无不良影响，但要注意补充赖氨酸、钙及胡萝卜素等。猪对游离棉酚的耐受量为100毫克/千克，超过此量则抑制生长，并可能引起中毒死亡。所以，游离棉酚含量 0.05％ 以下的棉仁饼（粕），在育肥猪饲料中可用到 10％～20％，母猪可用到 5％～10％，但不能作为仔猪饲料。游离棉酚含量超过 0.05％ 的棉仁饼（粕），需谨慎使用。我国规定生长猪饲料中棉酚应小于 60 毫克/千克。最好的办法是控制添加量，一般以不超过饲粮 5％ 为宜。

（3）菜籽饼（粕）　菜籽饼（粕）是油菜籽经机械压榨或溶剂浸提制油后的残渣。菜籽饼（粕）具有产量高，能量、蛋白质、矿物质含量较高，价格便宜等优点。榨油后饼（粕）中油脂减少，粗蛋白质含量达到 37% 左右。菜籽饼中氨基酸含量丰富且均衡，品质接近大豆饼水平。胡萝卜素和维生素 D 的含量不足，钙、磷含量高，所含磷的 65% 是利用率低的植酸磷，含硒量在常用植物性饲料中最高，是大豆饼的 10 倍，鱼粉的一半。

菜籽饼（粕）含毒素较高，主要源于芥子苷或称含硫苷（含量一般在 6% 以上），各种芥子苷在不同条件下水解，生成异硫氰酸酯，严重影响适口性。异硫氰酸酯加热转变成氰酸酯，它和噁唑烷硫酮一起还可导致甲状腺肿大，一般经去毒处理，才能保证饲料安全。去毒方法有多种，主要有加水加热到 100～110℃ 处理 1 小时；用冷水或 40℃ 温水，浸泡 2～4 天，每天换水 1 次。近年来国内外都培育出各种低毒油菜品种，使用安全，值得大力推广。"双低"菜籽饼（粕）的营养价值较高，可代替豆粕饲喂猪。

用毒素含量高的菜籽制成的饼（粕）适口性差，过量使用也会引起猪甲状腺肿大，导致生长速度降低，并明显降低母猪的繁殖性能。育肥猪用量应限制在 5% 以下，母猪应限制在 3% 以下。经处理后的菜籽饼（粕）或"双低"或"三低"品种的饼（粕），育肥猪可用至 10%，对生长、健康和胴体品质均无不良影响。种猪用至 12% 对繁殖性能无不良影响。

（4）花生饼（粕）　带壳花生饼含粗纤维 15% 以上，饲用价值低，国内一般都去壳榨油。花生饼（粕）的饲用价值仅次于豆饼，蛋白质和能量都比较高。花生饼（粕）赖氨酸含量仅为大豆饼（粕）的一半左右，蛋氨酸含量低，精氨酸含量在所有饲料中最高。胡萝卜素和维生素 D 含量极少。花生饼（粕）本身虽无毒素，但因脂肪含量高，长时间贮存易变质，而且容易感染黄曲霉，产生黄曲霉毒素。黄曲霉毒素毒力强，对热稳定，经过加热也去除不掉，食用能致癌。因此，贮藏时应保持低温干燥的条件，防止发霉。一旦发霉，坚决不能用作饲料。用花生饼（粕）

喂猪，其所含蛋氨酸、赖氨酸不能满足猪的需要，必须进行补充，也可以和鱼粉、豆饼（粕）等搭配饲喂。

（5）玉米蛋白粉　是玉米淀粉厂的主要副产物之一，为玉米除去淀粉、胚芽、外皮后剩下的产品。正常玉米蛋白粉的色泽为金黄色，蛋白质含量越高色泽越鲜艳。玉米蛋白粉一般含蛋白质 40％～50％，高者可达 60％。玉米蛋白粉氨基酸组成不均衡，蛋氨酸含量很高，与相同蛋白质含量的鱼粉相当，但赖氨酸和色氨酸严重不足，不及相同蛋白质含量鱼粉的 25％，精氨酸含量也较高，饲喂时应考虑氨基酸平衡，与其他蛋白质饲料配合使用。玉米蛋白粉粗纤维含量低，易消化，代谢能水平与玉米接近。由黄玉米制成的玉米蛋白粉含有很高量的类胡萝卜素，其中主要是叶黄素和玉米黄素，是很好的着色剂。玉米蛋白粉 B 族维生素含量低，但胡萝卜素含量高，各种矿物质包括钙、磷含量低。

玉米蛋白粉是高蛋白高能量饲料，蛋白质消化率和可利用能值高，对猪适口性好，易消化吸收，尤其适用于断奶仔猪。但因其氨基酸不平衡，最好与大豆饼（粕）配合使用，一般用量在 15％左右。若大量使用，须考虑添加合成赖氨酸。贮存和使用玉米蛋白粉的过程中，应注意霉菌含量，尤其黄曲霉毒素含量。

2. 动物性蛋白质饲料

（1）鱼粉　鱼粉是用一种或多种鱼类为原料，经去油、脱水、粉碎加工后的高蛋白质饲料，是一种重要的动物性蛋白质饲料，在许多饲料中尚无法以其他饲料取代。鱼粉的主要营养特点是蛋白质含量高，品质好，生物学价值高。一般脱脂全鱼粉的粗蛋白质含量高达 60％以上，在所有的蛋白质补充料中，其蛋白质的营养价值最高。进口鱼粉蛋白质含量达 60％～72％，国产鱼粉稍低，一般为 50％左右。鱼粉富含各种必需氨基酸，组成齐全、而且平衡，尤其是主要氨基酸与猪体组织氨基酸组成基本一致。鱼粉中不含纤维素等难于消化的物质，粗脂肪含量高，所以鱼粉的有效能值高，生产中以鱼粉为原料很容易配成高能量饲料。鱼粉富含 B 族维生素，尤以维生素 B_{12}、维生素 B_2 含量高，还含有维生素 A、维生素 D 和维生素 E 等脂溶性维生素，但在加工条件和贮存条件不良时，很容易被破坏。鱼粉是良好的矿物质来源，钙、磷含量很高，且比例适宜，所有磷都是可利用磷。鱼粉的含硒量很高，可达 2 毫克/千克以上。此外，鱼粉中碘、锌、铁的含量也很高，并含有适量的砷。鱼粉中含有未知的促生长因子，这种物质可刺激动物生长发育。采用真空干燥法或蒸汽干燥法制成的鱼粉，蛋白质利用率比用烘烤法制成的鱼粉约高10%。鱼粉中一般含有 6%～12% 的脂类，其中不饱和脂肪酸含量较高，极易被氧化产生异味。进口鱼粉因生产国的工艺及原料而异，质量较好的是秘鲁鱼粉及白鱼鱼粉，国产鱼粉由于原料品种、加工工艺不规范，产品质量参差不齐。饲喂鱼粉可使猪发生肌胃糜烂，特别是加工错误或贮存中发生过自燃的鱼粉中含有较多的肌胃糜烂素。鱼粉还会使猪肉产生不良气味。

鱼粉可以补充猪所需要的赖氨酸和蛋氨酸，具有改善饲料转化效率和提高增重速度的效果，而且猪年龄越小，效果越明显。断奶前后仔猪饲料中最少要使用 2%～5% 优质鱼粉，育肥猪饲料中一般在 3% 以下，使用量过高将增加成本，还会使体脂变软、肉质产生鱼腥味。为降低成本，猪育肥后期饲粮可不使用鱼粉。猪日粮中鱼粉用量为 2%～8%。

（2）肉骨粉　肉骨粉的营养价值很高，是畜禽尸体等经高温、高压处理后脱脂干燥制成的，饲用价值比鱼粉稍差，但价格远低于鱼粉，因此是很好的动物蛋白质饲料。肉骨粉脂肪含量较高，氨基酸组成不佳，除赖氨酸含量中等外，蛋氨酸和色氨酸含量低，有的产品会因过度加热而无法被机体吸收。脂溶性维生素 A 和维生素 D 因加工过程而大量破坏，含量较低，但 B 族维生素含量丰富，特别是维生素 B_{12} 含量高，其他如烟酸、胆碱含量也较高。钙、磷不仅含量高，且比例适宜，磷全部为可利用磷，是动物良好的钙、磷来源。此外，微量元素锰、铁、锌的含量也较高。

因原料组成和肉、骨的比例以及制作工艺的不同，肉骨粉的质量及营养成分差异较大。肉骨粉的生产原料存在易感染沙门菌和掺假掺杂问题，购买时要认真检验。另外贮存不当，所含脂肪易氧化酸败，影响适口性和动物产品品质。

肉骨粉在猪的配合饲料中可部分取代鱼粉，最好与植物蛋白质饲料混合使用，多喂则适口性下降，对生长也有不利影响。肉骨粉多用于育肥猪和种猪饲料中，仔猪应避免使用，成猪用量一般可占日粮的5%～10%。肉骨粉容易变质腐烂，喂前应注意检查。

（3）血粉　血粉是畜禽鲜血经脱水加工而制成的一种产品，是屠宰场主要副产品之一。血粉的主要特点是粗蛋白质含量很高，可达80%～90%，高于鱼粉和肉粉。氨基酸含量极不平衡，赖氨酸含量很高，居天然饲料之首，达到7%～8%，比常用鱼粉含量还高。赖氨酸是猪饲料的第一限制性氨基酸，使用赖氨酸含量高的血粉可满足赖氨酸的不足。亮氨酸含量也高（8%左右），但蛋氨酸、异亮氨酸、色氨酸含量很低，故与其他饼粕（花生仁饼粕、棉仁饼粕）搭配，可改善饲养效果。血粉中蛋白质、氨基酸利用率与加工方法、干燥温度、时间长短有很大关系，通常持续高温会使氨基酸的利用率降低，低温喷雾法生产的血粉优于蒸煮法生产的血粉。与其他动物性蛋白质饲料不同，血粉缺乏维生素，如核黄素。矿物质中钙、磷含量很低，但含有多种微量元素，如铁、铜、锌等，其中含铁量很高（2 800毫克/千克），这常常是限制血粉利用的主要因素。

由于血粉的蛋白质消化率低，适口性也不好，利用率很低，目前很多厂家将血粉膨化以提高其利用率，效果较好。但是由于血粉味苦，氨基酸极不平衡，易造成拒食和生长速度下降，喂量不可过高，以不宜超过4%为宜。

（4）羽毛粉　羽毛粉是工业加工羽绒制品的主要原料，将家禽羽毛经过高温蒸煮、酶水解、粉碎或膨化成粉状，作为一种动物性蛋白质补充饲料，是一种潜力很大的蛋白质饲料资源。含粗蛋白质 80%～85%，高于鱼粉。氨基酸中亮氨酸含量高，胱氨酸含量最高，居所有天然饲料之首。但蛋氨酸、赖氨酸、色氨酸和组氨酸含量很低。水解羽毛粉具有平衡其他氨基酸的功能。水解加工的羽毛粉，其粗脂肪含量在 4% 以下，消化率在 75% 以上。除维生素 B_{12} 含量较高外，其他维生素含量均很低。含硫量在所有饲料中最高，但钙、磷含量较少。此外，羽毛粉还含有钾、氯及各种微量元素，含硒量较高，仅次于鱼粉和某些菜籽饼（粕），大大高于其他饲料。

羽毛粉的氨基酸利用率与谷物饲料或植物蛋白质相当。由于缺乏多种氨基酸，使用时必须注意添加，羽毛粉在猪日粮中的量不宜超过 3%。

（5）蚕蛹粉　蚕蛹粉是蚕蛹干燥后粉碎制成的产品，蚕蛹粉蛋白质和脂肪含量高，含有 60% 以上的粗蛋白质和 20%～30% 的脂肪，必需氨基酸组成好，与鱼粉相当，不仅富含赖氨酸，而且含硫氨基酸、色氨酸含量比鱼粉约高出 1 倍。不脱脂蚕蛹的有效能值与鱼粉近似，是一种高能量、高蛋白质饲料，既可用作蛋白质补充料，又可补充畜禽饲料能量不足。新鲜蚕蛹中富含核黄素，其含量是牛肝的 5 倍、卵黄的 20 倍。蚕蛹的钙、磷比为 1∶4～5，可作为配合饲料中调整钙、磷比的动物性磷源饲料。

蚕蛹粉的主要缺点是有异味，蚕蛹粉中不饱和脂肪酸含量较高，而且富含亚油酸和亚麻酸，不宜贮存。陈旧不新鲜的蚕蛹粉呈白色或褐色。蚕蛹粉可以鲜喂，或脱脂后再用作饲料。蚕蛹粉中含有几丁质，不易消化，含量可通过测定粗纤维的方法进行检测，优质的蚕蛹粉不应含有大量粗纤维，粗纤维含量过多则可能混有异物。在猪日粮中蚕蛹粉主要用于补充氨基酸和能量，不宜多喂，一般占日粮的 10% 以下，育肥猪出售前应停喂 1 个月以上，否则宰后出现黄膘肉，且有异味。

3. 微生物蛋白质饲料（也称为单细胞蛋白质饲料）

（1）工业废液酵母 是指以发酵、造纸、食品等工业废液（如酒精、啤酒、纸浆废液和糖蜜等）为碳源和一定比例的氮（硫酸铵、尿素）作营养源，接种酵母菌液，经发酵、离心提取和干燥、粉碎而获得的一种菌体蛋白饲料，即饲料酵母。

饲料酵母因原料及工艺不同，其营养组成有相当大的变化，一般风干制品中含粗蛋白质 45%～60%，如酒精液酵母为 45%，味精菌体酵母为 62%，纸浆废液酵母为 46%，啤酒酵母为 52%。赖氨酸 5%～7%，蛋氨酸＋胱氨酸 2%～3%，所含必需氨基酸和鱼粉含量相近，但适口性差。有效能值一般与玉米近似，生物学效价虽不如鱼粉，但与优质豆饼相当。在矿物质元素中富含锌和硒，尤其含铁量很高。近年来在酵母的综合利用中，也有先提取酵母中的核酸再制成"脱核酵母粉"。同时新酵母产品不断开发，如含硒酵母、含钴酵母、含锌酵母已有了商业化产品，均有其特殊营养功能。工业废液酵母从环保及物尽其用的原则出发，最具有开发前途。饲料酵母主要养分含量见表 1-5。

表 1-5　饲料酵母主要养分含量（%）

成　分	啤酒酵母	石油酵母	纸浆废渣酵母
水　分	9.3	4.5	6.0
粗蛋白质	51.4	60.0	46.0
粗脂肪	0.6	9.0	2.3
粗纤维	2.0	—	4.6
粗灰分	8.4	6.0	5.7

（2）饲料酵母的营养特性和饲用价值 饲料酵母和酵母饲料是两个不同的概念。饲料酵母是利用酵母菌体作饲料，一般采用液体发酵法生产，在饲料中的添加量一般为 1%～2%；酵母饲料是指以酵母作为菌种，接种于某些植物蛋白质饲料上进行固体发酵而成的饲料，其目的是提高低质蛋白质饲料的营养价值。酵

母饲料在畜禽饲料中的添加量一般为 3%～5%。

饲料酵母中粗蛋白质含量较高，液态发酵的纯酵母粉粗蛋白质含量达 40%～60%，而固态发酵制得的酵母饲料或酵母混合物，粗蛋白质含量在 30%～45%。饲料酵母富含畜禽生长所需的多种营养物质，如蛋白质、脂肪、碳水化合物、矿物质、维生素和激素等。蛋白质中赖氨酸、色氨酸、苏氨酸、异亮氨酸等几种重要的必需氨基酸含量较高，而精氨酸含量较低，蛋氨酸、胱氨酸含量也相对较低。B 族维生素如烟酸、胆碱、核黄素、泛酸、叶酸含量高。矿物质中钙少，但磷和钾含量高。此外，尚含有未知生长因子。饲料酵母适口性好，在畜禽饲料中适当添加酵母，可以提高动物对饲料的消化率，改善食欲，增加饲料的采食量和提高饲料转化率。有报道，在猪饲料中添加酵母可以提高日增重 15%～20%，同时减少饲料消耗 10%。在肉牛和奶牛日粮中添加酵母还可以提高纤维消化率，提高日增重、产奶量和乳脂率。

酵母中核酸含量较高（6%～12%），因此酵母在饲料中添加量过高会使动物尿酸代谢量增加，尿酸在体内沉积于关节等部位，会引起关节肿胀和关节炎等。所以，将酵母进行脱核处理，可获得高质量酵母和核苷酸等产品。石油酵母中含有重金属、霉菌毒素、3,4-苯并芘等致癌物质，且适口性差，使用时要认真对待。

（三）矿物质饲料

矿物质饲料包括人工合成的、天然单一的和多种混合的，以及配合有载体或赋形剂的痕量、微量、常量元素补充料。矿物质元素在各种动、植物饲料中都有一定含量，虽多少有差别，但由于动物采食饲料的多样性，可在某种程度上满足对矿物质的需要。但在舍饲条件或集约化生产条件下，矿物质元素来源受到限制，猪的需要量增多，猪日粮中另行添加所必需的矿物质成了唯一方法。目前已知畜禽有明确需要的矿物元素有 14 种，其中常量元素 7 种为钾、镁、硫、钙、磷、钠和氯，饲料中常不足、需要补充的有钙、磷、氯、钠 4 种；微量元素 7 种为铁、锌、铜、锰、碘、硒和钴。

1. 常量矿物元素补充料

（1）含氯、钠饲料　钠和氯都是猪需要的重要元素，食盐是最常用又经济的钠、氯的补充物。食盐除了具有维持体液渗透压和酸碱平衡的作用外，还可刺激唾液分泌，提高饲料适口性，增强动物食欲，具有调味剂的作用。饲用食盐一般要求较细的粒度。美国饲料制造者协会（AFMA）建议，应 100％通过 30 目筛。精制盐含氯化钠 99％以上，碘盐还含有 0.007％的碘，此外尚有少量的钙、镁、硫等杂质，饲料用盐多为工业盐，含氯化钠 95％以上。

食盐的补充量与动物种类和日粮组成有关。一般食盐在风干饲粮中的用量以 0.25％～0.5％为宜。浓缩饲料中可添加 1％～3％。添加的方法有直接拌在饲料中，也可以以食盐为载体，制成微量元素添加剂预混料。

食盐不足可引起动物食欲下降，采食量降低，生产性能下降，并导致异食癖。食盐过量时，只要有充足的饮水，一般对猪健康无不良影响，但若饮水不足，可出现食盐中毒，甚至有死亡现象。使用含盐量高的鱼粉、酱渣等饲料时应调整日粮食盐添加量，若水中含有较多的食盐，饲料中可不添加食盐。

（2）含钙饲料

①石粉　主要是指石灰石粉，天然的碳酸钙（$CaCO_3$）为白色或灰白色粉末。石粉中含纯钙 35％以上，是补充钙最廉价、最方便的矿物质饲料。石灰石粉还含有氯、铁、锰、镁等。除用做钙源外，石粉还广泛用做微量元素预混饲料的稀释剂或载体。品质良好的石灰石粉与贝壳粉，必须含有约 38 ％的钙，而且镁含量不超过 0.5％，且铅、汞、砷、氟的含量不超过安全系数，都可用于猪饲料。石粉的用量依据猪的种类及生长阶段而定，一般配合饲料中石粉使用量为 0.5％～2％。单喂石粉过量时，会降低饲粮有机养分的消化率。石粉作为钙的来源，其粒度以中等为好，猪饲料中一般为 26～36 目。

②石膏　石膏的化学式为 $CaSO_4 \cdot 2H_2O$，灰色或白色结晶状粉末，有两种产品，一种是天然石膏的粉碎产品，一种是磷酸制造工业的副产品，后者常含有大量的氟，应予注意。石膏的含钙量在 20%～30%，变动较大。此外，大理石、熟石灰、方解石、白垩石等都可作为猪的补钙饲料。

③蛋壳粉　禽蛋加工和孵化产生的蛋壳，经干燥灭菌、粉碎后也能作为饲料使用。蛋壳粉含钙达 30% 左右，含粗蛋白质达 10% 左右，还有少量的磷，是理想的钙源饲料，用鲜蛋壳制造蛋壳粉应注意消毒，以防蛋白质腐败，甚至带来传染病。

④贝壳粉　贝壳（包括蚌壳、牡蛎壳、蛤蜊壳、螺蛳壳等）烘干后制成的粉，含有一些有机物，呈白色粉末状或片状，主要成分是碳酸钙。也有海边堆积多年的贝壳，其内部有机质已消失，是良好的碳酸钙饲料。饲料添加的贝壳粉含钙量应不低于33%。加工时应注意消毒，以防蛋白质腐败。微量元素预混料中常使用石粉或贝壳粉作为稀释剂或载体，而且所占配比很大，配料时应把它的含钙量计算在内。

（3）含磷饲料　含磷饲料包括磷酸钙类（包括磷酸一钙、磷酸二钙、磷酸三钙）、磷酸钾类（包括磷酸一钾、磷酸二钾）、磷矿石粉等。猪常用的磷补充饲料有骨粉和磷酸氢钙。骨粉的营养价值在前面的蛋白质饲料已做过介绍，这里不再重述。

磷酸氢钙又称为磷酸二钙，为白色或灰白色粉末，含钙不低于23%，磷不低于18%，铅含量不超过 50 毫克/千克。磷酸氢钙的钙、磷利用率高，是优质的钙、磷补充料。猪日粮使用的磷酸氢钙不仅要控制其钙、磷含量，尤其注意含氟量，必须要经过脱氟处理，氟含量不超过 0.18%。还应注意补饲该类饲料往往可引起钙、磷两种矿物质数量同时变化。

2. 微量矿物元素补充料　本类饲用品多为化工生产的各种微量元素的无机盐类和氧化物，一般纯度高，含杂质少。有的"饲料级"产品虽含有微量杂质，但有害物质均在允许范围内。

微量元素补充物基本都来源于纯度较高的化工生产产品。近年来微量元素的有机酸盐和螯合物以其生物效价高和抗营养干扰能力强受到重视。常见的补充微量元素有铁、铜、锰、锌、钴、碘、硒等。常用微量矿物质饲料见表1-6。

表1-6　常用微量矿物质饲料

饲料名称	化学式	补充元素	含量	粒度要求（目）	备　注
硫酸铜	$CuSO_4$	铜	25.4%（Cu）	200	易吸湿返潮，不易拌匀
碘酸钾	KIO_3	碘	59.3%（I）	200	水中溶解度较低，较稳定
碘化钾	KI	碘	76.4%（I）	200	不稳定，易分解引起碘损失
硫酸亚铁	$FeSO_4 \cdot H_2O$	铁	31%（Fe）	20	对营养物质有破坏作用
氧化锰	MnO	锰	60%（Mn）	100	比其他锰化合物价格便宜
亚硒酸钠	Na_2SeO_3	硒	45.6%（Se）		有毒，添加量应低于0.5千克/吨
氧化锌	ZnO	锌	70%～80%（Zn）	100	生物学效价低于硫酸锌
硫酸锌	$ZnSO_4$	锌	23%（Zn）		

3. 天然矿物质饲料资源的利用　一些天然矿物质，如麦饭石、沸石、膨润土等，它们不仅含有常量元素，更富含微量元素，而且由于这些矿物质结构的特殊性，所含元素的可交换性或溶出性，容易被动物吸收利用。研究证明，向饲料中添加麦饭石、沸石和膨润土可以提高猪的生产性能。

①麦饭石　其主要成分为氧化硅和氧化铝，另外还含有动物所需的矿物元素，如铅、磷、镁、钠、钾、锰、铁、钴、铜、锌、钒、钼、硒和镍等，而有害物质铅、镉、砷、汞和6价铬都

低于世界卫生组织建议标准及有关文献值。麦饭石具有双向调节pH 的功能，具有溶出和吸附两大特性，能溶出多种对猪有益的微量元素，在水溶液中还能溶出氨基酸。麦饭石还能吸附对猪有害的物质如铅、镉和砷等，可以净化环境。

②沸石　天然沸石是碱金属和碱土金属的含水铝硅酸盐类，主要成分为氧化铝，另外还含有动物不可缺少的矿物元素，如钠、钾、铅、镁、钒、铁、铜、锰和锌等，具有较强的吸附作用。沸石含的有毒元素铅、砷都在安全范围内。在动物消化道，天然沸石除可选择性地吸附 NH_3、CO_2 等物质外，还能吸附某些细菌毒素，对机体有良好的保健作用。日粮中使用沸石还可以降低畜禽舍的臭味，减少消化道疾病。沸石用作饲料时，粒度一般为 0.216～1.210 毫米。在畜牧生产中沸石常用作某些微量元素添加剂的载体和稀释剂，用作畜禽无毒无污染的净化剂，还是良好的饲料防结块剂。

③膨润土　膨润土的特征是阳离子交换能力很强，具有非常显著的膨胀和吸附性能。膨润土含有磷、钾、铜、铁、锌、锰、硅、钼和钒等动物所需的常量和微量元素，由于膨润土具有很强的离子交换性，这些元素容易交换出来为动物所利用，因此膨润土可以作为动物的矿物质饲料加以利用。膨润土还有提高饲料转化率、作为颗粒饲料的黏合剂、微量成分载体等作用。

（四）维生素饲料

维生素饲料是指工业合成或由天然原料提纯精制（或高度浓缩）的各种单一维生素制剂和由其生产的复合维生素制剂。由于大多数维生素都有不稳定、易氧化或易被其他物质破坏失效的特点和饲料生产工艺上的要求，几乎所有的维生素制剂都经过特殊加工处理或包被，如制成稳定的化合物或利用稳定物质包被等。为了满足不同使用的要求，在剂型上还有粉剂、油剂、水溶性制剂等。此外，商品维生素饲料添加剂还有各种不同规格含量的产品。猪常用的维生素饲料见表 1-7。

表1-7 猪常用维生素饲料

种 类	外 观	粒度(万个/克)	含 量	容重(克/毫升)	水溶性	重金属(毫克/千克)	水分(%)
维生素A乙酸酯	浅黄到红褐色球状颗粒	10~100	50万国际单位/克	0.6~0.8	在水中弥散	<50	<5.0
维生素D3	奶油色细粉	10~100	10万~50万国际单位/克	0.4~0.7	在温水中弥散	<50	<7.0
维生素E乙酸酯	白色或浅黄色细粉或球状颗粒	100	50%	0.4~0.5	吸附剂不能在水中弥散	<50	<7.0
维生素K3 (MSB)	浅黄色粉末	100	50%甲萘醌	0.55	溶于水	<20	—
维生素K3 (MSBC)	白色粉末	100	50%甲萘醌	0.65	在温水中弥散	<20	—
维生素K3 (MPB)	灰色到浅褐色粉末	100	50%甲萘醌	0.45	水溶性能差	<20	—
盐酸维生素B1	白色粉末	100	98%	0.35~0.4	易溶于水、有亲水性	<20	<1.0
硝酸维生素B1	白色粉末	100	98%	0.35~0.4	易溶于水、有亲水性	<20	—
维生素B2	橘黄色到褐色粉末	100	96%	0.2	很少溶于水	—	<1.5
维生素B6	白色粉末	100	98%	0.6	溶于水	<20	<0.3

（续）

种 类	外 观	粒度（万个/克）	含 量	容重（克/毫升）	水溶性	重金属（毫克/千克）	水分（%）
维生素 B_{12}	浅红色到浅黄色粉末	100	0.1%～1%	—	溶于水	—	—
泛酸钙	白色到浅黄色粉末	100	98%	0.6	易溶于水	—	<8.5
叶酸		100	97%	0.2	水溶性差	—	<0.5
烟酸		100	99%	0.5～0.7	水溶性差	<20	—
生物素		100	2%	—	溶于水或在水中弥散	—	—
氯化胆碱（液态）		—	70%～78%	—	易溶于水	<20	—
氯化胆碱（固态）		—	50%	—	易溶于水	<20	<30
维生素 C		—	99%	0.5～0.9	溶于水	—	—

由于维生素具有不稳定的特点，对维生素饲料的包装、贮藏和使用均有严格的要求，饲料产品应密封、隔水包装，最好是真空包装，并贮藏在干燥、避光、低温条件下。高浓度单项维生素制剂一般可贮存1~2年，不含氯化胆碱和维生素C的维生素预混合料贮存不超过6个月，含维生素C的复合预混料，贮存不宜超过3个月（最好不超过1个月）。所有维生素饲料产品，开封后尽快用完。湿拌料时应现拌现喂，避免长时间浸泡，以减少维生素的损失。

（五）饲料添加剂

饲料添加剂是指针对猪日粮中营养成分的不平衡而添加的，能平衡饲料的营养成分和保护饲料中的营养物质，促进营养物质的消化吸收，调节机体代谢，提高饲料的利用率和生产效率，促进猪的生长发育及预防某些代谢性疾病，改进动物产品品质和饲料加工性能的物质的总称。

饲料添加剂分为营养性饲料添加剂和非营养性饲料添加剂两大类。非营养性添加剂包括抗生素及抗菌药物、砷制剂、铜制剂、酶制剂、活菌制剂、寡肽、寡糖、镇静剂、酸化剂、缓冲剂、驱虫剂、抗氧化剂、防霉剂、黏结剂、抗结块剂、乳化剂、产品品质改进剂、调味剂等。

二、采购饲料原料的基本常识

购买原料时必须做到"看、摸、闻、尝"，确保购买到优质、新鲜的原料。

1. 玉米

（1）成分要求　水分≤14%，粗蛋白≥8.5%，黄曲霉毒素≤50微克/千克。

（2）外观要求　金黄色，颗粒饱满、均匀，无异味、虫蛀、霉变。通常凹玉米的色泽比硬玉米浅。

（3）收贮情况及质量

①自然晒干的玉米质量较好。

②烘干玉米

a. 收割时立即进行机械干燥的玉米质量较好。

b. 收割后贮存一段时间，由于气候等原因可能霉变才拿去烘干的玉米，其胚芽上有霉变黑点，质量较差。

③储备时间越长，玉米品质越差。

（4）不同玉米加工后的区别　自然晒干玉米粉碎后为金黄色，有甜香味。烘干玉米和贮备玉米，粉碎后颜色较淡，而且较易粉碎，粉尘多。

（5）容重的区别　相同容积的玉米，自然晒干的比烘干或贮备玉米重。

2. 小麦麸

（1）成分要求　水分≤13%，粗蛋白≥14%，黄曲霉素≤30微克/千克，粗灰分≤4.5%。

（2）外观要求　呈粗细不等的片状，不应有发热、结块、虫蛀、霉变、异味等现象，颜色依小麦品种不同呈淡黄褐色至带红色。

（3）产地和加工情况及质量

①小麦加工面粉率越高，小麦麸的营养价值、能值及消化率则越低。

②本地加工的新鲜度较好；外地小麦麸由于运输及车皮日晒雨淋等原因，新鲜度可能较差，在高温高湿条件下，更易变质，购买时应特别注意。

③粗细受筛孔大小的影响。

3. 豆粕

（1）成分要求　水分≤13.5%，粗蛋白≥44%，黄曲霉素≤50微克/千克，尿素酶活性在0.05～0.5。

（2）外观要求　正常加工的豆粕颜色较浅或呈灰白色，有豆腥味（生黄豆的味道）；加热或呈灰白色，有豆腥味（生黄豆的味道）；加热过度为暗褐色（蛋白质和氨基酸已发生变性）。

（3）品质判定　加热不足（太生）时，其粗蛋白相对利用率低、消化不良，易引起腹泻；加热过度，导致赖氨酸等必需氨基酸变性而影响饲用价值，猪食用后生长速度缓慢。

4. 菜籽粕

（1）成分要求　水分≤9％，粗蛋白≥36％，异硫氰酸酯≤4 000微克/千克。

（2）外观要求　新鲜、无结块、无霉变、无异味。

5. 棉籽粕

（1）成分要求　水分≤9％，粗蛋白≥40％。

（2）外观要求　新鲜、无结块、无霉变、无异味、无棉绒、无棉壳。

6. 优质鱼粉

（1）成分要求　水分≤10％，粗蛋白≥60％，脂肪≤10％，灰分≤18％，盐分≤3.5％。不得检出沙门氏菌和大肠杆菌等。

（2）外观要求　加工良好的鱼粉呈丝状，不应有加工过热的颗粒及杂物，也不应有虫蛀、结块现象。鱼粉颜色随鱼种不同而异，沙丁鱼或鳀鱼鱼粉呈黄棕色，如秘鲁鱼粉。鱼粉加热过度或含脂较高者颜色深。正常的鱼粉具有烤香味，但不应有酸败、氨臭等腐败味及过热后的焦煳味。鱼粉质量的关键是原料的新鲜程度、蒸煮的时间和干燥温度。颜色浅、蛋白质会含量高，粗脂肪、粗灰分、盐分等含量低，则其品质较好。

（3）采购鱼粉时应注意的问题

①掺杂掺假问题　掺杂物有尿素、棉籽粕、菜籽粕、血粉、羽毛粉、锯末、花生壳、沙砾、皮革粉、蹄角粉、虾头蟹壳粉等，目前最隐蔽的掺假物是高蛋白氮（尿素＋甲醛的混合物）。因此，在购货时必须进行检测。

②食盐含量问题　鱼粉中的食盐含量不能过高，国产鱼粉要特别注意盐分含量偏高问题。

③发霉变质问题 由于鱼粉是高营养饲料，在高温高湿条件下极易发霉、腐败，甚至出现自燃现象。因此，应严格检测鱼粉中的细菌、霉菌及有害微生物的含量。

④氧化酸败问题 脂肪含量高的鱼粉易氧化生成醛、酸、酮等物质。鱼粉变质发臭，适口性和品质显著降低。因此，鱼粉中的脂肪不能超过10%。

7. 全脂大豆 全脂大豆富含蛋白质、油脂、矿物质和维生素，具有极高的营养价值，质优价廉，氨基酸平衡性好。全脂大豆膨化后，是配制乳猪料和哺乳母猪料的重要高能、高蛋白饲料原料，可提高仔猪的采食量，提高养分消化率，减轻过敏反应，提高生长速度，有利于改善仔猪的生长性能和哺乳母猪的泌乳能力。在断奶仔猪料和哺乳母猪料中建议添加比例为6%～24%。膨化大豆生产工艺有干法和湿法之分，其主要区别在感官、膨化程度、香味和水分等方面（表1-8）。

表1-8 湿法和干法膨化大豆的区别

生产工艺	颗粒大小	手感	水分	豆香味
湿法膨化大豆	较细	较软	10%～12%或更高	较淡
干法膨化大豆	较粗	较硬	7%左右或更低	较浓

膨化大豆的蛋白质和脂肪含量因原料产地不同而异，二者含量一般呈负相关（表1-9）。

表1-9 国产和进口膨化大豆的区别

不同产地	蛋白质	脂肪	色泽	备 注
国产膨化大豆	36%～38%	17%～19%	金黄色	色泽除与大豆品种、产地有关外，还与杂质含量有关，杂质多则颜色偏暗
进口膨化大豆	34%～36%	19%～21%	较暗	

目前市场上出现掺入膨化玉米、玉米胚芽或豆粕的掺假膨化

大豆。所以，在采购膨化大豆时应从以下几点进行鉴别：①询问膨化大豆的原料，是进口大豆还是国产大豆。②询问膨化大豆加工工艺，是湿法还是干法。③要求膨化大豆供应商提供蛋白质、脂肪含量和脲酶活性等指标检测结果。

8. 米糠 俗称"青糠"、"全脂米糠"或"细糠"，是糙米精加工过程中脱除的果皮层、种皮层及胚芽等混合物，并且混有少量碎米。米糠约占稻谷总重的 7%～9%，水分≤13%，呈淡黄灰分，色泽新鲜一致，无酸败、无霉变、无结块、无虫蛀、无异味、无异嗅等。

优质米糠应新鲜，无异味（油脂味），水分≤13%，尝时有甜味，无残渣，粗蛋白≥12.5%，不掺有谷皮糠（粗糠）等杂物。品质差的米糠则不新鲜，有异味，掺有粗糠。掺假米糠简单鉴别方法：用一张白纸把米糠放置其上，用手一按，放开手，观察其表面上是否有粗糠，若放开手米糠表面很光滑，加上尝时很甜，无残渣，则说明没有掺假；若米糠表面很粗糙，则说明有掺假。由于米糠油脂含量高（10%～18%），不易贮存，夏天应慎用，使用时越新鲜越好，使用越快越好。

9. 小麦 饲用小麦应颗粒整齐，色泽新鲜一致，无杂质，无发酵、霉变、结块及异味异嗅、虫蛀等，水分≤13%，粗蛋白≥12.5%。小麦可用于生产蛋鸭饲料、肉鸭饲料和猪饲料。熏蒸小麦应慎用。

10. 石粉 必须为石灰石粉和大理石粉，不能为白云石粉（吸收率差）。钙≥37%，镁≤0.2%。石粉质量参差不齐，每批必须送检。

11. 贝壳粉 钙≥30%，水分≤5%，应注意新鲜度，不能有霉味。

12. 磷酸氢钙 钙 21%～23%，磷≥17%，氟≤0.18%，砷≤0.004%，铅≤0.003%。

13. 乳清粉 乳糖≥80%，粗蛋白≥3%，盐分≤3.5%，主

要用于生产乳猪料。

三、猪的营养与参考配方

（一）后备母猪营养

在考虑营养需要时，应让后备母猪有一定的体脂贮备，从而提高繁殖力，延长繁殖寿命。后备母猪饲料中需要含较高水平的钙、有效磷和维生素，使骨骼系统和生殖系统得到充分的发育，预防肢蹄病和繁殖障碍症。其饲粮营养水平一般为粗蛋白质 $15\%\sim16\%$，消化能 $13.18\sim13.60$ 兆焦/千克，赖氨酸 $0.70\%\sim0.85\%$，钙 $0.80\%\sim0.95\%$，总磷 $0.6\%\sim0.85\%$。参考配方如表 1-10。

表 1-10　50～110 千克后备母猪日粮配方及营养水平

成　分	含量（%）
玉米	69.00
去皮豆粕（CP 46%）	19.00
麦麸	8.00
4%预混料	4.00
消化能（兆焦/千克）	13.39
粗蛋白质	15.00
钙	0.85
总磷	0.70

注：CP 代表粗蛋白质（crude protein）。

（二）妊娠母猪营养

对妊娠母猪应控制适宜的营养水平。妊娠母猪对营养的需要除了满足其维持需要外，还要满足胎儿生长对营养物质的需要量；初产母猪与经产母猪相比，初产母猪需要摄入更多的蛋白质以确保自身的生长发育。妊娠前期胎儿生长较慢，对营养物质的需要较少，后期特别是妊娠84～114 天，胎儿生长速度较快，对营养物质的需求较大，因此有条件的猪场应该设计妊娠前期和妊娠后期料，以满足不同妊娠阶段对营养的需要。也可以通过改变饲喂量来控制妊娠母猪每日营养的摄入量。优质青绿饲料和青贮饲料特别适合于饲喂妊娠母猪，既有利于维持旺盛食欲，促进消化吸收和粪便排泄，又有利于提高产仔数和降低饲料生产成本，所以有条件的猪场每天可适当加喂青饲料（表 1 - 11）。

表 1 - 11　妊娠母猪日粮配方及营养水平

成　分	含量（%）
玉米	58.00
去皮豆粕（CP 46%）	16.00
麦麸	22.00
4%预混料	4.00
消化能（兆焦/千克）	12.76
粗蛋白质	14.00
钙	0.90
总磷	0.70

（三）哺乳母猪营养

哺乳母猪营养的核心是全力增加哺乳母猪的采食量。哺乳母猪每日采食量可由以下公式估算：哺乳母猪日采食量＝自身日需要饲料 2 千克＋每带 1 头仔猪另外需要饲料量 0.4～0.5 千克。母猪若能采食接近计算的采食量，体内损失将会很少，否则将会大量动用体内储备而严重影响其泌乳量和随后的繁殖性能，使断奶至发情间隔延长，受胎率和胚胎成活率降低；哺乳母猪的日粮配制应分为初产母猪日粮和经产母猪日粮，初产哺乳母猪的日粮营养标准为粗蛋白 16%～18%，消化能 14.23 兆焦/千克，赖氨酸 0.9%以上，钙 0.85%～0.90%，总磷 0.6%以上；经产哺乳母猪的日粮营养标准为粗蛋白 17%以上，消化能 13.39～13.81 兆焦/千克，赖氨酸 0.85%以上，钙 0.85%～0.90%，总磷

0.6%以上（表1-12）。

表1-12 哺乳母猪日粮配方及营养水平

成　分	含量（%）
玉米	60.00
去皮豆粕（CP 46%）	15.00
麦麸	7.00
膨化大豆	10.00
鱼粉	4.00
4%预混料	4.00
消化能（兆焦/千克）	14.00
粗蛋白质	18.00
钙	0.95
总磷	0.70

（四）仔猪（≤15千克）营养

1. 仔猪的营养需要

蛋白质：3～5千克体重，日粮粗蛋白水平26%；5～15千克体重，日粮粗蛋白水平20%～23%。

消化能：3～5千克体重，日粮含消化能14.23兆焦/千克；5～15千克体重，日粮含消化能13.81～14.23兆焦/千克。

脂肪：断奶仔猪消化脂肪的能力较强，以椰子油、玉米油、豆油较好。

维生素：促进生长，提高机体免疫力、抗应激能力。

矿物质：常量元素 Ca、P、K、Na、Cl、Mg，微量元素 Cu、Fe、Mn、Co、Zn、I、Se（表1-13）。

表1-13 仔猪饲料中钙、磷含量

体重	钙	总磷	有效磷
3～5千克	0.9%	0.7%	0.55%
5～15千克	0.75%～0.8%	0.6%～0.65%	0.32%～0.40%

2. 推荐瘦肉型优质良种仔猪饲料配方 见表1-14。

表1-14 7日龄至15千克仔猪饲料配方及营养水平

成　分	含量（%）			
玉米（%）	65.5	65	63	63
豆粕（%）	16.5	17	17	20
鱼粉（%）	6	6	6	5
预混料（%）	4	4	4	4
代乳粉（%）	8	8	10	8
粗蛋白质（%）	19.8	19.8	19.8	19.9
消化能（兆焦/千克）	13.39	13.39	13.85	13.39
赖氨酸（%）	1.27	1.27	1.33	1.27
蛋氨酸＋胱氨酸（%）	0.64	0.64	0.63	0.61
钙（%）	0.89	0.94	0.95	0.87
磷（%）	0.67	0.7	0.7	0.66
有效磷（%）	0.47	0.49	0.53	0.42

（五）仔猪（15～30千克阶段）营养

1. 仔猪营养需要

蛋白质：日粮粗蛋白质水平为17%～20%。

能量：日粮中消化能水平为13.39兆焦/千克。

维生素：是仔猪的必需营养，必须按要求全面供给。

矿物质：钙0.65%～0.7%、总磷0.55%～0.60%、有效磷0.38%～0.30%。

微量元素：为仔猪提供全面平衡的微量元素（Cu、Fe、Mn、Co、Zn、I、Se等），以满足健康、快速生长的需要。

2. 推荐日粮配方 见表1-15。

表1-15 15～30千克仔猪饲料配方及营养水平

成　分	含量（%）	
玉米（%）	70	69

（续）

成　分	含量（％）	
膨化豆粕（％）	26	26
预混料（％）	4	5
消化能（兆焦/千克）	13.39	13.39
粗蛋白质（％）	17	17
赖氨酸（％）	1	1
蛋＋胱（％）	0.51	0.51
钙（％）	0.64	0.69
磷（％）	0.50	0.53
有效磷（％）	0.29	0.31

（六）30～60 千克生长猪营养

30～60 千克生长猪因为其消化系统已发育完全，对饲料营养物质的消化能力增强，对营养物质的消化利用率提高较大，生长速度加快。这一阶段的生长猪饲粮粗蛋白质水平一般为15％～16％、能量为12.97兆焦/千克、钙0.70％、磷0.60％、有效磷0.25％。适量提供维生素和微量矿物质元素，有利于促进生长和预防疾病（表1-16）。

表1-16　30～60 千克生长猪饲粮配方及营养水平

成　分	含量（％）
玉米	67.00
豆粕（CP43％）	20.00
麦麸	6.00
鱼粉	3.00
4％预混料	4.00
消化能（兆焦/千克）	13.17
粗蛋白质	16.00
总磷	0.60
钙	0.7

（七）育肥后期（60千克至出栏）的营养

这一阶段的肥猪比较耐粗饲、采食量大，饲料消化率利用率高，脂肪沉积快，增重快，可以使用一些比较差的原料。猪饲粮中粗蛋白质含量在12％～14％、能量为12.55兆焦/千克，钙为0.6％、磷为0.55％、有效磷≥0.18％，适量补充维生素和微量矿物质元素（表1-17）。

表1-17　30～60千克生长猪饲粮配方及营养水平

成　　分	含量（％）
玉米	68.00
豆粕（CP43％）	14.00
麦麸	10.00
菜粕	4.00
4％预混料	4.00
消化能（兆焦/千克）	12.75
粗蛋白质	14.50
总磷	0.50
钙	0.60

第五节　养猪场饲养管理技术

猪场的技术管理好坏是影响劳动生产率、母猪产仔率、仔猪成活率、肥猪出栏率、饲料利用率等的关键因素。一个猪场科技含量高，养猪生产水平高再加上良好的管理制度与方法，即可实现高产量、高效益、优质产品的两高—优养猪生产。为此，既要狠抓技术，又要狠抓管理，两者不可偏废。

一、猪场的技术管理简述

养猪需要一套合理、科学的管理技术。由于种公猪、种母猪、仔猪、后备种猪和生长育肥猪的生理特点及生产目的不同，它们的饲养管理方法也不相同。但由于猪只有着共同的生物学特性和行为特点，所以各类猪群也有如下一些共同的饲养管理要求：

（1）饲养良种：选择的品种和繁育体系应符合生产目的并适应当地的环境条件。

（2）要给各类猪群提供营养合理均衡的全价日粮，并做到定时、定量的固定饲喂模式，形成条件反射。

（3）保证充足、洁净的饮水。

（4）创造安静、舒适、清洁、卫生的圈舍条件。

（5）经常做到查粪便、查饮食、查行为动态的"三查"工作，及时掌握猪只健康及疾病发生情况。

（6）切实做好防疫保健和疾病的诊疗工作，坚持"预防为主，养防结合，防重于治"的原则，定期接种疫苗，实施定期免疫监测。

（7）做好日常的清洁卫生和消毒工作。

种猪的饲养管理是种猪场的工作核心，其繁殖力高低（种母猪年生产断奶仔猪的数量和质量）是影响种猪场经济效益的主要因素，而种猪的饲养管理成本主要是出售仔猪和生产育肥猪来分摊的，它受到母猪年生产断奶仔猪的数量和种母猪使用年限及使用效率等因素的影响。种猪生产是一个环节紧扣一个环节的流水式规模生产，即某一生产环节的种猪饲养管理不当会影响今后甚至其终生生长与繁殖性能。如后备猪饲养管理不好，质量不高，进入生产线后参加配种到分娩，其配种分娩率和胎均活产仔数会受到影响而下降，产后淘汰数也会增加，会给流水式生产造成很大的损失。

从生产的角度来说，种猪的繁殖周期相对较长，从母猪的妊娠、产仔、哺乳、断奶直到再次发情配种约 150 天；仔猪从出生到保育转栏约 50 天，育肥上市则需 180 天左右，生产成绩的好坏只有等到下一个繁殖周期完成后才能知道。因此，种猪饲养管理水平的高低，直接影响到猪场的经济效益。科学与合理的饲养管理，可以大大提高猪场的效益。生产实践证明，每次配种获得的活产仔数越多，经济回报也越高。研究表明，无论母猪窝产 8 头还是 12 头仔猪，母猪从配种到妊娠所需的劳动力、饲料及其他成本都是相近的。因而有理由相信，提高种猪的饲养管理水平，进而提高种猪的繁殖性能，是提高猪场经济效益最关键的生产环节。

二、后备猪的饲养管理技术

培育后备猪的主要任务是要获得体质健壮、合乎种用要求的种猪。后备猪是种猪的后备力量，要不断地补充优良的后备猪来更新年老的、生产性能下降的种公猪、种母猪，以提高猪群的质量。

（一）后备猪的选择

后备猪将来要配种、繁殖使用，培育前应进行严格的挑选，以便获得遗传上优于其亲本的种质。后备猪的选购（留）数量为生产母猪数×母猪更新率÷90%。

1. 外貌的选择　后备猪的体型外貌应符合品种特征，如毛色、头型、耳型、体型长短、宽窄，四肢粗细、高矮等。

2. 身体结实度的选择　后备猪要选择生长发育良好、健康无病、来自无遗传缺陷的家系。留作种用的猪，肢蹄结构非常重要，因在配种季节往往需要持久站立。

3. 生产性能的选择　后备猪应选自产仔数多、哺育能力强、断奶窝重大等繁殖力高的家系。母猪具有 6 对乳头以上，乳头排列整齐、匀称。公猪应选择睾丸发育良好，左右对称且松紧适度，单睾、隐睾、疝气和包皮肥大的公猪不能留作种用。后备猪要有正常的发情周期，发情表现明显。

4. 对于患有呼吸道、胃肠道疾病的，肢蹄不符合要求的，如跛行、关节肿大、外（内）八字形的。体重偏轻的，如僵猪、拱腰不长等，以及无种用价值的，如无乳头、瞎乳头多于 4 对，阴门窄小，单睾、隐睾等，应予以淘汰。

（二）后备猪的饲养

后备猪一般在体重达到 60 千克时选留为宜，选留的后备猪应喂以营养水平较高的饲料，以确保稳定的个体增长和体脂储备，还要注意氨基酸平衡，增加钙、磷用量，补充足量的与生殖活动有关的维生素 A、维生素 E、生物素、叶酸、胆碱等。后备猪选留后，适当控制饲喂量，不使其过肥或过瘦。在体重 90 千克前宜采用自由采食，90 千克后采用限制采食，分早、晚两次投料；也可直接用干粉料或颗粒料投喂，每天 2.0～2.5 千克，具体视膘情增减。准备配种前的 15 天左右，应加大喂料量，以促使排卵，并增加排卵数。如果是从外场（或公司）引入的后备猪，经过 2 周隔离后表现健康的，可放进本场准备淘汰的老母猪或老公猪，混养 2 周以上再转入生产线。

（三）后备种猪的管理

1. 强弱分群，对猪及时进行调教使其形成采食、排泄、卧睡的三定位。

2. 合理的饲养密度，5～7 头/栏。

3. 自由采食，少喂多餐。按照"自由采食—限饲—优饲—配种"饲喂模式，并保证充足的清洁饮水。

4. 加强运动，促进肌肉和骨骼的生长发育，防止肢蹄病和过肥等。

5. 驱虫健胃，引入后 1 周驱除体内外寄生虫 1 次，调入生产线前驱虫 1 次。

6. 严格执行免疫计划，做好疫苗免疫接种工作。

7. 清洁环境卫生，做到圈净、槽净、料净、水净、猪体净。

8. 平时勤观察猪体情况，及时发现病猪并及时治疗。

9. 做好母猪的发情记录和催情工作，了解清楚每一批猪的年龄结构，编制好猪的配种计划。

（四）后备猪健康状况的观察

1. 从外观看精神状态　健康猪一般营养状况良好，肌肉丰满，皮肤及被毛光泽，精神活泼；病猪则皮肤被毛无光泽，瘦弱，精神不振，步行不稳，跛行，卧地不起等。

2. 饲喂时看吃料状态　健康猪食欲旺盛，有病的猪吃料少、不吃或只饮水。

3. 打扫卫生时看粪便　主要观察猪粪便的形状、色泽、气味及有无杂物等。如粪便干燥（硬），排粪次数减少，排粪困难，常见于便秘、感冒、急性疾病的初期。如粪便稀薄和腹泻，常见于猪的消化不良和痢疾。如粪便带有血迹及黏膜，常见猪胃肠有问题或出血等。

4. 运动时看行走情况　健康猪行走正常，四肢健壮有力；病猪常出现跛行，软骨病和佝偻病常表现为肢蹄病。

5. 休息时看呼吸　健康猪的呼吸数为每分钟 10～20 次，呼吸节奏很均匀。若猪表现出咳嗽、呼吸加快或呼吸困难为病态，常见的有传染性呼吸道疾病。

三、种公猪的饲养管理技术

公猪的好坏，对猪群的影响很大，对每窝仔猪数的多少和体质优劣起着相当大的影响作用。在本交的情况下，1 头公猪可负担 20～30 头母猪，一年可繁殖约 500 头仔猪。如采用人工授精，1 头公猪一年可繁殖仔猪万头左右。因此，要特别注意加强公猪的选种、培育、合理利用和饲养管理。

养好公猪，提高精液品质和配种能力，必须保持营养、运动和配种利用三者之间的平衡。否则，就会产生不良影响。营养是保证公猪健康和生产优良精液的物质基础，运动是增强公猪体质提高繁殖力的有效措施，而配种利用是决定营养和运动需要量的依据。在配种频繁的季节，应适当加强营养，减小运动量。而在非配种季节，则适量降低营养，增加运动量。否则，就会使公猪肥胖或者消瘦，影响公猪的性欲和配种效率的充分发挥。

（一）公猪的饲养

为了使公猪经常保持种用体况，体质健壮，精力充沛，性欲旺盛，能生产大量品质优良的精液，就必须合理饲养。

公猪射精量比其他家畜都大。在正常饲养条件下，成年公猪一次射精可达 200～400 毫升。其中水分占 97%，粗蛋白质为 1.2%～2%，脂肪为 0.2%，灰分为 0.9%。并且公猪交配时间也比其他家畜长，一般为 5～10 分钟，有时达 20 分钟以上，体力消耗较大。因此，对公猪必须保证供给充足的各种营养物质。

蛋白质对增加射精量，提高精液品质和配种能力以及延长精子存活时间都有重要作用。如果蛋白质不足，易使与配母猪受胎率降低，严重时公猪甚至失去配种能力。所以，在公猪日粮中，一般应含有 15% 左右的粗蛋白质（如果不是集中配种，蛋白质饲料的量可酌情减少），而且要求蛋白质饲料种类多样化，以提高氨基酸的互补作用。

维生素 A、维生素 D 和维生素 E 等是公猪不可缺少的营养物质。当公猪缺乏维生素 A 时，睾丸生精机能衰退，不能产生正常精子；缺乏维生素 D，会影响机体对钙、磷的利用，间接影响精液品质；若缺乏维生素 E，睾丸发育不良，精原细胞退化，产生的精子衰弱或畸形，受精力降低。

公猪所需要的维生素，在夏秋季节可通过喂给青饲料来解决。在冬季和早春，青饲料缺乏，应喂给胡萝卜等根茎类和青贮饲料，必要时还可加喂部分大麦芽补充。大麦芽对提高公猪精液品质有良好作用，1 头公猪每天采食 0.2～0.3 千克大麦芽，就能满足维生素 A 和维生素 E 的需要。维生素 D 虽然在饲料中含量很少，但是每天让公猪晒 1～2 小时太阳，就能使皮下的 7-脱氢胆固醇转化为维生素 D。

钙、磷等矿物质对公猪精液的品质也有很大影响，缺乏时发育不全和活力不强的精子就会增加。在公猪日粮中应含有 0.15％的钙，钙与磷的正常比例，一般应保持 1～2：1。以精饲料为主的日粮类型，常常是含磷多而钙少，故需着重补充钙。

牡蛎粉、碳酸钙、蛋壳粉、石灰石粉是钙的补充饲料，骨粉则是钙和磷的补充饲料。食盐也是重要的矿物质饲料。在公猪日粮中，食盐和骨粉一般可各占精饲料日粮的 0.5％。

在配合公猪饲料时，精饲料的比例应稍高，容积不宜太大，以免引起公猪腹部下垂，造成配种困难。

饲养公猪，应根据公猪的体重、年龄和配种忙闲区别对待。并随时注意它的营养体况，使它终年保持健康结实、性欲旺盛、精神活泼的体质，过肥过瘦都不适宜。过肥的公猪整天贪睡，性欲减弱，甚至不愿配种，即使勉强配种，也往往由于睾丸发生脂肪变性，精子不健全，使配种不能达到受胎的目的。这种情况大多都是由于饲料内营养不全面，碳水化合物含量较多，蛋白质、矿物质和维生素含量不足，加上缺乏运动所引起的。当发现这种情况时，应及时减少碳水化合物饲料喂量，增喂青饲料，并加强运动。如公猪过瘦，则说明营养不足或配种过度，应及时通过调整饲料和控制交配次数来补救。

此外，常年分散产仔时，公猪配种任务比较均匀。因此，各个月都要保持公猪配种期所需要的营养水平。采用季节性集中产仔时，则需要在配种开始前 1 个月，逐渐增加公猪的营养，做好配种准备工作，等到配种季节过去以后，再逐渐适当降低营养水平。在配种季节，如果能在公猪饲料中适当加入少量动物性饲料，对提高精液品质有良好效果。

（二）公猪的管理

公猪的管理工作，除了经常保持圈舍清洁、干燥、阳光充足、空气流通、冬暖夏凉外，还应特别注意以下管理工作。

1. 加强运动 公猪的运动很重要，如缺乏运动，会发生虚胖，后肢软弱，性欲下降，配种效率降低，甚至失去利用价值。所以，公猪在非配种期和配种准备期要加强运动，在配种期亦要适度运动。一般要求上、下午各1次，每次约1小时，路程约2千米，也可实行单圈饲养，合群运动。但必须从小就合群并钳掉犬齿，冬季宜在中午进行，如遇酷热严寒、大风雨雪天气，停止运动。

2. 保持猪体清洁 在炎热的夏季，每天可让公猪在浅水池内洗澡或用水管淋浴1～2次，其余季节每天刷拭1～2次。刷拭除了能防止皮肤病及体外寄生虫（疥癣、虱子）外，更重要的是通过刷拭皮肤，可促进血液循环，增强性功能，提高精液品质和配种能力。另外，刷拭猪体还可加强人猪亲近，使公猪性情温驯，便于管理。

3. 定期检查精液品质和体重 公猪应每月定期称重一次。成年公猪应保持中等营养体况，体重保持相对稳定。2岁以内的年轻公猪，要求体重逐月增加，但不显过肥。在公猪配种准备期，应每周检查精液品质一次，以便根据体重变化和精液品质好坏，调整营养、运动量和配种次数。

4. 防止公猪自淫 在养猪生产上常会遇到有些公猪，特别是性早熟、性欲旺盛的公猪，发生自淫的恶癖，常在非配种时自动射精。结果会造成性早衰、阴茎损伤、体质虚弱，甚至失去配种价值。根据调查观察，由于管理不当，公猪受到不正常的性刺激所引起。例如，把母猪赶到公猪圈附近去配种，引起其他公猪发生性冲动而自动射精。又如，发情母猪偷跑到公猪圈门口逗引公猪，引起射精。类似情况只要经过几次，便会养成自淫的恶癖。因此，防止公猪自淫的关键，是要杜绝对公猪的不正常性刺激，要注意做好以下几方面的工作。

第一，非交配时间，不让公猪看到母猪和闻到母猪的气味，听到母猪声音。所以公猪圈应建在母猪圈的上风向，且要隔开一定的距离。并注意把母猪圈好，不让发情母猪外出逗引公猪。

第二，不要把母猪赶到公猪圈附近配种，更不能把母猪赶到公猪圈去，任其自由爬跨和交配。

第三，公猪最好单圈饲养。对性欲旺盛的公猪，圈内最好不放置食槽等物，尽量排除一切可能发生爬跨自淫的条件。

第四，对单圈喂养、合群运动的公猪，在交配后一定要让他身上的母猪气味消失后才能合群。

第五，建立合理的饲养管理制度。每天定时喂食，定时运动，按时休息，合理使用，做到生活规律化。在非配种季节，对性欲旺盛的公猪，可每隔一定时间定期采精一次。

第六，后备公猪相互爬跨和自淫的现象比成年公猪严重，可通过延长运动时间，加大运动量，跑累了吃饱以后就会安静休息。

第七，由于互相爬跨和自淫多发生在清晨喂食前，所以应在天刚亮就把后备公猪赶出去运动一段时间，然后再饲喂。

5. 防止公猪咬架　公猪咬架会给管理造成麻烦。其原因多是由于公猪久不见面，或配种时两头公猪相遇而发生斗殴，或者由于发情母猪的逗引，使公猪跑出圈外发生咬架。如管理不当，公猪咬架会经常发生，发生咬架时，应迅速放出发情母猪引走公猪，也可用一块大木板把公猪隔开，防止咬伤。

（三）公猪的合理利用

公猪精液品质和利用年限，不仅与饲养管理有关，而且在很大程度上取决于对公猪的利用是否合理。

适宜的初配年龄和体重十分关键。后备公猪适宜的初配年龄和体重，常随品种、气候和饲养管理条件而有所不同，在考虑年龄的同时还要根据猪的发育情况（体重大小）来决定。我国本地猪种性成熟早，公猪在 3～4 月龄睾丸开始产生精子，但这时尚不能配种。因为此时公猪正处于发育阶段，配种后往往影响生长发育和缩短种用年限。因此，小公猪断奶后应和小母猪隔离，分圈饲养。

我国地方猪种一般在 8~10 月龄、体重 60~70 千克，培育品种则在 10~12 月龄、体重 90~120 千克时开始配种。配种开始时的体重最好能达到成年体重的 50%~60%，早熟品种可稍高一些，晚熟品种可稍低一些。过晚初配对生产也不利，除了增加培育成本外，还会造成公猪的性情不安，影响正常发育，有的甚至养成自淫的恶癖。

公猪的利用要根据年龄和体质强弱以及精液品质来合理安排。一般情况下，1~2 岁的幼龄公猪，每周可配 2~3 次；2~5 岁的壮龄公猪，在较好的营养条件下，每天可早、晚各配 1 次，间隔不少于 6~8 小时。如果公猪连续配种 1 周则应休息 1 天。5 岁以上的老龄公猪，可每隔 1~2 日使用 2 次。

此外，如公猪长期不配种，附睾内贮存的精子就会衰老，用这样的精液配种，受胎率会降低。所以，久不配种的公猪开始配种时，必须进行复配。如采用人工授精，则应把第一次采出的精液废弃不用。

（四）人工授精技术

1. 采精的操作规程 ①采精员一手戴手套，另一手持 37℃ 保温杯（内装一次性食品袋）用于收集精液。②饲养员将待采精的公猪赶至采精栏，用 0.1% 高锰酸钾溶液清洗其腹部和包皮，再用温水（夏天用自来水）清洗干净。避免残留药物对精子造成伤害。③采精员挤出公猪包皮积尿，按摩公猪包皮部，刺激其爬跨假台畜。④公猪爬跨假台畜并逐步伸出阴茎时，脱去外层手套，将公猪阴茎龟头导入空拳。⑤用手（大拇指与龟头相反方向）紧握伸出的公猪阴茎螺旋状龟头，顺其向前冲力将阴茎 S 状弯曲拉直，握紧阴茎龟头防止其旋转，公猪即可射精。⑥用四层纱布过滤收集精液于保温杯内的一次性食品袋内，直到公猪射精完毕，最初射出的少量精液含精子很少，可以不必接取，有些公猪分 2~3 个阶段将精液射出，射精过程历时 5~7 分钟。⑦采精员在采精过程中应注意安全，一旦公猪出现攻击行为，采精员应立刻逃至安全区。⑧下班之前彻底清洗采精栏。⑨采精期间不准殴打公猪，防止出现性抑制。

2. 公猪的采精频率与调教　成年公猪每周可采精 2 次，青年公猪（1 岁左右）每周可采精 1 次，最好固定每头公猪的采精频率。

公猪采精调教要点：① 后备公猪 7 月龄开始进行采精调教；② 每次调教时间不超过 15 分钟；③ 一旦采精获得成功，分别在第 2、3 天再采精 1 次，使其巩固掌握该技术；④ 采精调教可采用发情母猪诱导，观摩有经验公猪采精，以及用发情母猪分泌物刺激等方法；⑤ 调教公猪要有耐心，不准打骂公猪；⑥ 注意公猪和调教人员的安全。

3. 稀释液配制操作规程　①配制稀释液的药品要求选用分析纯试剂，对含有结晶水的试剂要按摩尔浓度进行换算（如含水葡萄糖和无水葡萄糖）。②根据稀释液配方，用电子天平准确称量药品。③按 1 000 毫升、2 000 毫升剂量称量稀释试剂，置于密封袋中。使用前将称量好的试剂溶于定量的双蒸水中，可用磁力搅拌器助其溶解。④用滤纸过滤，以尽可能除去杂质。⑤用 1 摩尔/升稀盐酸或 1 摩尔/升氢氧化钠调整精液稀释液的 pH 为 7.2（6.8～7.4）左右，渗透压为 330 毫渗透压摩尔浓度（mOsmol/kg），配好的稀释液应及时贴上标签、标明品名、配制日期和时间、经手人等。⑥要认真检查已配制好的稀释液成分，发现问题及时纠正。⑦液态状稀释液冰箱 4℃保存，不超过 24 小时，超过有效贮存期的变质稀释液应废弃。

4. 精液品质检查操作规程

（1）精液量　以电子天平称量精液，按每克 1 毫升计，避免以量筒等转移精液盛放容器的方法测量精液体积。

（2）颜色　正常的精液呈乳白色或浅灰白，精子密度越高，色泽愈浓，其透明度愈低。如精液带有绿色或黄色是混有脓液或尿液（若带有淡红色或红褐色是含有血液），这样的精液应舍弃不用，会同兽医寻找原因。

（3）气味　猪精液略带腥味，如有异常气味，应废弃。

（4）pH（酸碱性）　　以 pH 计测量。

（5）精子活率检查　活率是指呈直线运动的精子百分率，在显微镜下观察精子活率，一般按 0.1～1.0 的十级分法进行。鲜精活率要求不低于 0.7。

（6）精子密度　指每毫升精液中所含的精子数，是确定稀释倍数的重要指标，要求用血细胞计数板进行计数或精液密度仪测定。血细胞计数板计数方法：①以微量加样器取具有代表性原精液 100 微升，加 3％氯化钠 900 微升，混匀，使之稀释 10 倍。②在血细胞计数室上放一盖玻片，取 1 滴上述精液放入计数板的槽中，靠虹吸作用将精液吸入计数室内。③在高倍镜下计数 5 个中方格内的精子总数，将该数乘以 50 万，即得原精液每毫升的精子数（即精液密度）。精液密度仪按使用说明书进行操作即可。

（7）精子畸形率　畸形率是指异常精子的百分率，一般要求畸形率不超过 18％，其测定可用普通显微镜，但需伊红染色。相差显微镜可直接观察活精子的畸形率，公猪使用过频或高温环境会出现精子尾部带有原生质滴的畸形精子。畸形精子种类很多，如巨型精子、短小精子、双头或双尾精子、顶体膨胀或脱落、精子头部残缺或与尾部分离、尾部弯曲等，要求每头公猪每周检查一次精子畸形率。

按要求做好精液品质检查登记表。实事求是地填写种公猪康状况登记表，从而真实地反映种公猪健康状况。

5. 精液稀释操作规程

（1）精液采集后应尽快稀释，原精贮存不超过 30 分钟。

（2）未经品质检查或检查不合格（活力 0.7 以下）的精液不能稀释。

（3）稀释液与精液要求等温稀释，两者温差不超过 1℃，即稀释液应加热至 33～37℃。以精液温度为标准来调节稀释液的温度，绝不能反过来操作。

（4）稀释时，将稀释液沿盛精杯（瓶）壁缓慢加入到精液中，然后轻轻摇动或用消毒玻璃棒搅拌，使之混合均匀。

（5）如做高倍稀释时，先进行低倍稀释（1:2），稍待片刻后再将余下的稀释液沿壁缓慢加入，以免稀释过快造成精液品质下降。

（6）稀释倍数的确定 活率≥0.7 的精液，一般按每个输精剂量含 40 亿个精子，输精量为 80～90 毫升确定稀释倍数。例如，某头公猪一次采精量是 200 毫升，活力为 0.8，密度为 2 亿/毫升，则总精子数为 200 毫升×2 亿/毫升＝400 亿。要求每个输精量含 40 亿精子，输精量为 80 毫升，输精头份为 400 亿÷40 亿＝10 份，加入稀释液的量为 10×80 毫升－200 毫升＝600 毫升。

稀释后要求静置片刻再作精子活力检查，如果稀释前后活力一样，即可进行分装与保存，如果活力下降，说明稀释液的配制或稀释操作有问题，不宜使用，并应查明原因加以改进。

不准随意更改各种稀释液配方的成分及其相互比例，也不准几种不同配方稀释液随意混合使用。

几种常见精液稀释液的配方见表 1-18 所示。

表 1-18 常见公猪精液稀释液配方

单位：克

成　　分	BTS	Guelph	Zorpva	Reading
保存时间（天）	3	3	5	5
D-葡萄糖	37.15	60.00	11.50	11.50
柠檬酸三钠	6.00	3.70	11.65	11.65
EDTA 钠盐	1.25	3.70	2.35	2.35
碳酸氢钠	1.25	1.20	1.75	1.75
氯化钾	0.75	—	—	0.75
青霉素钠	0.60	50 万单位	0.60	—

（续）

成 分	BTS	Guelph	Zorpva	Reading
硫酸链霉素	1.00	0.50	1.00	0.50
聚乙烯醇（PVP，TypeⅡ）	—	—	1.00	1.00
三羧甲基氨基甲烷（Tris）			5.50	5.50
柠檬酸			4.10	4.10
半胱氨酸			0.07	0.07
海藻糖				1.00
林肯霉素				1.00

注：BTS 代表 Beltsville thawing solution，Guelph 代表 Guelph thawing solution，Zorpva 代表 Zorpva thawing solution，Reading 代表 Reading thawing solution。①总量为 1 000 毫升；②要求双蒸水配制；③抗生素在使用之前加入；④液态稀释液冰箱保存不超过 24 小时。

6. 精液常温保存操作规程 ①精液稀释后，检查精液活率，若无明显下降，按每头份 80～90 毫升分装。②瓶上加盖密封，并在输精瓶上写清楚公猪的品种、耳号、采精日期（月、日）。③置 22～25℃的室温 1 小时后，（或用几层毛巾包被好后）直接放置 17℃冰箱中。④保存过程中要求每 12 小时将精液混匀一次，防止精子沉淀而引起死亡。⑤每天检查精液保存箱温度并进行记录，若出现停电应全面检查贮存的精液品质。⑥尽量减少精液保存箱开关次数，以免精子遭受打击而死亡。

7. 输精操作规程

（1）输精次数 ①第 1 次自然交配，第 2～3 次人工授精；②2 次人工授精；③3 次人工授精。

（2）输精时间 ①断奶后 3～6 天发情的经产母猪，发情出现压背静立反应后 6～12 小时进行第 1 次输精配种；②后备母猪和断奶后 7 天以上发未发情的经产母猪，发情出现压背静立反应时，就进行配种（输精）。

（3）精液检查 从 17℃保存箱取出的精液，轻轻摇匀，用已灭菌的滴管取 1 滴精液放于预热的载玻片上，置于 37℃ 的恒温板上片刻，用显微镜检查活力，精液活力≥0.7 时才可进行输精。

（4）将试情公猪赶至待配母猪栏之前，使母猪在输精时与公猪口、鼻部接触。

（5）输精人员消毒清洁双手。

（6）用 0.1% 高锰酸钾水溶液清洁母猪外阴，尾根及臀部周围，再用温水浸湿毛巾，擦干外阴部。

（7）从密封袋中取出没受任何污染的一次性输精管（手不应接触输精管前 2/3 部分），在其前端涂上精液作为润滑液。

（8）将输精管 45° 向上插入母猪生殖道内，输精管伸入 3～4 厘米之后，顺时针旋转，当感觉有阻力时，继续慢慢旋转同时前后移动，直到感觉输精管前端被锁定（轻轻回拉不动），并且确认真正被子宫颈锁定。

（9）从精液贮存箱取出品质合格的精液，确认公猪品种、耳号。

（10）缓慢颠倒摇匀精液，用剪刀剪去瓶嘴，接到输精管上，开始进行输精。

用针头在输精瓶底部扎一个小孔，同时抚摸母猪的乳房或外阴，压背刺激母猪，使其子宫收缩产生负压，将精液吸入，输精时勿将精液挤入母猪生殖道内，防止精液倒流。

控制输精瓶的高低来调节输精时间，输精时间要求 3～5 分钟，输完一头母猪后，应在防止空气进入母猪生殖道的情况下，把输精管后端侧面折起，放在输精瓶中，使其滞留在生殖道内 3～5 分钟，让输精管慢慢滑落。

从 17℃ 精液保存箱中取出的精液，无须升温至 37℃，摇匀后可直接输精，但检查精液活力时须将载玻片预热至 37℃。

经产母猪用一次性海绵头输精管，输精前检查海绵头是否松动；后备母猪用一次性螺旋头输精管，为防止子宫炎发生，每头母猪每次输精都应使用一条新的输精管。

每头母猪在一个发情期内要求至少输精两次，最好三次，两次输精间隔 8 小时左右。

认真登记母猪生产卡与配种记录。

四、配种妊娠母猪的饲养管理技术

（一）配种舍的工作目标

（1）按生产计划完成每周的配种任务，保证全年均衡生产。

（2）配种分娩率达到 85% 以上。以配 100 头母猪计算，从配种到母猪分娩，确保 85 头母猪进产房分娩。其中，在母猪妊娠过程中（114 天内），因返情、流产、空怀、因病淘汰、死亡、难产等原因引起未分娩母猪不超过 15 头。

（3）保证胎均产活仔 9.5 头以上，随着饲养管理水平提高，可要求每胎产活仔达到 10 头。

（4）保证转入基础群的后备猪合格率在 90% 以上。后备母猪引入场后，经饲养观察，由于患病、肢蹄损伤，无种用价值，僵猪等原因而淘汰 5%；转入生产线后，由于返情、不发情、习惯性流产、因病死亡和淘汰等原因淘汰 3%～5%；在制订后备猪引进计划时，提前 2 个月引入，按生产需求量 110% 引入后备母猪。

（5）保证种猪平均使用年限，公猪 2 年，母猪 3.5 年以上。

（6）保证母猪群合理的胎龄结构，平均产仔 4 胎左右。结构较合理的母猪群应为 1～3 胎母猪数占 30%～35%，3～6 胎母猪占 60%，7 胎以上的母猪占 5%～10%。

（7）全场母猪年更新率 25%～35%，公猪为 50%。第 1、2 年度为 10%～15%（按全场满负荷生产计划）。

（二）试情和发情鉴定

要求每天进行发情检查，上、下午各 1 次，每次 30 分钟，要有试情公猪在场，互相轮查，做好记录。

每天进行妊娠猪检查。上、下午各检查 1 次，特别是在配种后

21天和43天左右，检查妊娠母猪的返情、流产和空怀情况。

1. 安排好断奶母猪试情并合理分群　母猪断奶后一般在3～7天开始发情，此时要做好母猪的发情鉴定和公猪的试情工作。母猪发情稳定后才可配种，不要强配。母猪临断奶前3天开始限料以防发生乳房炎，断奶当天不喂料，断奶后将母猪赶到运动场，自由活动1～2天，第3天赶回大栏，要注意强弱分群，自由采食；第4天用公猪试情（早、晚各1次，每次5～10分钟），待部分母猪有发情表现时，把母猪赶到定位栏饲喂（这样可以减少母猪相互爬跨造成的肢蹄病，同时有利于母猪的发情鉴定），第5和第6天，每天赶公猪到定位栏试情，到第6和第7天，有80%～85%的母猪配种效果很好，到第10天有95%的母猪完成配种。

2. 安排好后备母猪试情

（1）后备猪选留后，适当控料，不使母猪过肥或过瘦（以5分制评分，达到2.5～3.5分为标准），配种前3周开始，每头每天喂料量2.2～3.5千克。

（2）后备母猪通常小群栏养（每栏4～8头），到场后的后备母猪，先自由采食，再限制饲养1个月，最后优饲半个月参加配种。

（3）后备母猪从第1个发情期开始，采取短期控料与催情相结合的方法，达到同期及早发情的目的。

（4）用以下方法可以刺激母猪发情：调圈与不同的公猪接触试情，尽量靠近发情的母猪，进行适当的运动，必要时注射孕马血清和人绒毛膜促性腺激素等催情。

（5）后备母猪配种前驱除体内外寄生虫1次，进行疫苗注射。

（6）仔细观察初次发情期，并做好记录。

（7）后备母猪的配种必须达到8月龄以上，体重达到110千克以上，且最好在第三次发情时进行。

3. 发情鉴定　根据发情表现，做好发情母猪耳号、栏号记录，以便配种。母猪发情的具体表现：①阴户红肿，阴道内有黏液性分泌物。②在圈舍内来回走动，频频排尿。③神经质、发呆、站立不动。④食欲差或完全废绝。⑤压背静立不动，互相爬跨或接受公猪爬跨。⑥有的母猪发情不明显，可用不同公猪试情，若接受爬跨的一般可判定为发情。

（三）配种过程

1. 配种程序和次数　配种程序一般为先配断奶母猪，再复配；后配后备母猪和空怀母猪。后备猪采用 2 次本交和 1 次人工授精方式；断奶母猪和空怀母猪采用 1 次本交和 2 次人工授精的方式。参照"老配早，少配晚，不老不少配中间"的原则，采用多重复配种方式，经产母猪间隔为 12～24 小时，后备母猪间隔 12 小时。高温季节宜在上午 8 时前，下午 5 时后进行配种。

2. 本交辅助配种　配种前母猪后躯、外阴，公猪腹部、包皮及公、母猪的身躯应清洁消毒。将母猪赶到公猪栏内宽敞处，当公猪爬到母猪身上后，用手将公猪阴茎对准母猪阴门，使其插入，注意不要让阴茎打弯。

3. 观察交配过程　保证配种质量，射精要充分（表现是公猪尾根下方肛门括约肌有节律收缩，力量充分）。每次交配大约射精 2～3 次，有精液从阴道倒流。整个交配过程不得人为干扰或粗暴对待公、母猪。

确定母猪发情而又不接受爬跨时，应更换 1 头公猪或采用人工授精。母猪配完后要按压其背部，令其轻轻走动，不让精液倒流。配种完的公、母猪不能冷水淋浴。公猪配种后不宜马上剧烈运动，也不宜马上饮水。

（四）妊娠表现与诊断

1. 妊娠表现　猪妊娠期一般为 108～120 天，平均 114 天，即"3 月 3 周 3 天"，青年母猪稍短。要注意观察配种后 18～24 天和

34～44 天的母猪，若两个发情期均未发情，可初步判定为妊娠。

妊娠母猪表现为：疲倦贪睡不想动，性情温驯动作稳，食量增加长膘快，皮毛光亮紧贴身，尾巴下垂很自然，阴户缩成一条线。妊娠 2 个月后，腹围增加，乳腺发育，乳头变得粗长，向外伸展，3 个月后，可摸到胎动。

2. 妊娠诊断　根据母猪表现并结合仪器诊断是否妊娠，可以及早发现未孕母猪，及时采取措施促其发情配种，减少损失。仪器诊断主要用超声波诊断仪，以测定子宫内有无羊水和心跳等，确诊准确率高。

（五）妊娠母猪的饲养

妊娠母猪饲养的主要目标是保证母猪健壮，有良好的体况，不过肥过瘦，胎儿发育正常，无早产、流产等现象，每一繁殖周期获得数量多、质量好、生活力强仔猪。

饲养方式"依膘给料，看食欲给料"，每次喂料时间不小于 1 小时。精料用在"刀刃上"，达到保胎、壮胎、高产、降低成本的目的。

（1）妊娠前期（配种后 1 个月），每头每天给料量 2.0 千克。配种后的 1～3 天不给料或少给料，以后逐渐增加。研究表明配种后 15 天每头每天增加采食量，从 2.0 千克提高到 2.8 千克，胚胎存活率下降 36%～50%。因此，配种后 1 个月避免母猪能量摄入过多，防止胎儿死亡。

（2）妊娠中期（配种后 2 个月），每头每天给料量 2.5 千克。限制精料量，防止过肥，并增加青饲料量。

（3）妊娠后期（配种后 3 个月），每头每天给料量 2.8～3.0 千克；这时母猪除负担胎儿生长和发育外，自身也在生长，喂料量应逐步增加。

（4）在产前 1 周应降低喂料量 10%～30%。临产前，经产母猪保证七八成膘，后备母猪八成膘。如过肥产弱仔多，产后多不吃料，便秘、缺乳、断奶后发育不正常，且易压死仔猪；如过瘦，胎儿发育不良，产后掉膘快，泌乳少，胎儿存活率低，产后生长速度慢。同时，减少或不喂青饲料，以免压迫腹腔而造成胎儿早产。对有便秘的猪，饲料中可加入人工盐、大黄、小苏打或硫酸钠来缓解。转入产房前，猪只要冲洗干净，消毒并驱除体内外寄生虫。

（六）妊娠母猪的管理

（1）防流保胎　母猪妊娠后胚胎或胎儿要经过 3 个死亡高峰期。

第一个高峰期，为配种后 1 个月内，占 30%，主要是在受精后 9～13 天（合子附植期）和 21 天左右（器官形成期）。具体原因有：①受精卵先天缺陷（如近交、多精入卵、染色体缺陷等），②饲料营养素不足或不平衡，③饲料变质、发霉、有毒等，④妊娠初期采食能量过高，⑤高温影响，⑥母猪有疾病，⑦咬架、剧烈运动或其他应激因素（如滑倒、疫苗注射等）。

第二个高峰期，在配种后 60～70 天，占 60% 以上。主要原因有：①胎盘停止生长，而胎儿到了快速生长时间，供需出现矛盾；②打架、剧烈运动等应激因素，使子宫内血液循环下降，胎儿养分供应不足。

第三个高峰期，妊娠后期到产前，占 10%。主要原因是由于中期营养不足导致胎儿发育不良或临产前剧烈运动，造成分娩前脐带断裂，胎儿死亡。2/3 的胎儿体重是在妊娠后期的 1/3 时间内生长的，即 80 天后是胎儿生长发育的高峰期，故应增加母猪的营养摄入，但在产前一周应减料。

（2）免疫接种　按免疫程序做好口蹄疫、伪狂犬、二联四价苗等疫苗注射工作。

（3）观察猪群情况，有病及时隔离并治疗　日常生产中要做到勤观察：①喂料时，观看吃料情况；②清粪时，观看排粪情况；③运动时，观看行走情况；④平日，观看精神状态；⑤休息时，观看呼吸情况。一旦发现不吃料、便秘、中暑、流脓、阴道炎、肢蹄病、气喘病、应激等病猪，及时诊治。

（4）提供新鲜的饲料和饮水　每次喂料时间不少于 1 小时，看膘给料，不喂给发霉变质饲料，保证充足干净的饮水。

（5）按时清粪，做好猪舍的清洁卫生　每天上、下午各清粪1 次，下班前一定把粪送到化粪池，不允许猪粪在猪舍过夜。经常冲栏，保证猪舍（栏）、猪体和料槽干净。

（6）生产线上的其他工作　①周三疫苗注射，保证剂量和部位准确，不能漏猪。②周一、周四消毒；每月换一种消毒药，消毒要彻底。③周三接收断奶母猪，周五赶临产母猪到产房。④周六猪舍外环境整治，淘汰猪鉴定。⑤周日设备检修，做周报表及药物领取计划等。⑥其他，如运动、调栏、冲栏、并圈、喷雾降温等。

（七）促使母猪发情排卵和提高配种分娩率的措施

1. 促使母猪发情排卵的方法

（1）公猪刺激（试情）　即通过视、听、嗅、身体接触等诱导发情，同时对那些发情不明显的母猪试情可防止漏配。方法：将空怀母猪 3～4 头关在一栏，定期将公猪赶入，可通过刺激促使发情。但对青年母猪，用公猪刺激不宜过早，每次时间也不宜过长，防止产生钝化，宜在发情前 1 个月左右，每次 20 分钟以内，也即在青年母猪 6 月龄左右可通过此法催情。

（2）适当的应激　主要通过混栏、并圈、运动、饥饿等适当应激，提高机体的兴奋性，促使发情，此方法适合用于断奶未发情、配种未孕或很长时间未达初情期的母猪。方法：采用 3～4头体况相当的母猪混栏或发情与未发情的母猪并圈或赶往运动场运动等办法，令其相互打架或爬跨，刺激发情，过肥而不发情的母猪在限饲或饥饿的同时，更应通过运动刺激发情。

（3）按摩乳房　研究表明，按摩乳房表层能加强垂体作用，使进卵细胞成熟，促进母猪排卵；同时，按摩乳房可促进垂体分泌黄体生成素，促进排卵；按摩乳房还可促进猪与人之间的感情交流，对以后的妊娠、分娩、哺乳期的管理均有好处。

（4）正确饲养，短期优饲，适时调整喂料量 正常情况下，饲养得当，断奶母猪1周左右即可发情，青年母猪6月龄左右可达到初情期。但饲养不当，会导致空怀期延长，青年母猪的初情期延迟。俗话说，"空怀母猪七八成膘，容易怀胎产仔高"，说明正常情况下，母猪配种前的营养水平不要过高，对体况较好的母猪，只要维持营养需要即可。但为促进发情排卵，生产中常常适时提高饲料喂量，对提高配种受胎率和产仔数大有好处。方法是：对产仔多、泌乳量高或哺乳后体况差的母猪，断奶配种之前可采用"短期优饲"的方法，即在维持需要的基础上提高50%～100%，每头每天喂量可达3～3.5千克，可促进排卵；对后备青年母猪，在准备配前7～10天加料，可促进发情，多排卵，喂料量达2.5～3.0千克/（天·头）。但具体应根据猪的体况增减，配种后应逐渐减少喂料量。

（5）激素治疗 对长期未达初情期或通过上述措施仍不能发情的母猪，可采用激素治疗，促使其发情。

①肌内注射三合激素，每头1毫升/次，用药后3～5天发情。

②肌内注射绒毛膜促性腺激素（HCG），每千克体重10单位，或孕马血清（PMSG），每千克体重0.1毫升，5～7天可促使发情排卵。

③对可能因持久黄体引起的不发情，可通过肌内注射前列腺素促进发情排卵，此法也可用于任何妊娠时期的流产和催产。

④肌内注射律胎素2毫升、缩宫素4支。

⑤阳光、新鲜空气和适当运动对保证种母猪的健康、正常发情有很大益处，这在平时的饲养管理中应给予重视。

2. 提高母猪配种分娩率的方法 母猪分娩率的高低是衡量母猪群生产能力的最关键指标之一。影响母猪分娩率的直接原因是母猪配种后不受胎，出现返情。因此，只要加强母猪的饲养管理，做到适时配种，提高其配种质量，就可以减少母猪的配种后返情数，提高母猪的分娩率。

（1）母猪妊娠初期（受胎后 1～25 天阶段）返情原因的分析和应采取的措施

①交配时间　应在公猪被允许爬跨后 6 小时后进行，根据"老配早，小配晚，不老不少配中间"的原则，经产母猪间隔 12 小时为其配种 2～3 次。

②公猪的精液品质　在配种前应进行精液品质检查，以保证最优秀的种公猪用于配种生产。

③人工授精中的正确输精　输精时母猪几乎无移动，输精管被持续牢固紧锁，输精结束后几乎没有精液倒流。

④母猪的发情鉴定　发情不到火候强配，母猪返情率较高，适时配种效果最好。

⑤母猪的体况　母猪过肥或过瘦交配后受精卵不易着床，即使着床也易死亡或被吸收，造成产仔数减少，严重时出现配种后返情。因此，在这种情况下应先将母猪的体况调整到标准体况 2.5～3.5 分（5 分制评分标准）的程度后再进行配种。

⑥配种后母猪的管理　母猪在交配后饲料要减量，进行 3 阶段饲喂方式（即步步高）的饲养管理。在群饲情况下应避免母猪之间互相打架，防止寒冷或暑热引起的应激反应。不喂发霉变质饲料，防止中毒，防止烈性传染病的发生，防止机械性流产，减少应激等。

⑦外阴部、子宫的卫生　外阴部不干净，病菌易侵入引起子宫炎。在交配时由于公猪不净容易造成母猪生殖道疾病发生。因此，在交配前对母猪的外阴部和公猪的包皮进行清洗消毒后再进行交配。

（2）母猪妊娠后期（受胎后 50～110 日龄）出现返情原因的分析和应采取的措施

①病毒感染引起返情　乙型脑炎、细小病毒、伪狂犬病等病

毒性疾病引起母猪流产，因此，应严格按免疫程序做好预防接种工作。万一发生流产时，不宜在流产后的发情期配种，应在下一个发情周期再配。

②由于母猪自身原因引起的返情　1.5%～2%的母猪没有特殊原因而发生流产，称为习惯性流产。母猪连续两次，累计三次妊娠期习惯性流产则应淘汰。

③由于管理的问题引起的返情　打架、发生高热病等疾病，由于体温急速上升容易引起流产。另外，由于喂料量不足或变质或母猪太瘦也容易引起流产。因此，妊娠期母猪应放在定位栏单独饲喂，给料给水充足，正规防疫、正常消毒，注意饲养管理。

④子宫内的残留物引起的不发情　母猪流产时虽然娩出未成型的胎儿和胎衣等，但流产后不出现发情的话，在子宫内很可能有残留物，这时给母猪注射催产素或前列腺素等，使其排出宫内的残留物。

此外，母猪如果配种后出现返情，那么下一次在发情交配时要更换公猪，同时为了防止交配后再次发生流产，给母猪注射黄体激素也会有效果。

五、分娩哺乳母猪的饲养管理技术

（一）分娩哺乳舍工作目标

①按生产计划完成每周母猪的分娩产仔任务。年生产万头商品仔猪的生产线，每周分娩 24 胎，每胎均产活仔数按 10 头计，为 24×10＝240 头。②哺乳期成活率达到 95% 以上，为 240×95%＝228 头。③仔猪 3 周龄断奶体重 6 千克以上，4 周龄达到 7 千克。④保育期成活率达 98% 以上，50 天上市合格率达到 98% 以上，228×98%＝224 头。⑤仔猪 7 周龄上市体重 15 千克以上。

（二）母猪的分娩

1. 产前准备

（1）检修产房设备，彻底冲洗、消毒空栏。

（2）产房温度控制在27℃左右，湿度65%～75%。

（3）准备接产用具及接产药品。

（4）产前产后母猪减料，产前3天开始给便秘猪投喂大黄和小苏打，连喂1周，如仍有便秘者，应连续喂至粪便正常为止。

（5）即将分娩的母猪用0.1%高锰酸钾溶液清洗乳房及后躯，用消毒水清洗产房，母猪后躯垫麻布袋。

2. 产前征兆 母猪临产前有比较明显的征兆，表现为乳房膨大，乳头发胀、潮红，可挤出乳汁，阴户部松弛、红肿，衔草做窝，食欲下降或不食。有眼泪流出，到处排粪尿，粪尿量较多。

3. 接产 仔猪出生后，立即将猪身擦干净，尤其是要擦干口、鼻周围的黏液，防止黏液堵塞口、鼻而把仔猪闷死，随后要剪断脐带并进行消毒，放入接产框或纸箱内，产仔结束后，将仔猪全部放回栏内哺乳，吃完奶后放保温箱内。母猪正常产仔，每隔5～25分钟产出一头小猪，2～4小时全部产完，如果10小时内未产完（全部胎盘产出为产完），就应注射催产素进行催产，注射催产素后仍未见仔猪产出，就应进行人工助产。

产仔数如果超过母猪的奶头数，把多余的仔猪放到别的母猪寄养，但两窝仔猪出生日期相差不能超过3天，否则母猪不愿给寄养的仔猪哺乳，或者由于仔猪吃不到初乳，得不到初乳特有的抗体，也会导致仔猪的抵抗力弱，容易患病死亡，寄养的仔猪一定要吃了初乳后才寄养。寄养的仔猪往往会被母猪认出而咬伤，最好在寄养之前，将被养母猪原带的仔猪与寄养的仔猪混在一起，一段时间之后才一同放到被寄养母猪的栏内，也可用酒精喷洒全部仔猪，使气味一样，母猪分辨不出而避免咬伤寄养仔猪。

在接产时，如出现个别窒息而尚有心跳的仔猪，应立即进行救治。其方法是先迅速清除仔猪口、鼻内的黏液，把仔猪仰放在麻布袋上进行人工呼吸，或提起仔猪后肢，用手轻打背部，促使其呼吸。进行人工呼吸要有耐心，直至仔猪出现自然呼吸时方可停止。

4. 母猪难产的处理　母猪分娩时，羊水已经流出，虽然母猪长时间剧烈阵痛，用力努责，甚至排出粪便，但不见仔猪产出。或在生产过程中，前后两头仔猪产下间隔太久，一般超过30分钟，而母猪仍在不断用力，即可判断为难产。难产的原因，多是因为母猪的饲料不平衡而导致生产时子宫收缩力不足，或使子宫口与阴道张开情况不良，或者是当猪生产时，猪舍太嘈杂或猪骨盆和子宫颈狭窄所致。难产处理步骤如下：

（1）消毒　必须使用的器械，事先煮沸消毒，管理人的指甲应剪短磨光，手及手臂用0.1%高锰酸钾溶液消毒，再涂些润滑剂。同时用0.1%高锰酸钾溶液把母猪阴户冲洗干净。

（2）检查与助产　将指尖合拢呈圆锥状，慢慢伸入母猪阴门检查，如发觉阴门狭窄，而胎儿已露出子宫外边时，可按摩阴门附近及阴道黏膜，使之松弛慢慢拉出。如胎儿的前半身通过子宫口外，后半身仍夹在里面时，可将小猪侧转90°调换方向，随着母猪努责慢慢把小猪拉出来。仔猪拉出后，如果母猪还不能正常分娩，就需要施行手术助产。把胎儿取出后，应拭净口、鼻黏液。

（3）助产后的消炎　手术助产后，应给母猪及时注射抗生素或其他消炎药物，以防产道、子宫感染炎症。

5. 控制母猪白天产仔　控制母猪在白天工作时间分娩，不但可以减轻饲养员值夜班的辛苦，而且白天分娩有人护理，还可防止因窒息、挤压等原因引起仔猪死亡。

（三）产后母猪护理

（1）产后母猪应注意乳房及后躯清洁。

（2）产后母猪肌内注射青霉素、链霉素加缩宫素。同时，肌内注射长效磺胺王。

（3）母猪产后应清理产床。

（4）母猪产后 1 周内每天喂料 2 次，仅喂常量的 1/3～1/2，1 周后每天喂料 4～5 次，接近自由采食，断奶前 3 天限料。每天喂料前要清洁食槽。

（四）哺乳母猪的饲养

（1）分娩初期母猪食欲低，须限饲，给 20 分钟吃完的料即可，一周后恢复正常；初期使用容积大并有轻泻性的饲料，促进胃肠蠕动；采用分餐制，夏季用湿拌料，提高饲料适口性，同时喂以促消化的添加剂，如消化酶、活性酵母、香味剂等；出现乳腺炎时立即减少喂料量。

（2）除高能量和高蛋白质饲料外，还应补充足够的维生素和矿物质，饲料不能经常变更，否则乳汁成分发生变化，易引起仔猪消化不良。

（3）产后体况较好的母猪，采用"前高后低"方式；初产母猪和妊娠期体况较差母猪采用"一贯加强式"饲养法。

（五）哺乳母猪的管理

（1）采用封闭式产房，高床漏缝地板，排气扇通风换气，全进全出等工作方式，小环境容易控制。栏舍清洁消毒，空栏一周后进猪；舍内空气干燥、卫生，保温。保持良好的环境条件，及时清除粪便，保持舍内干爽卫生，防寒防暑。

（2）母猪产前一周全身清洁消毒，进入产房，同时减少喂料量，提供洁净饮水。保护好母猪乳头，尤其是头胎母猪。

（3）随时观察粪便、采食、行为等异常情况，判断猪群健康状况。

（4）发现病猪及时治疗。

（六）母猪的泌乳规律

固定乳头，使全窝仔猪均匀生长，也有利于乳头发育。泌乳前期放乳次数比后期多，白天比晚上多。泌乳量先逐步增加，21天达到高峰，以后下降。分娩母猪是连续放乳的。

六、仔猪的饲养管理技术

(一) 出生至 3 日龄仔猪的饲养管理

母猪分娩后 65％的仔猪死亡发生在 1～3 日龄。因此，多花点时间照顾好刚出生的仔猪将获得较多的收益。为了增加仔猪存活率，在饲养管理上应注意以下几点：

(1) 母猪分娩时要有人员在旁照顾　了解分娩舍温度，防止刚出生的仔猪受凉，因为分娩舍中母猪与仔猪所需的温度不同。

仔猪出生后，需要立即除去仔猪身上黏膜与口鼻黏液，使仔猪能自由呼吸。

仔猪出生后，用手强力握住脐带之根部而将其中血液挤出，再用剪刀或手指在距离腹部约 5 厘米处剪断。压住伤口，防止出血，然后用碘酒涂抹切口，进行消毒。

仔猪出生后，将仔猪放在保温区，并定期协助仔猪吸吮初乳，因为初乳中含有抗体，能增加仔猪的抗病能力。

管理人员可以协助母猪生产，避免难产或分娩时间过长造成死胎。

(2) 保温与通风　保温对初生仔猪非常重要，不管采用何种保温方法，原则上仔猪出生后温度保持在 32～35℃，仔猪出生 1 周后开始降低保温区的温度，每隔一周降低 2～3℃。如果温度太高，仔猪会远离保温区，如果温度太低，仔猪会堆挤在保温区。通风可降低分娩舍湿度，消除气味及减少母猪身上的热量。

(3) 假死仔猪的处理　仔猪不动，但心脏还跳动，属于假死。对假死仔猪，应先将鼻腔及口腔中黏液拭掉，抓住仔猪后肢，将其倒提，用手拍打背部，或使仔猪腹部朝上，左右手分持其前后肢，进行屈伸运动以促进呼吸。

(4) 调整每窝仔猪，使其仔猪数相等　超过母猪乳头数的仔猪，或母猪因难产而死亡，剩下的少数几头仔猪应寄养。最好在分娩后 2 天内进行，用母猪的胎衣、黏液等涂抹在寄养仔猪身上，或用母猪尿液淋在寄养仔猪身上，或在仔猪身上喷洒酒精，使母猪无法区别寄养仔猪。

（5）剪短犬齿及剪尾　在出生后 24 小时内剪短上下颌两边 8 个尖锐的犬齿。仔猪打斗时，常用犬齿攻击对方，或吸乳时伤害母猪乳头而造成感染，有时母猪会因疼痛拒绝仔猪吸奶。剪齿时，使用已消毒的平钳剪，将犬齿剪短 1/2，小心不要伤害到齿龈部位，以免引起齿龈脓肿。集约化养猪，空间有限，猪只常咬其同伴，尾巴是最容易被咬的地方，这种伤害可能感染疾病。剪尾应在出生后 24 小时内进行，这样对仔猪造成的应激最小，其理由是：仔猪小，容易保定；仔猪小，很少咬刚剪过的尾巴，猪只及分娩区均较为干净，仔猪可以从母猪初乳中获得抗体保护，千万不可使用非常锐利的工具剪尾巴，如解剖刀等，那样会导致出血过多，一般用剪牙的平钳或耳号钳剪断尾巴，剪尾前将钳消毒。剪后用消毒剂擦拭伤口，一般 7～10 天内可痊愈。

（6）编剪耳号　仔猪出生后 3 天内应编剪耳号，特别是育肥猪舍，根据耳号可以核查猪只的日龄，同胞和母猪的生产性能。

（7）防止压死仔猪　仔猪出生后睡在母猪腹部周围，常有被母猪压死的危险，这种危险性以出生日及翌日最高。要防止仔猪被压死，仔猪出生后第一和第二天将其关在保温箱内，白天每小时放出哺乳一次，晚上 9 时最后一次吸乳后，即关到第二天清晨 6 点再放出哺乳。

（8）哺乳　分娩当天母猪乳汁虽少，但随时都有，翌日起须使全部仔猪一齐吸吮乳头，整个乳房给予按摩的刺激，乳房才膨胀而泌乳。泌乳时一次只有十几秒，因此哺育的仔猪数不可超过母猪乳头数，过多引起争食，互相争抢，体弱者争不到初乳，也会引起母猪的不安，不放奶。由于前面的第 1、第 2 对乳头分泌乳汁较多，吸吮第 1～2 对乳头的仔猪增重较快，故仔猪出生后，把较小的仔猪放在第 1～2 对乳头吸乳。

（二）仔猪 3 日龄至 3 周龄的饲养管理

本阶段的饲养管理要点包括防治贫血、控制下痢和去势等项目。

（1）**注射铁剂**　预防仔猪发生贫血，注射铁剂（如右旋糖酐铁注射液，100mg/mL）是必要的。哺乳仔猪很容易发生缺铁性贫血，其原因是母猪初乳或乳汁中含铁低，同时仔猪缺乏与含铁土地的接触以及哺乳仔猪生长速度快。

缺铁性贫血在出生后 7～10 天可能会发生，在 3～4 日龄注射 1 克铁剂可预防。

通常铁剂只注射一次，若母猪产乳量大，仔猪生长快而又未采食补料，则在断奶前进行第二次铁剂注射。

铁剂不可注射在腿部肌肉，应注射在颈部，如果注射在腿部肌肉，可能造成神经损伤。

（2）**控制下痢**　造成仔猪下痢的原因有贼风、保温不够、温差大、潮湿、初乳摄取不足、母猪奶水过多或奶水缺乏、寄养、仔猪出生后处理不当，传染病感染，免疫不当，分娩舍消毒不彻底等。

要预防下痢，应有一个干燥、温暖、无贼风的环境，每批母猪离开分娩舍后，分娩舍要进行彻底的清洁与消毒，预防传染性胃肠炎与猪下痢的发生。治疗下痢时，口服药物比注射有效，通过饮水添加药物也是一种有效的方法。

（3）**去势**　去势就是将非种用公猪的两个睾丸阉割掉，是饲养管理方面的一项例行工作。适宜的去势时间在 5～7 日龄，因为这时仔猪小，容易保定；手术后出血较少，也有母猪初乳抗体的保护。去势时要使用干净、尖锐手术刀片，去势前后要使用消毒剂对手术部位进行消毒。

（三）仔猪 3 周龄至断奶期间的饲养管理

随着日龄的增大，仔猪逐渐能适应周围的环境，仔猪在 3～4 周龄时开始采食饲料，生长快速。因此，这一阶段应尽量减少仔猪应激。

（1）要保证仔猪的迅速生长，应尽早让仔猪采食饲料，母猪泌乳量在 3 周龄达到最高水平，随后逐渐下降。

仔猪在 3～4 周龄时生长十分迅速，饲喂优质饲料才能满足仔猪的营养需要，保证仔猪的遗传潜力得以发挥，乳猪料中赖氨酸含量应在 1.1%～1.5%，粗蛋白含量应在 18%～20%。

适时驱虫，如蛔虫、鞭虫和体外寄生虫等。

（2）减少断奶应激，仔猪断奶体重应大于 5.5 千克。

如果断奶时间允许超过 2～3 天，那么每窝体重大的仔猪应先断奶，或先隔离母猪，仔猪在原栏多养 2～3 天。

按断奶体重将仔猪分栏，每栏 10～15 头，为避免断奶时下痢，限食 24 小时，但要提供充足饮水。

仔猪的保健程序和喂料标准分别如表 1-19 和表 1-20 所示。

表 1-19　仔猪的保健程序

阶　段	保健内容
出生后 0.5～1 天	称重，补铁 1 毫升，剪牙断尾
出生后 3～5 天	补亚硒酸钠维生素 E0.5 毫升
出生后 3～5 天	去势
出生后 2 周	补铁 2 毫升，并栏
断奶前后 3 天	喂鱼肝油粉

注：常用的铁剂为右旋糖酐铁注射液（100mg/mL）。

表 1-20　母猪和仔猪的喂料标准

猪类别	饲喂阶段	饲料类型	喂料量［千克/（天·头）］
哺乳仔猪	产后至断奶	教槽料	0.18
产前产后母猪	前 3 天至后 3 天	哺乳母猪料	0～2.5
哺乳母猪	产后 4～18 天	哺乳母猪料	4.5～6.0
	断奶后 1 周	教槽料	0.2
保育猪	断奶后 2～3 周	断奶料	0.4
	断奶后 4～5 周	保育料	0.6～1.2

七、育肥猪的饲养管理技术

70～180 日龄是育肥猪生长最快的时期，从育成到最佳出栏体重饲料消耗占养猪饲料总消耗的 68.5%，是养猪经营者获得经济效益高低的重要时期。育肥猪的饲养管理相对较为简单，主要是提供充分的营养、搞好舍内外卫生、提供充足饮水、保证猪只充分生长发育。

（一）育肥猪的发育规律

1. 体重的增长 猪体重的增长速度变化规律是决定育肥猪上市的重要依据之一，同时也是检验育肥猪日粮营养水平的重要依据。育肥猪生长一般以平均日增重来度量，呈不规则的抛物线，在猪高速生长到减慢过程中有一个转折点，大致相当于成年体重的 40%。转折点的早晚因品种、环境条件等不同而异，通常在 6 月龄之前这一阶段。

2. 体躯各组织生长发育规律 猪体的骨骼、肌肉、脂肪的生长发育有一定规律。随年龄增长，骨骼先发育，也最早停止，肌肉处于中间，脂肪是最晚发育的组织。具体因品种而异，现代肉脂型猪种在活重 30～100 千克期间，肌肉保持高强度增长，此后下降。

（二）提高育肥猪育肥效果的技术措施

1. 选用瘦肉型杂交猪 利用杂交猪的杂种优势是提高育肥猪育肥效果的主要技术措施之一。

2. 适宜的饲养水平 饲养水平是猪一昼夜采食的营养物质总量，采食的总量越多，饲养水平越高。但对育肥效果影响最大的是能量水平和蛋白质水平。

（1）能量水平 一定限度内采食越多，增重越快，饲料利用率越高，沉积脂肪越多，瘦肉率相应降低。所以应兼顾育肥性能和胴体组成的变化，必须保持适度能量水平。

（2）蛋白质水平　最佳效果不仅要考虑蛋白质水平，更要考虑氨基酸之间的平衡和利用率，否则生产效果不好，且易造成蛋白的浪费。建议瘦肉型猪体重在 20～55 千克时蛋白质水平为 16%～17%，体重 55～100 千克时为 14%；肉脂型则相应为 16% 和 12%。

在必需氨基酸中，赖氨基酸是重中之重，各种必需氨基酸的量和比例均以赖氨酸为准平衡（表 1 - 21）。

表 1 - 21　必需氨基酸量

	赖氨酸	蛋氨酸＋ 胱氨酸	苏氨酸	色氨酸	异亮 氨酸	亮氨酸	组氨酸	丙氨酸＋ 酪氨酸
克/千克蛋白质	70	35	42	10.5	38	23	67	49
比值（以赖氨酸 为准，%）	100	50	60	15	54	33	96	70

（3）能量蛋白比　能量蛋白比直接影响瘦肉组织的生长，能量多则猪易肥，蛋白质多则降低蛋白质的利用率。适宜的配比即效能配合，是日粮有效氨基酸与能量之间的平衡，有利于提高生产性能，降低生产成本。

（4）适宜的粗纤维水平　猪是单胃动物，对粗纤维的利用率有限，一定条件下，适当提高粗纤维含量可降低能量摄入，提高瘦肉率。一般小猪<4%，育肥期<8%，成年猪可达10%～12%。

（5）矿物质和维生素水平　不可不用，但也不可多用。

3. 创造良好的环境条件　营养物质固然是养猪生产的物质基础，但这种产品的生产效率在一定程度上受圈舍环境条件的影响。

（1）适宜的温湿度　在诸多环境因素中，温度对育肥猪的育肥效果影响最大，在适宜的温度条件下，育肥猪生长快速、饲料利用率高、胴体品质好。生长育肥猪的适温区比较宽，临界温度高低因猪只体重大小、圈舍的密度、饲养水平等不同而异（表1-22）。

表 1 - 22　猪体重与其适宜的临界温度

体重（千克）	1～5	6～20	50	100
温度（℃）	30	28	21	18

环境温度低于临界温度猪只采食量增加，生长速度减慢，饲料利用率低。高于这一温度，则采食量、增重和饲料利用率都明显降低。

（2）舍内空气清新　注意通风换气，防止 CO_2、NH_3、H_2S 等含量超标，排粪污通畅，保持舍内清洁卫生，干燥、通风良好，定期消毒，加强舍外环境绿化。

（3）光照　研究表明，有无光照及光照时间长短对生产无显著影响。

4. 选择适宜的育肥方式

育肥方式有快速育肥、分阶段育肥两种。

5. 适时出栏（影响出栏的因素）

（1）增重与胴体瘦肉率　根据猪的生长发育规律，全面权衡经济收益。

（2）以经济效益为中心　考虑不同市场对猪肉产品规格要求及售价的影响。

（三）育肥猪的饲养管理

1. 科学配制日粮　根据生长发育规律和营养需要特点。分两阶段或三阶段配制日粮。

（1）二阶段　20～60 千克前，50～60 千克后。

（2）三阶段　断奶至 35 千克，36～60 千克，60 千克以上。

2. 饲喂方法

饲喂方法有拌湿生喂、日喂数次及先精后粗三种。

3. 管理中注意事项

（1）分群与调整　合理分群，及时调整。建立稳定的群居秩序，强调三点定位。

（2）如饲料类型过渡，注意群体内健康，及时出栏及消毒。

（3）适度的群体规模与饲养密度，每圈 10～20 头，平均占地面积为 0.8～1.0 米^2/头。

（4）搞好防疫与驱虫　实施预防为主的方针，制定合理的免疫程序，定期消毒、驱虫。

（5）提供洁净的饮水。

第 二 章
规模化养猪场生产制度与操作规范

第一节　猪场管理规范与生产技术标准

一、组织架构、人员定编及岗位职责

猪场组织架构与岗位定编是依据管理的模式、现代化猪场管理的要求和本场生产规模而制定的。各猪场必须根据具体情况合理地配置各岗位人员，明确其工作职责和管理权限。

（一）猪场组织架构

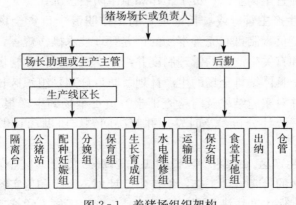

图 2-1　养猪场组织架构

（二）猪场人员定编

猪场场长 1 人，场长助理 1 人（3 万头规模以上）或生产主管 1 人，区长人数按区数而定，3～4 条生产线设区长 1 人（3 条生产线以内不设该岗位）。每条生产线需设立配种妊娠舍组长 1 人、分娩舍组长 1 人、保育舍组长 1 人（无该组不设）。

以商品猪场为例，每条万头生产线人员定编为 12 人（含组长、区长）。后勤人员按实际需要设置人数，如仓管、出纳、司机、维修、保安、炊事员、勤杂工等。

（三）岗位职责

以层层管理、分工明确、场长负责制为原则。具体工作专人负责；既有分工，又有合作；下级服从上级；重要事情必须通过场领导班子集体研究解决。

1. 场长的工作职责 负责猪场的全面工作。负责制订和完善本场的各项行政管理制度。负责后勤保障工作，及时协调各部门之间的关系。检查所下达各项工作任务完成情况。编排全场的经营计划、物资需求计划。负责检查全场的生产报表，做好月总结和周上报工作。做好全场员工的思想工作，及时了解员工的思想动态，出现问题及时解决，及时向上反映员工的意见和建议。监督、检查全场生产、员工工作和卫生防疫情况。

2. 生产主管（或场长助理）**的工作职责** 负责全场生产技术工作。负责制订和完善本场的饲养管理技术操作规程，卫生防疫制度和有关生产线的管理制度并组织实施。直接管辖场内的生产技术，具体编排全场的生产计划、防疫计划，组织区长、组长实施，并对实施结果及时检查汇报。负责全场的生产报表工作，按时做好统计分析，及时发现并解决问题。协助场长做好其他工作。

3. 生产区（或线）**区长的工作职责** 负责本区全面工作。负责本区的日常管理工作，编排生产计划，组织和落实各项生产任务，确保生产线满负荷正常运转。负责本区员工的管理，及时向上反映本区员工的工作情况、思想动态、各种意见和建议。负责检查和监督本区的生产情况和操作规程的执行情况，充分了解本区的猪群动态、健康状况，发现问题并及时解决。负责按照制订的免疫程序，组织和安排人员实施。负责本区大环境的卫生和消毒工作。负责本区每周饲料和每周药液、用具等物资管理，按照要求整理有关记录和报表，月底做好总结分析，及时上报各项报表。负责本区员工的学习交流和技术培训工作。

4. 配种妊娠舍组长兼配种员 负责组织本组人员严格按照饲养管理技术操作规程和周工作日程进行生产。及时反映本组中出现的生产和工作问题。负责整理和统计本组的生产报表、数据并及时补打耳号牌。安排本组人员的休息和换班。负责本组药品、用具的领取和猪只的盘点。负责本组定期全面消毒、清洁和绿化工作。服从区长领导，完成区长下达的各项生产任务。负责生产线配种工作，保证生产流程满负荷均衡生产。负责本组种猪转群调整工作。负责本组种猪的免疫接种工作。

5. 分娩舍组长 负责组织本组人员严格按饲养管理技术操作规程和每周工作日程进行生产。及时反映本组中出现的生产和工作问题。负责整理和统计本组的生产报表，数据并及时补打耳号牌。安排本组人员的休息及顶班。负责本组药品、用具的领取及猪只的盘点。负责本组定期全面消毒、清洁和绿化工作。服从区长领导，完成区长下达的各项生产任务。负责每个单元进猪前设备检修工作，确保进猪后一切设备正常运转。负责空栏的冲洗消毒工作，负责安排每次转猪后猪道的清洁工作。负责本组每周仔猪的转群及调整工作，负责哺乳母猪、仔猪的免疫注射工作。

6. 保育舍生产组长 负责组织本组人员严格按饲养管理技术操作规程和每周工作日程进行生产。及时反映本组中出现的生产和工作问题。负责整理和统计本组的生产报表，数据并及时补打耳号牌。安排本组人员的休息及顶班。负责本组药品、用具的领取及猪只的盘点。负责本组定期全面消毒、清洁和绿化工作。

服从区长领导，完成区长下达的各项生产任务。做好断奶仔猪转入及仔猪上市工作。负责保育舍空栏的冲洗消毒工作，负责安排每次出猪后猪道的清洁工作。负责各单元进猪前设备的检修工作，确保进猪后一切设备正常运转。

7. 辅助配种员兼种猪饲养员　协助组长做好配种、种猪转群、调整工作。协助组长做好公猪、空怀断奶母猪和后备猪的免疫接种工作。负责大栏内种猪的饲养管理。

8. 妊娠母猪饲养员　协助组长做好妊娠猪转群、调整工作。协助组长做好妊娠猪免疫注射工作。负责妊娠猪的饲养管理和卫生。

9. 哺乳母猪和哺乳仔猪饲养员　协助组长做好临产母猪转入和断奶母猪转出工作。协助组长做好仔猪的转出工作。负责母猪和仔猪的饲养管理及卫生工作。协助组长做好母猪和仔猪的免疫接种工作。

10. 保育猪饲养员　协助组长做好断奶仔猪的转入及仔猪的上市工作。负责2个单元仔猪的饲养管理及卫生工作。协助组长做好仔猪的免疫接种工作。

11. 夜班人员　重点负责分娩舍接产及仔猪护理工作。负责猪群防寒保暖、防暑降温及通风工作（负责帘幕的升降，门窗、风扇及保温灯的开关）。负责防火防盗等安全工作及路灯、照明灯的检修工作。负责注射接产用具的消毒及更衣室门口消毒水更换工作。负责哺乳母猪和仔猪夜间补料工作并做好值班记录。

12. 水电工　保证全场水电的正常供应。无论水电何时出现故障均应及时修好，恢复生产。保证全场各种电器的正常运转。负责全场水电设备及猪舍设备的维修及检修工作。负责全场水电的安全生产。

13. 仓库管理员　严格遵守公司财务人员守则。物资进库时要办理验收入库手续，物资出库时要办理出库手续。所有物资要分门别类地堆放，做到整齐有序、安全、稳固。每月盘点一次，如账物不符的，要马上查明原因，分清职责，若失职造成损失的要追究其责任。协助出纳员及其他管理人员工作。协助生产线管理人员做好药物保管、发放工作。协助猪场销售工作。负责饲料、药物、疫苗的保存与发放，听从生产线管理人员技术指导。

14. 出纳员（电脑操作员）**职责** 严格执行公司制定的各项财务制度，遵守财务人员守则，把好现金收支手续关；凡未经领导签名批准的一切开支，不予支付。严格执行公司制定的现金管理制度，认真掌握库存现金的限额，确保现金的绝对安全。做到日清月结，及时记账，输入电脑，协助公司会计工作。每月固定日期发放工资。负责仔猪、淘汰猪等的销售工作，保管员要积极配合。配合生产管理人员物资采购工作。负责电脑工作，有关数据、报表及时输入电脑，协助生产管理人员的电脑查询工作，优先安排生产技术人员的查询工作。负责电脑维护与安全，监督和控制电脑的使用，有权禁止与电脑数据管理无关人员进入电脑系统，保障各种生产与财务数据的安全性与保密性。协助场长做好外来客人的接待工作。

15. 运输人员 及时将各栋猪舍所需的饲料送到猪舍，并将各猪舍饲料空袋运回仓库。及时将各组所需药物运送到生产线药房。负责订购、收购及保管饲料。依据本场制订的调猪（后备猪、断奶仔猪）计划，按时、按量调完。按时准确地将死淘猪调到指定位置。每天定时将胎衣运到解剖室。及时将生产线猪粪池的猪粪运到外售粪池。每次调猪前、后，均应对车辆进行消毒，平时每周一和周四进行车辆消毒。

16. 厨房人员 按时提供卫生可口的饭菜。按时对食堂及厨具进行清洁消毒。做好饭堂的灭蝇、灭蚊、灭鼠等工作。留足并保温因故延迟下班人员的饭菜。随生产线工作时间的改变而改变开饭时间。食堂财务要公开，互相监督，不准营私舞弊，每月底结算一次伙食费，并交场长审阅，每月底公布本月经营数据。

17. 保安人员 依法护场，负责猪场治安保卫工作，确保猪场有一个良好的治安环境。服从场领导的工作安排，负责与当地派出所的工作联系。工作时间内不准离场，坚守岗位，除场内巡逻时间外，平时在正门门卫室值班，请假须报场长批准。禁止社会闲散人员进入猪场。协助场长调解猪场与当地村民的矛盾。

二、猪场的管理制度

（一）员工守则及奖罚条例

符合下列条件员工受奖励：关心集体，爱护公物，提出合理化建议，主动协助领导搞好工作者；在特定环境中见义勇为者，敢于揭发坏人坏事者；努力学习专业知识，操作水平较高者；认真执行猪场各项规章制度，遵守劳动纪律者；胜任本职工作，生产成绩特别显著，贡献很大者。

符合下列条件员工受罚（警告、罚款、开除）：违反劳动纪律者；违反操作规程者；出现责任事故、造成损失者；不爱护甚至损坏公物者；挑拨离间、无理取闹、搞分裂者；对坏人坏事知情不报者，见危不救、袖手旁观者；以权谋私、化公为私者；贪污受贿、挪用公款、收取回扣及厚礼者；盗窃、赌博者；语言行为粗暴及欺骗者。

（二）员工休、请假考勤制度

休假制度：员工每月休假 4 天，正常情况不得超休；正常休假由组长、生产线主管逐级批准，安排轮休。

带薪假：婚假 7 天；丧假（直系亲属）5 天；产假 45 天；人流休假 6 天；上环休假 3 天；下环休假 1 天；女结扎休假 13 天；男结扎休假 5 天；法定节假日上班的，可领取加班补贴；休假天数积存多的由生产线主管、场长安排补休，省内可积休 8 天，跨省 12 天。

请假制度：除正常休假，一般情况不得请假，病假等例外；请假须填写《员工请假单》，层层报批，否则作旷工处理；旷工 1

天，扣薪 2 天，连续旷工 5 天以上作自动离职处理；员工请假期间无工资，因公负伤者可报公司批准，治疗期间工资照发；生产线员工请假 4 天以上者由主管批准，7 天以上者须由场长批准。

（三）考勤制度

生产线员工由生产线主管负责考勤，生产线主管、后勤人员由场长负责考勤，月底上报；员工须按时上下班，迟到或早退 2 次扣 1 天工资；有事须请假；严禁消极怠工，一旦发现经批评教育仍不悔改者按扣薪处理，态度恶劣者上报公司做开除处理。

（四）顶班制度

员工休假（请假）由组长安排人员顶班，组长负责；组长休假（请假）由生产线主管顶班，生产线主管负责；生产线主管休假（请假）由场长顶班，场长负责；各级人员休假必须安排好交接工作，保证各项工作顺利开展；出现特殊情况如外界有疫情需要封场，则不可正常休假，只能安排积休。

（五）猪场的生产例会与技术培训制度

1. 全体员工参加的生产会议　每月一次，由场长主持，每月的 9 日或 10 日晚 7：30 开始，传达公司干部例会会议精神，总结本月经营状况、生产中存在的问题以及下月的工作安排。

2. 生产线管理人员的生产例会　每周一次，总结本周工作，安排下周工作。该会由生产技术主管主持，时间为每周日晚上 7：00～8：30。

3. 每周生产例会的程序安排　组长汇报工作，提出问题。区长汇报、总结本区工作，提出问题。主持人全面总结上周工作，解答问题，统一布置下周的重要工作。请场长作总结讲话。

4. 每周生产例会　会前组长、区长和主持人要做好充分准备，重要问题要准备好书面材料。对于生产例会上提出的一般性技术性问题，要当场研究解决，涉及其他问题或较为复杂的技术问题，要在会后及时上报、讨论研究，并在下周的生产例会上予以解决。凡是生产线管理人员均要准时参加生产例会。

5. 技术培训 按生产进度或实际生产情况进行有目的、有计划的技术培训，由场内管理人员或公司生产技术部人员主讲。时间为周六晚上 7：00～8：00。

（六）猪场物资与报表管理制度

1. 物资管理制度 首先要建立进销存账，由专人负责，物资凭单进出仓库，要货单相符，不准弄虚作假。生产必需品如药物、饲料、生产工具等要每月制订计划上报，各生产区（组）根据实际需要领取，不得浪费。要爱护公物，否则按奖罚条例处理。

2. 猪场报表制度 报表是反映猪场生产管理情况的有效手段，是上级领导检查工作的途径之一，也是统计分析、指导生产的依据。因此，认真填写报表是一项严肃的工作，各猪场场长、生产技术人员应予以高度的重视。各生产组长要做好各种生产记录，并准确、如实地填写周报表，交到上一级主管，查对核实后，及时送到场部输入电脑。

猪场生产报表主要包括：①每周生产情况汇总报表、②种猪配种情况周报表、③分娩母猪及产仔情况周报表、④断奶母猪及仔猪生产情况周报表、⑤种猪死亡淘汰情况周报表、⑥肉猪死亡及上市情况周报表、⑦猪群盘点月报表、⑧猪群生产技术工作总结月报表、⑨饲料需求计划月报表、⑩药物需求计划月报表、⑪生产工具等物资需求计划月报表。

（七）猪的淘汰原则

1. 后备公猪引入场后，经隔离观察符合淘汰原则的（四周五次精液指标检测法）。

2. 后备母猪超过 8 月龄以上不发情的。

3. 后备公猪超过 10 月龄以上不能使用的。

4. 公猪连续 2 个月精液指标不合格的。

5. 断奶母猪两个情期以上不发情的。

6. 母猪连续 2 次，累计 3 次妊娠期习惯性流产的。

7. 母猪配种后复发情连续 2 次以上的。

8. 后备猪有先天性生殖器官疾病的。

9. 青年母猪头胎和二胎窝产仔数平均 6 头以下的。

10. 经产母猪累计 3 次窝产仔数平均 6 头以下的。

11. 经产母猪连续 2 次、累计 3 次哺乳仔猪成活率低于 60%，以及泌乳能力差，咬仔，经常性难产的母猪。

12. 发生普通病连续治疗两个疗程而不能治愈的猪。

13. 发生严重传染性病的种猪。

14. 经产母猪 9 胎次以上的。

15. 由于其他原因而失去种用价值的种猪。

16. 久治不愈的僵猪和残次仔猪。

17. 发生难产经处理而排除不了的母猪。

18. 发生胃肠大面积出血的猪。

三、生产技术标准和参数

（一）生产技术指标

1. 基础母猪生产指标

（1）基础母猪　配种一次及一次以上的母猪统称基础母猪。

（2）年平均基础母猪数

$$年平均基础母猪数（头）=\frac{每周基础母猪数之和}{当年的总周数}$$

（3）基础母猪月死淘率

$$\frac{基础母猪}{月死淘率}=\frac{月内基础母猪累积死淘数}{月末基础母猪数+月内基础母猪累积死淘数}\times100\%$$

（4）每头基础母猪年产健仔数

$$每头基础母猪年产健仔数（头）=\frac{全年产出健康猪总数}{全年平均基础母猪数}$$

2. 后备猪生产指标

（1）后备母猪月死淘率

$$\frac{后备母猪}{月死淘率}=\frac{月内后备母猪累积死淘数}{月末后备母猪数+月内后备母猪累积死淘数}\times100\%$$

（2）后备母猪利用率

$$后备母猪利用率=\frac{各批后备母猪利用数之和}{引进后备母猪总数}\times100\%$$

3. 配种妊娠舍及公猪生产指标

（1）公猪月死淘率

$$公猪月淘汰率=\frac{月内公猪累计死淘数}{月末公猪数+月内公猪累计死数}\times100\%$$

（2）周失配率

$$周失配率=\frac{返情、流产、空怀、妊娠期死淘母猪总和}{本周配种数}\times100\%$$

（3）周（月）配种完成率

$$周配种完成率=\frac{本周实际配种数}{本周计划配种数}\times100\%$$

$$月配种完成率=\frac{本月实际配种数}{本月计划配种数}\times100\%$$

（4）配种分娩率

$$配种分娩率=\frac{当期分娩数}{对应期配种数}\times100\%$$

4. 产房生产指标

（1）健仔　出生后留养的仔猪就叫健仔。

（2）无效仔猪　即死胎、弱仔、木乃伊及畸形仔猪的总称。

（3）产房死亡仔猪　包括因病死亡、被压死及因各种原因人为处死的哺乳仔猪。

（4）产房淘汰仔猪　仅指用于外卖的残次哺乳仔猪。

（5）分娩完成率

$$分娩完成率=\frac{实际分娩数}{计划分娩数}\times100\%$$

（6）胎均总仔数

$$胎均总仔数（头/胎）=\frac{总仔数}{对应分娩母猪数}$$

（7）胎均活仔数

$$胎均活仔数（头/胎）=\frac{活总仔数}{对应分娩母猪数}$$

（8）胎均健仔数

$$胎均健仔数（头/胎）=\frac{健总仔数}{对应分娩母猪数}$$

（9）断奶成活率

$$断奶成活率=\frac{断奶仔猪数}{对应初生健仔数}\times100\%$$

（10）胎均转保正品数

$$胎均转保正品数（头/胎）=\frac{转保正品数}{对应分娩母猪数}$$

5. 保育舍生产指标

（1）保育舍死亡仔猪　包括因病死亡及各种原因人为处死的仔猪。

（2）保育淘汰仔猪　指仅用于外卖的残次保育猪。

（3）保育期成活率

$$保育期成活率=\frac{保育成活数}{对应转保数}\times100\%$$

（4）产房到保育仔猪死淘率

$$产房到保育仔猪死淘率=\frac{产房死淘仔猪数+保育猪死淘数}{对应期出生健总仔数}\times100\%$$

（5）保育仔猪月上市正品率

$$保育仔猪月上市正品率=\frac{本月各批上市正品数之和}{本月上市正品数+保育淘汰数}\times100\%$$

保育淘汰数包括本月内上市单元和非上市单元所有的淘汰仔猪数。

（6）上市日龄

$$上市日龄 = \frac{\frac{A群上市猪日龄}{} \times A群上市数 + \frac{B群上市猪日龄}{} \times B群上市数 + \cdots\cdots}{上市总数}$$

6. 服务部肉猪生产指标

（1）肉猪上市率

$$肉猪上市率 = \frac{上市总数}{进苗总数} \times 100\%$$

（2）上市正品率

$$上市正品率 = \frac{上市正品数}{上市总数} \times 100\%$$

（3）肉猪残次率

$$肉猪残次率 = \frac{残次数}{进苗总数} \times 100\%$$

（4）肉猪头药费

$$肉猪头药费（元/头） = \frac{药费 + 疫苗费 + 消毒药费用}{进苗总数}$$

（5）肉猪饲料转化率

$$肉猪料饲料转化率 = \frac{饲养期内总耗料量}{饲养期内肉猪总增重}$$

（6）上市肉猪均重

$$上市肉猪均重（斤/头） = \frac{上市肉猪总重量}{上市肉猪总数}$$

（7）肉猪日增重

$$肉猪日增重（克/日） = \frac{饲养期内肉猪总增重}{饲养天数 \times 头数}$$

（二）猪场存栏猪结构标准

1. 猪群的划分　在养猪生产中猪群类别一般分为以下几种：哺乳仔猪、断奶仔猪、生长育肥猪、后备猪、鉴定种猪、基础种猪、淘汰猪。

2. 猪场种猪存栏结构　以万头生产线为例，有妊娠母猪350头，临产母猪20头，哺乳母猪70头，后备母猪50头，空怀断奶母猪 30 头，成年公猪 10 头，后备公猪 2 头，仔猪 1 420 头，合计 1 952 头（其中基础母猪 470 头），年上市仔猪数为 10 030 头（表 2-1）。

各类猪群存栏数计算公式如下：

妊娠母猪数＝周配母猪数×16 周×95％（配准率）

临产母猪数＝周分娩母猪数＝单元产栏数

哺乳母猪数＝周分娩母猪数×3.5 周

空怀断奶母猪数＝周断奶母猪数＋超期未配及妊娠检查空怀母猪数（周断奶母猪数的 1/2）

后备母猪数＝（成年母猪数×30％÷12 个月）×4 个月÷90％（合格率）

公猪数＝周配母猪数÷1.5（使用强度）（"1＋2"配种方式，每万头生产线存栏 4 头成年公猪，1～2 头后备公猪。）

仔猪数＝周分娩胎数×7 周×10.2 头/胎

年上市仔猪数＝周分娩胎数×52 周×10.2 头/胎（仔猪 7 周龄上市）×96％×98.5％

成年母猪年淘汰（更新）率 27％～33％，成年母猪年产胎数 2.30，年均提供上市仔猪数 22.2 头。

年上市万头仔猪的商品猪场猪群结构见表 2-1。

表 2-1 年上市万头仔猪的商品猪场猪群结构

猪 别	数量（头）	备 注
妊娠母猪	350	基础母猪 470 头，每胎产活仔数按 10.2
临产母猪	20	头计算，年上市仔猪 10 030 头
哺乳母猪	70	
后备母猪	50	
空怀断奶母猪	30	
成年公猪	≥10（新场≥14 头）	
后备公猪	2	
仔猪	1 420	
合计	1 952	

（三）种猪淘汰与更新

1. 种猪淘汰与更新标准　见表 2-2。

表 2-2　种猪淘汰与更新标准

项目	种公猪	种母猪
疾病问题	先天性生殖器官疾病的后备公猪 因肢蹄病而影响配种或采精的公猪 定期抽血送检，发现严重传染病立即淘汰 发生普通疾病治疗两个疗程未康复 因病长期不能配种或采精的公猪 性情暴躁、攻击工作人员的公猪	先天性生殖器官疾病的后备母猪 因肢蹄病久治不愈影响正常生产的母猪 发生严重传染病的母猪 发生普通疾病治疗两个疗程而未康复的母猪 先天性骨盆狭窄、经常难产的母猪 好斗、有伤人倾向的母猪 连续两次或累计三次妊娠期间习惯性流产的母猪
配种问题	超过 10 月龄以上不能使用的后备公猪 性欲低、配种或采精能力差的公猪 精液品质长期不合格（五周四次精检法）的公猪	超过 8 月龄不发情的后备母猪 超过 270 日龄未配上种的后备母猪 断奶后 49 天不发情的母猪 配种后连续两次返情、屡配不孕的母猪
种用问题	生长性能差、综合指数排名后 10% 的公猪 不符合品种特征、外形偏离育种目标的公猪 体型评定为不合格的公猪 核心群配种超过 80 胎的公猪或使用超过 1.5 年的成年公猪 后代出现性状分离或畸形率高的公猪 体况极差的公猪，例如过肥（超过 4 分膘）或过瘦（低于 2 分膘） 因其他原因而失去种用价值的公猪	连续两胎产活仔数窝均 5 头以下的经产母猪 连续两胎或累计三次产活仔数窝均 6 头以下的经产母猪 有效乳头数少于 10 个、哺乳能力差、母性不良的母猪 连续两次、累计三次哺乳仔猪成活率低于 60% 的经产母猪 核心群超过 5 胎的种母猪，繁殖群超过 7 胎的种母猪，商品群超过 9 胎的种母猪 体况极差且长期难以恢复的母猪

2. 种猪淘汰计划 种母猪年淘汰更新率商品猪场 27%～33%，新场 1～2 年更新率 15%～20%；繁殖猪场年更新率 40%；原种猪场年更新率 75%。公猪视精液品质状况和育种值情况一般使用 1～2 年淘汰。后备母猪至配种前淘汰率 10%，后备公猪淘汰率 20%。

3. 后备猪引入计划

老场：后备母猪年引入数＝基础母猪数×年淘汰率÷90%

新场：后备母猪年引入数＝周配种计划数×20 周（妊娠期＋哺乳期）÷90%

后备公猪年引入数＝基础公猪数×年淘汰率÷80%（后备公猪合格率）

（四）猪场各类猪喂料标准

各类猪喂料标准见表 2-3。

表 2-3 养猪场各类猪饲喂方式与标准

生理阶段	饲喂方式	日投料次数	饲喂量 ［千克/（头·天）］
出生至 8 千克	自由采食	少喂勤添	全期 2～3 千克
8～15 千克	自由采食	少喂勤添	0.5
后备猪进场至 90 千克	自由采食	3 次	2.0～2.5
90 千克至配种前两周	限制饲喂	2 次	2.0～2.2
配种前两周至配种	短期优饲	2 次	2.8～3.2
妊娠 1～7 天	限制饲喂	2 次	1.6～1.8
妊娠 8～21 天	限制饲喂	2 次	1.8～2.0
妊娠 22～85 天	限制饲喂	2 次	2.1～2.4
妊娠 86～107 天	限制饲喂	2 次	2.8～3.5
妊娠 107 天至分娩前	不限料	2 次	3.0 以上
分娩前后 3 天	限制饲喂	2 次	2.0
哺乳 4～23 天	自由采食	3～4 次	4.5～6.5

（续）

生理阶段	饲喂方式	日投料次数	饲喂量 [千克/（头·天）]
断奶前 1 天	限制饲喂	2 次	2.0
断奶当天			不喂料，自由饮水
断奶后第 2 天至配种	短期优饲	2 次	3.0 以上
种公猪（配种期）	限制饲喂	2 次	2.8～3.0
种公猪（后备期）	限制饲喂	2 次	2.0～2.5

（五）公猪精液等级标准

本标准适用于所有猪场种公猪的精液品质等级评定（表 2-4）。

表 2-4　种公猪精液等级标准

等级	条　件
优	采精量 250 毫升以上，精子活力 0.8 以上，精子密度 3.0 亿/毫升以上，精子畸形率 5％以下，颜色、气味正常
良	采精量 150 毫升以上，精子活力 0.7 以上，精子密度 2.0 亿/毫升以上，精子畸形率 10％以下，颜色、气味正常
合格	采精量 100 毫升以上，精子活力 0.6 以上，精子密度 0.8 亿/毫升以上，精子畸形率 18％以下，颜色、气味正常
不合格	采精量 100 毫升以下，精子活力 0.6 以下，精子密度 0.8 亿/毫升以下，精子畸形率 18％以上；颜色、气味不正常。以上条件只要有一个条件符合即评为不合格

合格及以上的评定：各项条件均符合才能评为该等级。

成品精液的使用标准：活力 0.65 以上，畸形率夏天 18％以下，冬天 16％以下。可根据育种工作的特殊要求适当调整。

（六）商品猪苗正品标准

本标准适用所有猪场销售仔猪给养殖户的过程（表 2-5）。

表 2 - 5　猪场商品猪苗正品标准

项目	项目要求
外形	体型、外貌、毛色等符合特定杂交品种（如白色、杂色）的标准要求
健康状况	无明显外伤，耳肿、明显疝症的可减重出售（减重最高不超过 500 克），但耳肿已治愈且无其他疾病的为合格猪苗。 　无明显皮肤病，如渗出性皮炎、明显疥癣、直径超过 10 厘米的斑疹、直径 3 厘米以上的疮肿。渗出性皮炎作残次猪处理，其余皮肤病由于相对容易处理恢复，可减重出售（减重最高不超过 250 克）。 　无明显肢蹄病，如软骨症、跛行、关节肿，轻微关节肿但不影响行走的为合格猪苗，两处及以上关节肿但不影响行走，可减重出售（减重最高不超过 1 千克）。 　无明显呼吸道病，如呼吸困难、流鼻血。 　无明显消化道病，如水样下痢及便血。 　无神经症状，如转圈、角弓反张、四肢呈游泳状划动及病态拱背（轻微拱背但皮毛、颜色、精神状态正常为正品苗）
生长情况	无僵猪，出栏日龄、出栏体重范围按照相关规定执行。僵猪特征：体型瘦弱，明显露骨，头尖臀尖、反应迟钝、松毛（卷毛猪除外）等。

（七）种猪调拨、销售标准

种猪调拨、销售标准见表 2 - 6。

表 2 - 6　猪场种猪调拨与销售标准

纯种公猪	纯种母猪	杂交种猪
档案清楚无误	档案清楚无误	档案清楚无误
育种值高	育种值较高	
肢蹄结实、体型好，符合品种特征，无皮肤病，皮肤红润、皮毛光滑	体型毛色符合品种特征，被毛光泽、皮肤红润	猪只生长发育良好，调拨日龄在 105～115 天，体重在 50 千克以上，被毛光泽、皮肤红润
睾丸发育正常、左右对称，无明显的包皮积尿	外阴大小及形状正常，不上翘，无内翻乳头和瞎乳头，有效乳头数在 6 对以上（含 6 对），排列均匀整齐	外阴大小及形状正常，不上翘，无内翻乳头和瞎乳头，有效乳头数在 6 对以上（含 6 对），排列均匀整齐

（续）

纯种公猪	纯种母猪	杂交种猪
无传染性疾病，无明显的肢蹄疾病，肢蹄结实	无脐疝，无传染性疾病，无明显的肢蹄疾患，无O形、X形腿，不跛行，无明显关节肿胀	无脐疝，无传染性疾病，无明显的肢蹄疾患，无O形、X形腿，不跛行，无明显关节肿胀
无应激综合征	无应激综合征，经驱赶不震颤、不打抖	无应激综合征，经驱赶不震颤、不打抖
同窝无遗传疾患	同窝无遗传疾患	

（八）种猪选留标准

本标准适用于所有原种猪场和种猪繁殖场的种猪选留。

1. 初生仔猪　符合以下条件的初生仔猪可以编打耳号，初步留作种用（表2-7）。

表2-7　留作种用初生仔猪选择标准

类型		雄性仔猪	雌性仔猪
纯种	长白和大白	符合以下条件的仔猪，每窝选最好的1～3头编耳号，初步留作种用： 同窝健仔数在6头（含6头）以上 仔猪活力好 初生重1.2千克以上 同窝无单睾、隐睾等遗传缺陷 符合以上条件的优秀血缘后代全留	符合以下条件的仔猪全部编打耳号，初步留作种用： 同窝健仔数在6头（含6头）以上 有效乳头数6对（含6对）以上，排列整齐 仔猪活力好 本身无遗传缺陷
	杜洛克或皮特兰	符合以下条件的仔猪，每窝选最好的1～3头编耳号，初步留作种用： 同窝健仔数在5头（含5头）以上 仔猪活力好 初生重1.2千克以上 同窝无单睾、隐睾等遗传缺陷 符合以上条件的优秀血缘后代全留	符合以下条件的仔猪全部编打耳号，初步留作种用： 同窝健仔数在5头（含5头）以上 有效乳头数5对（含5对）以上，排列整齐 仔猪活力好 同窝无单睾、隐睾等遗传缺陷

（续）

类型		雄性仔猪	雌性仔猪
杂交品种	皮杜或杜皮公、大长或长大母	符合以下条件的初生仔猪全部编打耳号，初步留作种用： 仔猪活力好 初生重在 1.0 千克（含 1.0 千克）以上 本身无遗传缺陷	符合以下条件的初生仔猪全部编打耳号，初步留作种用： 仔猪活力好 有效乳头数 6 对（含 6 对）以上，排列整齐 本身无遗传缺陷

2. 保育仔猪（56±3 日龄）　符合以下条件的保育仔猪可以进入测定站或生长舍继续选择（表 2-8）。

表 2-8　留作种用保育仔猪选择标准

类型		雄性仔猪	雌性仔猪
纯种	长白和大白	肢蹄结实、健康状况良好，优秀血缘后代尽量多留，平均每窝选 1.5~2 头	肢蹄结实、健康状况良好的全部选留，发育明显不良、肢蹄差的不选留
	杜洛克和皮特兰	肢蹄结实、健康状况良好，优秀血缘后代尽量多留，平均每窝选 1.5~2 头	肢蹄结实、健康状况良好，每窝选择最好的 1~4 头，平均每窝选择 3 头
杂交品种	大长或长大		肢蹄结实、健康状况良好的全部选留，发育明显不良、肢蹄差的不选留
	皮杜或杜皮	肢蹄结实、健康状况良好的全部选留，发育明显不良、肢蹄差的不选留	

3. 育成猪（测定站或生长舍）　后备种猪要求符合各自品种特征，体长过短、肚腹过肥、后躯欠发达的种猪严禁留作种用，综合育种值低的个体严禁进入核心群。公猪优中选优，公、母种猪要反复选择，至少经过两次以上现场评估确认，同时符合以下条件的后备猪可以考虑选留（表 2-9）。

表 2-9 留作种用育成猪选择标准

核心群种公猪	核心群种母猪
档案清楚	档案清楚
育种值高	育种值高
肢蹄结实、无明显的肢蹄疾病	无明显的肢蹄疾患，无 O 形、X 形腿，不跛行，无明显关节肿胀
体长达到品种均数，收腹好，体型好	体长、收腹等体型达到品种要求
睾丸发育正常、左右对称，无明显的包皮积尿	外阴大小及形状正常，不上翘
对于母系同窝母猪乳头、外阴等正常	无内翻乳头和瞎乳头，有效乳头数在 6 对以上（含 6 对），排列均匀整齐
无皮肤病，皮肤红润、皮毛光滑，无传染性疾病	种猪健康，被毛光泽、皮肤红润，无传染性疾病
无应激综合征	无应激综合征，经驱赶不震颤、不打抖
同窝无遗传疾患	同窝无遗传疾患
杂繁群纯种公猪——母系父本	杂繁群纯种母猪——母系母本
档案清楚	档案清楚
育种值高的优秀个体（优秀血缘多选）：本地公猪 0～100 千克日增重在 650 克以上，背膘在 15.5 毫米以下，繁殖指数在 80 以上，综合指数在 100 以上；外引公猪 0～100 千克日增重在 670 克以上，背膘在 16 毫米以下，繁殖指数在 80 以上，综合指数在 95 以上	育种值较高的优良个体
肢蹄结实、无明显的肢蹄疾病	无明显的肢蹄疾患，无 O 形、X 形腿，不跛行，无明显关节肿胀
睾丸发育正常、左右对称，无明显的包皮积尿	外阴大小及形状正常，不上翘
同窝母猪乳头、外阴等正常	无内翻乳头和瞎乳头，有效乳头数在 6 对以上（含 6 对），排列均匀整齐

（续）

核心群种公猪	核心群种母猪
种猪健康，无皮肤病、皮肤红润、皮毛光滑，无传染性疾病，无应激综合征	种猪健康，被毛光泽、皮肤红润，无传染性疾病，无应激综合征，经驱赶不震颤、不打抖
体长大白 115 厘米以上、长白 117 厘米以上，体型好，收腹良好，后躯发达	无遗传疾患如脐疝
杂交公猪——终端父本	杂交母猪——终端母本
档案清楚	档案清楚
生长发育正常：115 日龄达 60 千克以上，背膘 13 毫米以下	生长发育正常：达 55 千克日龄小于 115 天
肢蹄结实、无明显的肢蹄疾病	无明显的肢蹄疾患，无 O 形、X 形腿，不跛行，无明显关节肿胀
体型好，收腹好，肌肉发达，体躯长	无内翻乳头和瞎乳头，有效乳头数在 6 对以上（含 6 对），排列均匀整齐
睾丸发育正常、左右对称，无明显的包皮积尿	外阴大小及形状正常，不上翘
无传染性疾病：皮肤红润、皮毛光滑	种猪健康，被毛光泽、皮肤红润
无应激综合征	无应激综合征，经驱赶不震颤、不打抖
无遗传疾患如脐疝、阴囊疝	无遗传疾患如脐疝

（九）猪的推荐饲养密度

猪的推荐饲养密度见表 2 - 10。

表 2 - 10　猪的推荐饲养密度

猪　别	体重（千克）	每猪所占面积（米²）	
		非漏缝地板	漏缝地板
断奶仔猪	4～11	0.37	0.26
	11～18	0.56	0.28
保育猪	18～25	0.74	0.37

（续）

猪　别	体重（千克）	每猪所占面积（米^2）	
		非漏缝地板	漏缝地板
生长猪	25～55	0.90	0.50
	56～105	1.20	0.80
后备母猪	113～136	1.39	1.11
成年母猪	136～227	1.67	1.39

（十）各类型猪的最佳温度与推荐的适宜温度

各类猪的适宜温度见表 2 - 11。

表 2 - 11　各类型猪的最佳温度与推荐的适宜温度

猪类别	年龄	最佳温度（℃）	推荐的适宜温度（℃）
仔猪	初生几小时	34～35	32
	1 周内	32～35	30～32（1～3 日龄）
			28～30（4～7 日龄）
	2 周	27～29	25～28
	3～4 周	25～27	24～26
保育猪	4～8 周	22～24	20～21
	8 周后	20～24	17～20
育肥猪		17～22	15～23
公猪	成年公猪	23	18～20
母猪	后备及妊娠母猪	18～21	18～21
	分娩后 1～3 天	24～25	24～25
	分娩后 4～10 天	21～22	24～25
	分娩 10 天后	20	21～23

第二节　猪场生产与经营管理

一、生产管理

（一）猪场的生产计划

1. 年度生产计划　主要确定全年产品的生产任务，以及完成这些任务的组织措施和技术措施，并规定物资消耗限额，以便合理安排全年生产活动。主要考虑以下几项生产指标。

（1）猪场饲养规模　该场饲养的基础母猪的数量。

（2）出售种猪及自留种猪的数量。

（3）出售育肥猪的数量。

（4）产仔窝数，窝产活仔数，断奶成活头数　例如基本母猪年产 2.25 窝，每窝产活仔 10.3 头，断奶成活 9.5 头。

（5）淘汰率　基础母猪淘汰率为 25%，基础公猪淘汰率 50%。

（6）后备母猪的选留数　2 月龄时为淘汰母猪数的 4 倍，4 月龄时为淘汰母猪数的 3 倍，6 月龄时为淘汰母猪数的 2 倍，8 月龄时为淘汰母猪数的 1.5 倍。

（7）育肥周期　生长育肥猪 6 个月出栏，淘汰猪育肥 2 个月出栏。

（8）种公猪负担的种母猪比例　本交为 1：20，人工授精为 1：60。

（9）哺乳仔猪断奶日龄。

2. 配种分娩计划　配种分娩计划是编制计划出全场所有繁殖母猪各月交配的数量、分娩胎数和产仔数。它是组织猪群周转的主要依据，也是实施选种选配、开展繁殖工作的必要步骤。由于配种分娩是完成繁殖任务的保障，制订该计划时要保证充分合理地利用全部种猪，提高产仔数和育成率。充分利用本场的人、财、物。

3. 猪群周转计划 猪群在一年中由于生产、销售、生长等原因经常发生变化。为了有计划地控制这种变化，以完成生产任务，并保证饲料供应和基本建设投资，应编制猪群周转计划。制订猪群周转计划，主要是确定各类猪群的数量、猪群的增减变化，以及年终保持合理的猪群结构。

4. 饲料供应计划 饲料供应计划应根据猪场生产来拟定，其制定方法如下：①确定猪场各月及全年发展数量；②确定猪群的饲料定额；③计算饲料需要量。

5. 药品等物资供应计划 药品等物资供应计划是根据本场饲养猪的平均数，计算年度内猪场全年所需的药品和其他物资消耗量。编制时按每头猪多少钱计算，对于不同类群的猪应根据记录卡算出各自的平均数。

6. 劳动工资计划 根据平均饲养猪的天数及劳动定额，确定计划用工，预算劳动工资，编制工资计划。

7. 基建计划 根据计划期内猪群的数量，提出添置各类房舍的面积、材料、用工及数量等计划。

（二）猪场每周工作日程

因为规模化猪场的周期性和规律性相当强，生产过程环环相连。所以，要求全场员工对自己所做的工作内容和特点要非常清楚，做好每天例行工作事项（表2-12）。

表2-12 猪场每周工作日程

日期	配种妊娠舍	分娩保育舍	保育舍
周一	彻底清洁、消毒，淘汰猪鉴定	彻底清洁、消毒，断奶母猪淘汰鉴定	彻底清洁、消毒，淘汰猪鉴定
周二	更换消毒池药液，接收断奶母猪，整理空怀母猪	更换消毒池药液，断奶母猪转出，空栏冲洗消毒	更换消毒池药液，空栏冲洗消毒

（续）

日期	配种妊娠舍	分娩保育舍	保育舍
周三	不发情、不妊娠猪集中饲养，驱虫、免疫注射	驱虫、免疫注射	驱虫、免疫注射
周四	彻底清洁、消毒，调整猪群	彻底清洁、消毒，仔猪去势，僵猪集中饲养	彻底清洁、消毒，调整猪群
周五	更换消毒池药液，临产母猪转出	更换消毒池药液，接收临产母猪，做好分娩准备	更换消毒池药液，空栏冲洗消毒
周六	空栏冲洗消毒	仔猪强弱分群，初生仔猪剪牙、断尾、补铁等	出栏猪鉴定
周日	妊娠诊断，设备检查维修，填写周报表	清点仔猪数，设备检查维修，填写周报表	存栏盘点，设备检查维修，填写周报表

（三）不同类型规模化养猪场生产流程

1. 原种猪场生产流程 原种猪场的主要任务是建立纯种选育核心群，进行各品种、各品系猪种的选育、提高和保种，并向扩繁种猪场提供优良的纯种公、母猪，以及向商品猪场提供优良的终端父本种猪（图 2-2）。

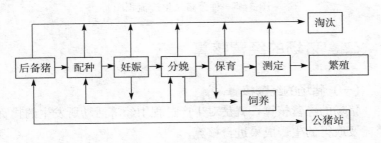

图 2-2 原种猪场生产流程图

2. 种猪繁殖场生产流程 种猪繁殖场的主要任务是进行二

元杂交生产，向商品场提供优良的父、母代二元杂交母猪，同时向养殖户或生长育肥场提供二元杂交商品猪苗（图2-3）。

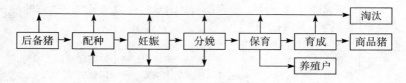

图2-3　种猪繁殖场生产流程图

3. 商品猪场生产流程　商品猪场主要任务是进行三元杂交生产，向养殖户或生长育肥场提供优质的商品猪苗（图2-4）。

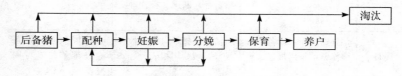

图2-4　商品猪场生产流程图

4. 种公猪站生产流程　种公猪站生产流程见图2-5。

图2-5　种公猪站生产流程图

二、猪场的经营核算

（一）猪场的经营核算

猪场的经营核算，就是对生产过程中经济活动所发生的物资消耗及取得的生产成果进行核算。

1. 生产费用成本　指支付的劳动报酬和消耗的物资价值这两部分之和。

2. 收入　是出售产品获取的毛利。

3. 利润　是销售收入扣减产品成本的余额。

4. 衡量猪场经济效益的指标　产品生产指标、产品完成率、饲料报酬率、成本利润率、产值利润率、资金利润率、投资利润率。

5. 猪场的经营生产盈亏平衡分析　也就是猪场的成本、产量、利润三者之间的关系分析，又叫保本分析。首先计算出保本点。所谓保本点，就是生产（或销售）产品的总收入，正好等于其总成本的产量（销量）。计算出保本点，猪场经营者就能根据预计的经营活动水平（产量或销量）来预测将来会实现多少盈利或出现多少亏损。这对猪场做出正确的决策、选用最优方案，有着非常重要的作用。

6. 财务管理　财务管理在猪场经营管理中具有重要意义。猪场的财务计划是在生产计划的基础上制订的，它从财务方面保证生产计划的实现。主要是认真执行财务计划，严格控制计划外开支。这些日常的财务管理工作，主要通过财务人员和物资保管员来进行。

7. 猪场的经济核算　猪场的经济核算，就是对生产过程中经济活动所发生的劳动消耗和物资消耗及其取得的成果进行核算。一个猪场要实现以尽可能少的劳动消耗和物质消耗，生产出尽可能多的优质产品，取得最大的经济效益，就应遵循价值法则，建立和完善经济核算制度，对经济过程中的劳动消耗和物质消耗及其成果实行全面、系统的核算。通过核算，可及时考核和监督各种经济活动情况，了解财务管理，杜绝浪费、降低成本、增加收入，保证经营盈利。猪场产品成本是衡量养猪生产经营管理质量的一个综合性经济指标。核算猪场产品成本，对于节约开支，降低成本，改善经营管理均有重要的作用。

8. 猪场的经济活动分析　猪场的经济活动分析是根据经济核算所反映的生产情况，对猪场的产品、劳动生产率、猪群与其他生产物质的利用情况、饲料等物资供应程度、产品成本、产品销售、盈利和财务情况，经常进行全面而系统的分析。检查生产计划完成情况，以及影响计划完成的各种有利条件和不利因素，对猪场的经济活动作出正确的评价，并在此基础上制订下一阶段保证完成和超额完成生产任务的措施。

经济活动分析的常用方法主要是根据核算资料，以生产计划为起点，对经济活动的各个部分进行分析研究。通过计划资料和核算资料的整理和比较，检查本年度计划完成情况，比较本年度和上年度同期的生产结果，检查生产发展速度和水平等。最主要的是查明造成生产水平高或低的原因和制订今后的对策。所以，猪场也应和先进猪场进行比较，找出差距，借鉴先进经验，推动本猪场生产。

9. 降低成本的途径 主要有两个方面，一是努力提高产量，二是尽可能节约开支，降低成本。如果生产费用不变，产量与成本成反比，即产量越高，单位产品的成本越低。因此，在养猪业中，应努力提高猪群质量，提高其繁殖率、日增重和饲料利用率。

在保证生产的前提下，节约开支、压缩非生产费用是降低成本的主要途径。根据上述关于成本构成项目的分析，主要的成本项目为固定资产折旧、各种原材料消耗、生产人员的劳动报酬和企业管理费用，节约开支也就是从这四个方面入手。一是充分合理地利用猪舍和各种工具及其他生产设备，尽可能减少产品所应分摊的折旧；二是节约使用各种原材料，降低消耗，其中包括饲料、垫草、燃料、药费等；三是努力提高出勤率和劳动生产效率。在实行工资制的条件下，在每天报酬不变的前提下，劳动效率和劳动生产率越高，产品生产中支付的工资越少。所以，在保证劳动者健康和收入水平的原则下，努力提高劳动生产效率是降低成本的一条重要途径。

最后，应尽可能精简非生产人员，精打细算，反对铺张浪费，节约企业管理费用。增加生产与节约开支是降低成本的两个方面，它们互相联系，都直接影响成本水平。节约开支，必须注意保证增产；采取增产措施，又要注意经济效果。只有全面分析，才能达到降低成本，提高经营效果的目的。

（二）猪群成本计算

1. 母猪群成本计算程序　母猪群主要用于繁殖仔猪，其主要产品是仔猪，副产品是猪粪。成本计算程序，先计算生产总成本，再计算仔猪落地成本、断奶保育猪（50日龄）成本及增重的单位成本，最后计算每头商品猪成本与增重的单位成本。

计算每头或增重单位成本要依据统计报表中的一些基本数据，核算出各猪群的总费用，并根据各猪群的饲养头数、增重、副产品等资料计算各类猪群的饲养成本。

2. 养猪生产成本　由直接费用与间接费用组成。

（1）直接费用　有下列9项：工资、福利费、饲料费、水电费、医药费、猪均摊销费、固定资产折旧费、维修费、低值易耗品费用及不能直接列入以上各项的直接费用。

（2）间接费用　有两项：一是共同生产费，是指在几种猪群内分配的生产费用；二是企业管理费，是指按一定比例分摊管理费。

一头母猪成本计算见表2-13。

表2-13　母猪的年成本计算

序号	项　目	金额（元）	比例（%）	备　注
1	人工费			
2	饲料费			
3	药品、疫苗费			
4	后备猪补栏费			
5	水、电、取暖费			
6	配种费用			

（续）

序号	项 目	金额（元）	比例（%）	备 注
7	维修费			
8	低值易耗品			
9	折旧费			
10	管理费			
11	利息			
合计				

3. 猪场生产情况报表　见表2-14、表2-15和表2-16。

表2-14　配种分娩情况报表

单位：头

配种情况						分娩情况			
计划数	完成数	完成率（%）	分娩率（%）	空怀	流产	计划窝数	完成窝数	完成率（%）	窝均活仔

表2-15　断奶上市情况报表

单位：头

断奶情况					上市情况		
计划窝数	完成窝数	完成率（%）	总仔数	窝均活仔数	计划数	实际数	完成率（%）

表 2 - 16　死淘及存栏情况报表

单位：头

死淘情况				存栏情况		
种猪数	哺乳仔猪数	断奶仔猪数	残次仔猪数	公猪数	母猪数	仔猪数

4. 猪场生产成本报表　见表 2 - 17。

表 2 - 17　猪场生产成本报表

项　　目		本月数	上月数	对　　比
母猪分娩窝数				
仔猪调出 （头）	计划			
	完成			
	其中：次品			
	完成率			
单头收入				
调出仔猪 头均成本	仔猪耗料			
	仔猪耗药			
	制造费用			
	种猪耗料			
	种猪耗药			
	种猪转移值			
每头成本				
每头毛利				
种猪存栏	数量			
	存栏值			
	平均			
本月利润				
本年累积				

5. 生产费用报表 见表 2 - 18。

表 2 - 18 猪场生产费用报表

本月调出仔猪 （头）		每头成本费用
制造费用	工　资	
	伙食费	
	动力费	
	折旧费	
	差旅费	
	运杂费	
	接待费	
	租赁费	
	通信费	
	办公费	
	车辆费	
	福利费	
	维修费	
	费用摊销	
	劳保费	
	其他费用	
	小计	
成本	仔猪耗料	
	仔猪耗药	
	种猪耗料	
	种猪耗药	
	种猪转移值	
	小计	
	成本合计	
其他费用	管理费用	
	财务费用	
	小计	

（三）猪场的经营考核目标

1. 考核的目的　为了强化猪场的规范化管理，增强员工的责任心、降低生产成本、提高生产成绩。

2. 考核的项目　考核项目定为 5 项：①遵守规章制度情况；②工作态度；③生产成绩；④母猪药费；⑤母猪死淘率。其中①和②项员工以个人为单位参加考核，③项以员工所在组为单位参加考核，④项以员工所在的生产线为单位参加考核，⑤项以全场为单位参加考核。

3. 考核办法

（1）第一项目考核办法占 10 分，凡有违反场规场纪行为的作扣分处理，每月评比一次，3 个月的平均分即为该员工该季度的得分。

（2）第二项目考核办法占 10 分，每月评比一次，3 个月的平均分即为该员工该季度的得分，具体评分办法为：卫生状况占 2 分，操作情况占 2 分，猪只健康状况占 6 分。

（3）第三项目考核办法占 60 分（保育舍占 70 分），每个季度评比一次，具体配种分娩率考核指标见表 2 - 19 所示。

表 2 - 19　猪场配种分娩率考核指标

组别	项　目	得分（分）	目标值	备注
配种妊娠组	配种分娩率（%）	10	85	
	优良公猪比例（%）	5	20	
	母猪年产胎数（胎）	10	2.1	
	空怀母猪存栏数（头）	5	80%	
	每胎活仔数（头）	15	后备 9.5 头，经产 10 头	
	每胎非活仔数（头）	15	5、6、7、8 月份 0.8，其他月份 0.6	
分娩组	断奶成活率（%）	30	96	
	断奶母猪配种率（%）	30	75	8 天内

（续）

组别	项　目	得分（分）	目标值	备注
保育舍	上市成活率（%）	30	98	
	上市合格率（%）	20	98	
	上市重量（千克）	20	15	50天

①配种分娩率　以目标值为基准数，达基准数者得 10 分。高于基准数 1% 加 2 分，反之扣 2 分。

配种分娩率＝本季度分娩母猪总数÷对应母猪在配种期间的配种总数×100%

②优良公猪比率　以目标值为基准数，达基准数者得 5 分，高于基准数 5% 加 1 分，反之扣 1 分。

优良公猪比例＝优良公猪数÷公猪总存栏数×100%

③母猪年产胎数　以目标值的 1/4 为基准数，达基准数者得 10 分，高于基准数 0.1 窝加 2 分，反之扣 2 分。

母猪年产胎数＝本季度产仔窝数÷全生产线开产母猪数

④空怀母猪存栏数　以目标值为基准数，达基准数者得 5 分，低于基准数 2 头者加 1 分，反之扣 1 分。

空怀母猪存栏数＝本季度每周末空怀母猪数总和的平均数

⑤每胎活仔数　以目标值为基准数，达基准数者得 15 分，高于基准数 0.5 头加 3 分，反之扣 3 分。

每胎活仔数＝本季度产活仔总数÷本季度全生产线母猪分娩胎次总数

⑥每胎非活仔数　以目标值为基准数，达基准数者得 15 分，低于基准数 0.1 加 3 分，反之扣 3 分。

每胎非活仔数＝本季度非活仔总数÷本季度全生产线母猪分娩胎次总数

⑦断奶成活率　以目标值为基准数，达基准数者得 30 分，高于基准数 1% 加 6 分，反之扣 6 分。

断奶成活率＝本季度各断奶窝数的活仔数÷对应窝数的产活仔总数×100%

⑧断奶母猪配种率 以目标为基准数，达基准数者值得 30 分，高于基准数 1% 加 6 分，反之扣 6 分（只计算正常日龄断奶的母猪）。

断奶母猪配种率＝7 天内配种母猪数÷断奶母猪总数×100%

⑨上市成活率 以目标值为基准数，达基准数者得 25 分，高于基准数 0.5% 加 5 分，反之扣 5 分。

上市成活率＝本季度上市仔猪÷对应时期断奶活仔猪总数×100%

⑩上市合格率 以目标值为基准数，达基准数者得 20 分，高于基准数 0.5% 加 5 分，反之扣 5 分。

上市合格率＝本季度上市合格猪数÷本季度上市仔猪总数×100%

⑪上市重量 以目标值为基准数，达基准数者得 20 分，高于基准数 0.5 千克加 4 分，反之扣 4 分。

（4）第四项目考核办法占 10 分，每季度评比一次。具体评分办法为：母猪死淘率目标值为 25%（全年），每季度以 1/4 目标为基准数，每低于基准数 1%（5% 以内），该生产线饲养员各加 1 分，组长各加 2 分；反之扣去相应分数。

（5）第五项目考核办法占 10 分，每个季度评比一次。具体评分办法为：母猪药费目标值为 126 元（全年），每季度以目标值的 1/4 为基准数，每低于基准数 1 元，全场饲养员各加 1 分，组长各加 2 分；反之扣去相应分数。

三、猪场生产线员工联产计酬方案

猪场生产线员工联产计酬方案见表 2-20。

表 2 - 20　猪场生产线员工联产计酬方案

岗位	计件指标	计件工资（元/头）	生产技术指标奖罚标准（考核参照）
技术部主任	出正品猪	1.87	1. 按转保 18.75 头仔猪/母猪计算基数，每多调出 1 头奖 10 元，少调出 1 头罚 10 元，年终考核。 2. 种猪死亡率 0.2%/月，母猪少死亡 1 头奖 100 元，多死亡 1 头罚 100 元
兽医主管	出正品猪	1.60	全程死淘率 14%，少死淘 1 头奖 10 元，多死 1 头罚 5 元，年终考核
主配	产活健仔	1.30	1. 按 21 头（后备 20.5）健仔/经产母猪计算，每多产 1 头活健仔奖 10 元，少产 1 头罚 10 元，年终考核。 2. 配种分娩率达到 83%。每多分娩 1 窝奖 10 元，每少分娩 1 窝罚 10 元（配种分娩率＝分娩数/总配数×100%）。 3. 种猪死亡率 0.2%/月，母猪少死亡 1 头奖 100 元，多死亡 1 头罚 100 元
辅配	产活健仔	2.32	1. 按 21 头（后备 20.5 头）健仔/经产母猪计算基数，每多产 1 头活健仔奖 10 元，少产 1 头罚 10 元，年终考核。 2. 种猪死亡率 0.2%/月，母猪少死亡 1 头奖 100 元，多死亡 1 头罚 100 元
配怀舍饲养员	产活健仔	4.29	1. 按 21 头（后备 20.5 头）健仔/经产母猪计算基数，每多产 1 头活健仔奖 10 元，少产 1 头罚 10 元。年终考核。 2. 种猪死亡率 0.2%/月，母猪少死亡 1 头奖 100 元，多死亡 1 头罚 100 元
分娩舍组长	调出合格仔	1.35	1. 每超重 1 千克奖 0.2 元（调出断奶猪标准 28 日龄重 7.0 千克/头，超出 7.0 千克算超重）。 2. 仔猪批次死淘率 7%，少死淘 1 头奖 5 元，多 1 头罚 5 元。 3. 种猪死亡率 0.2%/月，母猪少死亡 1 头奖 100 元，多死亡 1 头罚 100 元
分娩舍副组长	调出合格仔	1.20	1. 每超重 1 千克奖 0.17 元（调出断奶猪标准 28 日龄重 7.0 千克/头，超出 7.0 千克算超重）。 2. 仔猪批次死淘率 7%，少死淘 1 头奖 5 元，多 1 头罚 5 元。 3. 种猪死亡率 0.2%/月，母猪少死亡 1 头奖 100 元，多死亡 1 头罚 100 元
分娩舍饲养员	接产 1 头活仔	1.5	1. 每超重 1 千克奖 0.8 元（调出断奶猪标准 28 日龄重 7.0 千克/头，超出 7.0 千克算超重）。 2. 仔猪批次死淘率 7%，少死淘 1 头奖 10 元，多 1 头罚 5 元。 3. 种猪死亡率 0.2%/月，母猪少死亡 1 头奖 100 元，多死亡 1 头罚 100 元
	调出 1 头合格断奶猪＝测算值－1.5 元	4.23	

第二章　规模化养猪场生产制度与操作规范

岗位	计件指标	计件工资（元/头）	生产技术指标奖罚标准（考核参照）
分娩舍夜班员	取分娩舍饲养员平均数		
站长或采精员	产活健仔	0.00	全年允许死亡1头，公猪无死亡年奖500元，每多死1头罚300元。年终考核
精液稀释员	产活健仔	0.00	按21头（后备20.5头）健仔/经产母猪计算基数，每多产1头活健仔奖3元，少产1头罚3元。年终考核
公猪饲养员	产活健仔	0.71	1. 按21头（后备20.5头）健仔/经产母猪计算基数，每多产1头活健仔奖3元，少产1头罚3元，年终考核。 2. 全年允许死亡1头，公猪无死亡年奖500元，每多死1头罚300元，年终考核
保育舍组长	出合格保育猪	1.30	批次死淘率4%，少死淘1头奖10元，多死淘1头罚10元
保育舍饲养员	出合格保育猪	4.00	批次死淘率4%，少死淘1头奖15元，多死淘1头罚15元
保育舍副组长	出合格保育猪	1.14	批次死淘率4%，少死淘1头奖10元，多死淘1头罚10元
育肥舍饲养员	出育肥猪	25.71	批次死淘率3%，少死淘1头奖50元，多死淘1头罚30元

注：1. 保健、消毒、治疗等药品费，含低值易耗品：配种舍5元/母猪，分娩舍15元/头，保育11元/头，育肥2元/头。超过部分罚10%。

2. 管理不善、致伤残母猪淘汰：对应员工、正、副组长（或主、辅配）罚款50元/（人·头），技术部主任50元/头。

3. 场长可以依据繁殖母猪数变动100头以上可以申请重新调整测算计酬标准，经总部人事行政部审批后执行。

4. 调出的合格断奶猪数低于5千克3头算1头，明显无饲养价值的不计算；5.1～6.49千克2头算一头；6.5千克以上为合格仔，在产房母猪压死乳猪每头罚款100元。

5. 49天龄保育猪标准重15千克，超重部分技术部主任按0.04元/千克、组长按0.09元/千克、饲养员按0.27元/千克计酬。

6. 育肥猪标准重105千克，超重部分技术部主任按0.03元/千克、育肥组长按0.07元/千克、育肥饲养员按0.25元/千克计酬。

7. 联产计酬按批次核算当月兑现80%，预留20%半年结算一次性兑现。

8. 考核期间，被考核者中途被开除、离职，预留下的20%考核工资作自动放弃处理，不得主张任何权利，辞退例外。

9. 仔猪出生重0.8千克/头以上为健仔。

10. 配怀、产房、保育、育肥舍考核按批次核算。

11. 隔离舍、后备母猪饲养员和未定岗人员按打分考核。

12. 每人每月提供两个义务工，未提供按每个工扣款50元处罚。

第三节　规模化养猪场作业指导书

一、后备母猪饲养管理作业指导书

（一）工作目标

确保后备母猪保持 3～3.5 分的合理膘情，使之正常发情、正常排卵；保证后备母猪使用前合格率达到 90％。

（二）职责

隔离舍饲养员负责隔离舍后备母猪的饲养，配种区人员负责配种区后备母猪的饲养。

（三）工作安排

1. 日工作安排

7：30～8：00	观察猪群
8：00～8：30	喂饲
8：30～9：30	治疗
9：30～11：30	清理卫生，其他工作
14：00～15：30	冲洗猪栏，清理卫生
15：30～17：00	治疗，其他工作
17：00～17：30	喂饲

工作时间随季节变化，工作日程作相应的前移或后移。

2. 周工作安排

周安排见表 2-21。

表 2-21　周工作安排表

日期	隔 离 舍
周一	彻底清洁彻底消毒，药品领用
周二	更换消毒池盆药液，放猪运动

（续）

日　期	隔　离　舍
周三	驱虫，免疫注射
周四	彻底清洁，彻底消毒，调整猪群
周五	更换消毒池盆药液，放猪运动
周六	设备检查维修，存栏盘点，周报表
周日	机动安排

（四）工作程序

1. 引种管理　进猪前空栏冲洗消毒，空栏、消毒的时间至少要达到 7 天，消毒液选用烧碱、过氧乙酸、消毒威等。尽量做到整栋猪舍全进全出，空栏消毒时注意空气消毒。

进猪时要在出猪台对猪车进行全面严格消毒，并对猪群进行带猪消毒。进猪后不能马上冲水，当餐不喂料，保证充足饮水，水中加入抗应激药物；第二餐喂正常料量的 1/3，第三餐喂正常料量的 2/3，第四餐可自由采食。

冬季要对刚引入猪只进行特殊护理，做好防寒保温工作，进猪头 3 天不允许冲栏与冲洗猪身。冬季日常冲栏程序：将猪转移到其他栏再冲洗，然后用干拖把将地面拖干再进猪。

刚引进的后备母猪要在饲料中添加一些抗应激药物，如维生素 C、多维、开食补盐等，同时根据引入猪只的健康状况进行西药保健（保健后添加 3 天营养药调理）、中药保健（如清肺散、穿心莲、三珍散等）以提高后备母猪的抗病力。

视引入猪的生长情况有针对性地进行营养调节，生长缓慢、皮毛粗乱的可在料中加入适当营养性添加剂，如鱼肝油、复合维生素 B、鱼粉等。

后备母猪转入生产线前防止血痢。

2. 后备母猪饲养管理 按进猪日龄和疾病情况，分批次做好免疫计划、驱虫健胃计划和药物净化计划。

6月龄前自由采食，6～7月龄适当限饲，本地猪控制在1.8～2.2千克/（天·头），外引猪2.0～2.3千克/（天·头）。

大栏饲养的后备母猪要经常性地进行大小、强弱分群，最好每周1次，以免残弱猪的发生。

5月龄之后要建立发情记录，6月龄之后要划分发情区和非发情区，以便于达7月龄时对非发情区的后备母猪进行系统处理。

6～7月龄的发情猪，以周为单位进行分批按发情日期归类管理，并根据膘情做好限饲、优饲计划，配种前10～14天要安排喂催情料，比正常料量多1/3，到下一情期发情即配。

发情母猪饲养管理应注意湿度控制，粪便以铲、扫为主，减少不必要的冲栏与冲猪身，必要时使用密斯陀等涂布外阴防炎症。

后备母猪配种的月龄须达到7.5月龄，体重要达到110千克以上，在第2或第3次发情时及时配种。

3. 促进母猪发情的措施要到位 5月龄后，每天放公猪诱情两次，上下午各一次，注意母猪与公猪要有足够的接触时间。公猪必须性欲良好，并且多头轮换使用，确保诱导发情，提高后备猪利用率。诱情公猪平时单独饲养，不与母猪接近或见面，提供合理的营养确保性欲。

适当运动，最好保证每周2次或2次以上，每次运动1～2小时，6月龄以上的母猪在有人监护的情况下可以放公猪进行追逐。

搞好夏天的防暑降温。夏天通风不良，气温过高对后备母猪发情的影响较大，会造成延迟发情甚至不发情。

合理喂料，保证后备猪有合适的膘情，不肥也不瘦，从而确保正常发情。

4. 疾病防治与保健工作

控制后备母猪生殖道炎症的发生率：炎症是导致后备猪利用率低的重要原因，须引起高度重视。应对发情母猪分区加强管理，强调卫生干燥，粪便以铲、扫为主，减少不必要的冲栏与冲猪身。必要时可在发情后使用利高霉素，4克/（天·头），连用4～7天；有炎症的母猪配种前再加药一次。

勤观察猪群：喂料时看采食情况，清粪时看猪粪色泽，休息时看呼吸情况，运动时看肢蹄情况等。有病要及时治疗，无治疗价值的猪只要及时淘汰。

后备猪饲养阶段多使用中药进行保健。

接种疫苗前适当限料，并于接种前一天加维生素C，以减轻免疫应激。

针对呼吸道疾病的控制，除了全群投药预防外，还要注重个体标记进行连续注射治疗（呼吸道疾病注意长咳、短咳之分，长咳最好结合使用长效抗菌剂）。

确实保证各种疫苗的接种质量。

5. 不发情的母猪要及时处理

6. 后备母猪的淘汰与更新　达270日龄从未配种的后备母猪一律淘汰。不符合种用要求的后备猪及时淘汰。对患有肢蹄病的后备母猪，应隔离单独饲养；观察治疗2个疗程仍未见有好转的，应及时淘汰。患病后表现渐进性消瘦的后备猪，经过2个疗程治疗仍不见好转应及时淘汰。

（五）相关记录

隔离舍周报表见表2-22。

表 2 - 22　隔离舍周报表

星期	变动情况												存栏情况							饲料消耗(千克)			药物领用(元)
	种猪来源												后备猪		淘汰猪		淘汰肉猪			中猪料	大猪料	后备料	
	后备猪				淘汰种猪				淘汰猪								20千克以下	20~50千克	50千克以上				
	转入		转出		转入		转出		转入		转出												
	♂	♀	♂	♀	♂	♀	♂	♀	♂	♀	♂	♀	♂	♀	♂	♀							
一																							
二																							
三																							
四																							
五																							
六																							
日																							
合计																							

填表人:　　　复核:　　　审核:　　　时间:　　年　月　日

二、种公猪饲养管理作业指导书

（一）工作目标

规范种公猪饲养管理，提供所需的营养，确保精液质量合格。

（二）范围

适用于所有公猪站以及各猪场配种舍。

（三）职责

公猪站负责人负责组织和落实各项生产任务，负责本组种猪转群、调整工作，负责安排本组各类种猪的预防注射工作和卫生防疫工作，负责整理和统计本组的生产日报表和周报表。饲养员负责公猪的饲养管理工作，协助组长做好公猪的预防注射工作。

（四）工作程序

在驱赶或配种过程中均不允许粗暴对待公猪。

温度与通风：18～25℃，当环境温度高于27℃时注意公猪的防暑降温，当环境温度低于15℃时，注意公猪的保温。冬季夜间公猪站空气污浊，早晨应适当配合风机通风换气。

公猪日喂2次，6～8月龄每头每天喂2.3～2.5千克，成年公猪按标准饲喂。每餐不要喂得过饱，以免猪饱食贪睡，影响性欲和清液品质。

公猪要求单栏饲养，合理运动，不要将公猪长期养在栏内，当舍外运动场所温度低于25℃时放公猪出去运动，有利于改善新陈代谢，增强其食欲和性欲。

经常刷拭、冲洗猪体：在高温季节里，在公猪站内选择一大栏，其上方安装喷水装置，每天轮流安排公猪淋水、刷洗一次，有助于提高公猪生产性能。

调教公猪：后备公猪达7.5月龄，体重达130千克，膘情良好即可开始调教。

注意安全工作：工作时保持与公猪的距离，不要背对公猪；用公猪试情时，需要将正在爬跨的公猪从母猪背上拉下来，这时要小心，不要推其肩或头部，以防遭受攻击；严禁粗暴对待公猪，在驱赶公猪时，最好使用赶猪板。

防止公猪体温的异常升高：如高温环境、严寒、患病、打斗、剧烈运动等均可能导致体温升高，即使短时间的体温升高，也可能导致长时间的不育，因为从精原细胞发育至成熟精子约需40天。

保持圈舍与猪体清洁，及时驱除体外寄生虫。

性欲低下的可肌内注射丙酸睾丸素100毫克/天，隔天一次，连续3～5次，情况严重的淘汰。

注意保护公猪的肢蹄，控制好地面湿度，减少不必要的冲栏。

提供合理的光照条件：只要不影响公猪舍内降温，应尽量保证猪舍有足够的光照（尤其是深秋到初春季节），以减少病原，增加公猪抗病力，还能增加维生素D的合成与骨钙沉积利用，增强肢蹄功能。

公猪站每天要填写《公猪站生产情况周报表》，采精完毕立即登记《公猪采精登记表》。

（五）相关记录

公猪站生产情况周报表见表2-23和表2-24。

表2-23　公猪站生产情况周报表

年　　　周（　月　日至　月　日）

星期	存栏		采精（头）	合格（头）	不合格（头）	合格率（%）	平均采精量（毫升）	平均密度（亿个）	平均供精份数（份）	调入（头）	调出（头）	死亡（头）	淘汰（头）	料量（千克）
	成年（头）	后备（头）												
周一														
周二														

（续）

星期	存栏		采精（头）	合格（头）	不合格（头）	合格率（%）	平均采精量（毫升）	平均密度（亿个）	平均供精份数（份）	调入（头）	调出（头）	死亡（头）	淘汰（头）	料量（千克）
	成年（头）	后备（头）												
周三														
周四														
周五														
周六														
周日														

表 2 - 24　公猪采精登记表

年　　月

公猪耳号	栏号	设计间隔	采精日期登记						

三、精液生产、贮存、运输作业指导书

（一）工作目标

规范公猪站按照严格的操作规程进行精液生产，减少次品精液的发生率，确保人工授精所用精液的质量。

（二）范围

适用于各公猪站与猪场实验室。

（三）职责

采精员负责采精公猪的调教和采精工作。有公猪站的实验室负责公猪站所在猪场所有公猪的精液品质检查，各猪场实验室负责生产线公猪的精液品质检查。实验室操作人员负责配制稀释液和精液的稀释工作。公猪站实验室负责精液的分装与保存。精液车司机负责精液的运输。各猪场实验室负责精液到场后的贮存。

（四）工作程序

1. 采精公猪的调教　后备公猪在 7.5 月龄开始采精调教。先调教性欲旺盛的公猪，并让下一头隔栏观望、学习。

挤出包皮积尿，清洗公猪的后腹部及包皮部，按摩公猪的包皮部。

诱发爬跨，将发情母猪的尿或阴道分泌物涂在假母猪上，同时模仿母猪叫声，也可以用其他公猪的尿或口水涂在假母猪上，目的都是诱发公猪的爬跨欲。

上述方法都不奏效时，可赶来一头发情母猪，让公猪空爬几次，在公猪很兴奋时赶走发情母猪，也可采取强制将公猪抬上假台畜的方法。

公猪爬上假母猪后即可进行采精。

对于难调教的公猪，可实行多次短暂训练，每周 4～5 次，每次 15～20 分钟，调教成功以后，每天采精一次，连采 3 次，如果公猪的性欲旺盛，调教以后 7 天采一次；公猪性欲一般，则调教成功后 2～3 天采一次，连采 3 次。如果公猪表现任何厌烦、受挫或失去兴趣，应该立即停止调教训练。

在公猪很兴奋时，要注意公猪和采精员自己的安全，采精栏必须设有安全角。无论哪种调教方法，公猪爬跨后一定要进行采精，不然，公猪很容易对爬跨假母猪失去兴趣。调教时，不能让两头或以上公猪同时在一起，以免引起公猪打架等，影响调教的进行和造成不必要的经济损失。

2. 采精

采精杯的制备：先在保温杯内衬一只一次性食品袋，再在杯口覆一层滤纸，用橡皮筋固定，要松一些，使其能沉入 2 厘米左右。制好后放在 37℃ 恒温箱备用。为了保证采精杯内的实际温度，采精杯盖与杯分开放在恒温箱内。

在采精之前先剪去公猪包皮上的被毛，防止干扰采精及细菌污染。

将待采精公猪赶至采精栏，挤出包皮积尿，用 0.1% 高锰酸钾溶液清洗腹部及包皮部。

用清水洗净，抹干。按摩公猪的包皮部，待公猪爬上假母猪后，将公猪龟头导入空拳，用手（大拇指与龟头反向）紧握伸出的螺旋状龟头，顺其向前的冲力将阴茎 S 状弯曲拉直，紧握龟头防止其旋转，公猪即开始射精。射精过程中不要松手，否则压力减轻将导致射精中断（注意在采精时不要碰阴茎体，否则阴茎将迅速缩回）。

有浓精液出现时开始收集，直至公猪射精完毕（阴茎变软）时才放手，注意在收集精液过程中防止包皮部液体或其他如杂质等进入采精杯。

下班之前彻底清洗采精栏。

采精频率：后备公猪调教合格后，采精间隔天数为 7 天；然后每 3 个月，对供精份数每次在平均份数以上的公猪的采精间隔减少 1 天，采精间隔天数最低不少于 3 天。

3. 精液品质检查　整个检查过程要迅速、准确，一般在 5～10 分钟内完成，以免时间过长影响精子的活力。精液质量检查的主要指标有：精液量、颜色、气味、精子密度、精子活力、畸形精子率等。检查结束后应立即填写《公猪精液品质检查记录表》，每头公猪应有完善的《公猪精液检查档案》。

（1）精液量　后备公猪的射精量一般为 150～200 毫升，成年公猪为 200～600 毫升，称重量算体积，1 克计为 1 毫升。

（2）颜色　正常精液的颜色为乳白色或灰白色。如果精液颜色有异常，则说明精液不纯或公猪有生殖道病变，凡发现颜色有异常的精液，均应弃去不用。同时，对公猪进行检查，然后对症处理、治疗。

（3）气味　正常的公猪精液具有其特有的微腥味，无腐败恶臭气味。有特殊臭味的精液一般混有尿液或其他异物，一旦发现，不应留用。并检查采精时是否有失误，以便下次纠正做法。

(4) 密度　指每毫升精液中含有的精子数，它是用来确定精液稀释倍数的重要依据。正常公猪的精子密度为 2.0 亿～3.0 亿/毫升，有的高达 5.0 亿/毫升。检查精子密度的方法常用以下两种：

①精子密度仪测量法　该法极为方便，检查时间短，准确率高。若用国产分光光度计改装，也较为适用。该法有一缺点，就是会将精液中的异物按精子来计算，应予以重视。

②红细胞计数法　该法最准确，但速度慢，其具体操作步骤为：用不同的微量取样器分别取具有代表性的原精 100 微升和 3% 的氯化钾溶液 900 微升，混匀。在计数板的计数室上放一盖玻片，取少量上述混合精液放入计数板槽中。在显微镜下计数 5 个中方格内精子的总数，将该数乘以 50 万即得原精液的精子密度。

(5) 精子活力　每次采精后及使用精液前，都要进行活力检查，检查精子活力前必须使用 37℃ 左右的保温板预热：一般先将载玻片放在 38℃ 保温板上预热 2～3 分钟，再滴上 1 小滴精液，盖上盖玻片，然后在显微镜下进行观察。保存后的精液在精检时要先在玻片预热 2 分钟。

精子活力一般采用 10 级制，即在显微镜下观察一个视野内作直线运动的精子数，若有 90% 的精子呈直线运动则其活力为 0.9；有 80% 呈直线运动，则活力为 0.8；以次类推。新鲜精液的精子活力以高于 0.7 为正常；稀释后的精液，当活力低于 0.6 时，则弃去不用。

(6) 畸形精子率　畸形精子包括巨型、短小、断尾、断头、顶体脱落、有原生质滴、大头、双头、双尾、折尾等精子。它们一般不能作直线运动，受精能力差，但不影响精子的密度。公猪的畸形精子率一般不能超过 18%，否则应弃去。采精公猪要求每两周检查一次畸形率。

公猪站发现不合格的精液一律作废，不得用于生产。

4. 精液稀释液的配制

配方见表 2 - 25。

表 2 - 25　常用稀释剂配方

保存天数	3	3
类型	BTS	KIVE
葡萄糖（克）	3.715	6.000
柠檬酸钠（克）	0.60	0.37
碳酸氢钠（克）	0.125	0.12
EDTA 钠（克）	0.125	0.37
氯化钾（克）	0.075	0.075
青霉素（克）	0.06	0.06
链霉素（克）	0.1	0.1
蒸馏水加至（毫升）	100	100

注：Kiev 代表 Kive extender solution。

配制稀释剂要用精密电子天平，不得更改稀释液的配方或将不同的稀释液随意混合。配制好后应先放置 1 小时以上才用于稀释精液，液态稀释液在 4℃冰箱中保存不超过 24 小时，超过贮存期的稀释液应废弃。抗生素应在稀释精液前加入到稀释液里，太早易失去效果。稀释液配制的具体操作步骤为：所用药品要求选用分析纯，对含有结晶水的试剂按摩尔浓度进行换算。按稀释液配方，用称量纸和电子天平按 1 000 毫升和 2 000 毫升剂量准确称取所需药品，称好后装入密闭袋。使用前 1 小时将称好的稀释剂溶于定量的双蒸水中，用磁力搅拌器加速其溶解。如有杂质需要用滤纸过滤。稀释液配好后及时贴上标签，标明品名、配制时间和经手人等。放在水浴锅内进行预热，以备使用，水浴锅温度设置不能超过 39℃。认真检查配好的稀释液成分，发现问题及时纠正。

5. 精液稀释 处理精液必须在恒温环境中进行，品质检查后的精液和稀释液都要在37℃恒温下预热。稀释处理时，严禁太阳光直射精液。稀释液应在采精前准备好并预热好。精液采集后要尽快稀释，精子活力在0.7以下的精液不得用于稀释。稀释处理每一步结束时应及时登记《精液稀释记录》。具体的稀释程序为：

精液稀释头份的确定：人工授精的正常剂量一般为40亿/头份，体积为80毫升，假如有一份公猪的原精液，密度为2亿/毫升，采精量为150毫升，稀释后密度要求为每80毫升含精子40亿。则此公猪精液可稀释150×2/40＝7.5头份，需加稀释液量为（80×7.50－150）毫升＝450毫升。

测量精液和稀释液的温度，调节稀释液的温度与精液一致（两者相差1℃以内）。要注意必须以精液的温度为标准来调节稀释液的温度，不许逆操作。

将精液移至2 000毫升大塑料杯中，稀释液沿杯壁缓缓加入精液中，轻轻搅匀或摇匀。

如需高倍稀释，先进行1∶1低倍稀释，1分钟后再将剩余的稀释液缓慢分步加入。因精子需要一个适应过程，不能将稀释液直接倒入精液。

精液稀释的每一步操作均要检查活力，稀释后要求静置片刻再作活力检查。活力下降必须查明原因并加以改进。

混精的制作：两头或两头以上公猪的精液1∶1稀释或完全稀释以后可以做混精。做混精之前须各倒一小部分混合起来，检查活力是否有下降，如有下降则不能做混精。把温度较高的精液倒入温度较低的精液内。每一步都须检查活力。

用具的洗涤：精液稀释的成败，与所用仪器的清洁卫生有很大关系。所有使用过的烧杯、玻璃棒及温度计都要及时用蒸馏水洗涤，并进行高温消毒，以保证稀释后的精液能适时保存和利用。

精液的分装：稀释好的精液，检查其活力，前后一致便可以进行分装。稀释后的精液也可以采用大包装集中贮存。但要在包装上贴好标签，注明公猪的品种、耳号以及采精的日期和时间。

6. 精液的分装 精液瓶和输精管必须是对精子无毒害作用的塑料制品。

稀释好精液后，先检查精子的活力，活力无明显下降则可进行分装。

按每头份 60～80 毫升进行分装。如果精液需要运输，应对瓶子进行排空，以减少运输中震荡。

分装后的精液，将精液瓶加盖密封，贴上标签，清楚标明公猪站号、公猪品种、采精日期及精液编号。

7. 精液的保存 待保存的精液应先在 22℃左右室温下放置 1～2 小时后放入 17℃（变动范围 16～18℃）冰箱中，或用几层干毛巾包好直接放在 17℃冰箱中。冰箱中必须放有灵敏温度计，随时检查其温度。分装精液放入冰箱时，不同品种精液应分开放置，以免拿错精液。精液应平放，可叠放。

从放入冰箱开始，每隔 12 小时，要小心摇匀精液一次（上下颠倒），防止精子沉淀聚集造成精子死亡。一般可在早上上班、下午下班时各摇匀一次，并做好摇匀时间和人员的记录。夜间超过 12 小时应安排夜班于凌晨摇匀一次。

冰箱应一直处于通电状态，尽量减少冰箱门的开关次数，防止频繁升降温对精子的打击。保存过程中，一定要随时观察冰箱内温度的变化，出现温度异常或停电，必须普查贮存精液的品质。精液一般可成功保存 3～7 天。

8. 精液的运输 精液运输成败的关键在于保温和防震是否做得足够好。公猪站与猪场之间的精液运输采用专业的精液运输箱来运送，要求达到（17±1）℃恒温。

9. 运输后的贮存 不同品种精液应分开放置，以免拿错精液。精液应平放，可叠放。

从放入冰箱开始，每隔 12 小时要小心摇匀精液一次（上下颠倒几次），冰箱应一直处于通电状态，尽量减少冰箱门的开关次数。出现温度异常或停电，必须普查贮存精液的品质。

（五）相关记录

公猪精液品质检查记录表、精液稀释记录表和公猪精检档案表见表 2-26、表 2-27 和表 2-28。

表 2-26　公猪精液品质检查记录表

采精日期	公猪耳号	品种	颜色	气味	体积	密度	活力	畸形率	结论

表 2-27　精液稀释记录

日期	耳号	品种	采精量	活力 1	精子密度	稀释体积	活力 2	混精活力	精液份数	精液编号	采精员

表 2-28　公猪精检档案

公猪耳号：　　　　　　　品种：

检查日期	颜色	气味	体积	密度	活力	畸形率	结论

四、配种作业指导书

（一）工作目标

按计划完成每周配种任务，保证全年均衡生产。保证配种分娩率和窝均产健仔数达到生产技术指标要求。保证后备母猪合格率在90％以上（以转入基础群为准）。商品猪场母猪年淘汰更新率27％～33％，1～2年新场更新率15％～20％；繁殖猪场年更新率40％；原种猪场年更新率75％。

（二）职责

见本章第一节岗位职责部分。

（三）工作安排

1. 日工作安排

7：30～9：00	发情检查，配种
9：00～9：30	喂饲
9：30～10：30	观察猪群，治疗
10：30～11：30	清理卫生，其他工作
14：00～15：30	冲洗猪栏、猪体，其他工作
15：30～17：00	配种，发情检查（采精、输精）
17：00～17：30	喂饲

工作时间随季节变化，工作日程作相应前移或后移。

2. 周工作安排

周工作安排见表2-29。

表 2-29　周工作安排

周一	彻底清洁、消毒，淘汰猪鉴定
周二	更换消毒池、盆药液，接收断奶母猪，整理空怀母猪
周三	不发情不妊娠猪集中饲养，驱虫、免疫注射
周四	彻底清洁、消毒，调整猪群
周五	更换消毒池、盆药液，临产母猪转出
周六	空栏冲洗消毒
周日	设备检查维修，周报表

各场根据实际情况，顺序可作适当调整，内容基本不变。

（四）工作程序

1. 发情鉴定　发情鉴定最佳方法是当母猪喂料后半小时安静时进行，每天进行两次发情鉴定，上、下午各一次，检查采用人工查情与公猪试情相结合的方法：引导公猪与待查情的母猪口鼻接触，仔细观察母猪的外阴、分泌物、行为及其他方面的表现和变化。配种员所有工作时间的1/3应放在母猪发情鉴定上。

母猪的发情表现有：阴门红肿，阴道内有黏液性分泌物；在圈内来回走动，频频排尿；神经质，食欲差；压背静立不动；互相爬跨，接受公猪爬跨；也有发情不明显的，发情检查最有效方法是每日用试情公猪对待配母猪进行试情。

2. 配种程序

配种顺序：一般情况下先配断奶母猪和返情母猪，然后根据配种计划需求选配后备母猪。一定要注意满负荷均衡生产的问题，不可盲目超配。

配种方式：完全采用人工授精。

配种次数：断奶后7天内发情、状态好且历史产仔成绩好的经产母猪可以配两次，其他母猪、返情母猪须配够三次。

配种参考模式：以下模式仅供参考，生产中还要根据外阴的色泽和黏液、断奶后发情时间的早晚以及"静立"时间的长短灵活掌握。经产母猪和初产母猪发情配种模式见表2-30和表2-31。

表2-30　经产母猪发情配种模式

发情时间	第一次配种	第二次配种	第三次配种
上午"静立"	下午	次日上午	次日下午
下午"静立"	次日上午	第三日上午	第三日下午
断奶后≥7天发情的母猪及空怀、返情的母猪，发情即配			

可以少量做两次输精，输精间隔18～24小时。

表 2-31 初产母猪发情配种模式

发情时间	第一次配种	第二次配种（可以省略）	第三次配种
上午"静立"	当日下午	次日上午	次日下午
下午"静立"	次日上午	次日下午	第三日上午

超期发情（≥8.5月龄）或激素处理的母猪，发情即配

由于部分初产猪发情静立反应不明显，应以外阴颜色、肿胀度、黏液变化来综合判断适配时间，静立反射仅作参考。

3. 输精技术 输精前必须检查精子活力，活力低于 0.65 的精液坚决废弃。

准备好输精栏、0.1％高锰酸钾消毒水、清水、抹布、精液、剪刀、针头、卫生纸巾（一次性卫生纸巾）。

先用消毒水清洁母猪外阴周围、尾根，再用温和清水洗去消毒水，抹干外阴。

将试情公猪赶至待配母猪栏前（注意发情鉴定后，公、母猪不再见面，直至输精，公猪性欲要好），使母猪在输精时与公猪有口鼻接触，输完几头母猪更换一头公猪以提高公、母猪的兴奋度。

从密封袋中取出无污染的一次性输精管（手不准触摸其前 2/3 部），在前端涂上对精子无毒的润滑油。

将输精管斜向上插入母猪的生殖道内，当感觉到有阻力时再稍用一点力，直到感觉其前端被子宫颈锁定为止（轻轻回拉不动）。

从贮存箱中取出精液，确认标签正确。

小心混匀精液（上下颠倒数次），剪去瓶嘴，将精液瓶接上输精管，开始输精。

轻压输精瓶，确认精液能流出，2 分钟后，用针头在瓶底扎一小孔，按摩母猪乳房、外阴或压背，使子宫产生负压将精液吸入，绝不允许将精液挤入母猪的生殖道内。

边输精边对母猪按摩，输精时要尽快找到母猪的兴奋点，如

阴户、肋部、乳房等。

通过调节输精瓶的高低来控制输精时间，一般 3～5 分钟输完，确保不要低于 3 分钟，防止吸得快，倒流得也快，精液输完后继续对母猪按摩 1 分钟以上。

输精后为防止空气进入母猪生殖道，将输精管后端折起塞入输精瓶中，输精管留在生殖道内，待其自行滑落。

输完一头母猪后，立即登记配种记录，如实评分。

高温季节宜在上午 8 时前，下午 5 时后进行配种，最好饲喂前空腹配种。

新手较多或成绩较差时，第一次输精前 3～5 分钟颈部肌内注射一次催产素 20 国际单位。

补充说明：精液从 17℃ 冰箱取出后不需升温，直接用于输精。

经产母猪用海绵头输精管，后备母猪用尖头输精管，输精前需检查海绵头是否松动（不允许直接用手检查）。

输精过程中出现排尿时，将输精管放低，将里面的尿液引出，用清洁的纸巾将输精瓶至阴门的一段擦拭干净，继续输精。排粪后不准再向生殖道内推进输精管，以免粪便进入生殖道引发感染。

个别猪输精完后 24 小时仍出现稳定发情，可多加一次人工授精。

配种员的心态是影响输精效果的关键。应该专注每头猪的发情动向和发情变化；在输精时要有一个平和的心态，要有耐心和信心，不骄不躁。每天的输精量合理，单人半天输精数不得超过 15 头母猪。

4. 输精操作的跟踪与分析 输精评分的目的在于如实记录输精时具体情况，便于以后在返情失配或产仔少时查找原因，制订相应的对策，在以后的工作中作出改进。输精评分分为三个等级：

站立发情：1 分（差），2 分（一些移动），3 分（几乎没有移动)。

锁住程度：1分（没有锁住），2分（松散锁住），3分（持续牢固紧锁）。

倒流程度：1分（严重倒流），2分（一些倒流），3分（几乎没有倒流）。

输精评分表见表2-32。

表2-32　输精评分报表

与配母猪	日期	首配精液	评分	二配精液	评分	三配精液	评分	输精员	备注

为了使输精评分可以比较，所有输精员应按照相同的标准进行评分，这就要求每个输精员做完一头母猪的全部几次输精，实事求是填报评分。例如一头母猪站立反射明显，几乎没有移动，持续牢固紧锁，一些倒流，则此次配种的输精评分为332，不需求和。

（五）相关记录

配种周报表见表2-33。

表2-33　种猪配种情况周报表

场　　线　　　　　　　　　　　年　月　日至　　年　月　日

受配母猪			与配公猪				备注
耳号	品种	状态评分	公猪精液	品种	配种日期	配种员	

五、配种舍猪只饲养管理作业指导书

（一）工作目标

确保各类种猪的膘情合理。

保证母猪断奶后 7 天内发情率达到 80％以上，10 天内发情率达到 90％以上。

（二）职责

见本章第一节岗位职责部分。

（三）工作安排

1. 每日工作流程

日班工作时间为：　　　　上午　7：30～11：30

下午　14：00～17：30

7：30～9：00	协助查情、配种
9：00～9：30	观察猪群、治疗
9：30～10：30	喂饲，清理卫生
10：30～11：30	其他工作（赶猪运动、处理不发情母猪等）
14：00～15：30	冲洗猪栏、猪体、其他工作
15：30～17：00	观察猪群、治疗
17：00～17：30	喂饲

工作时间随季节变化，工作日程作相应前移或后移。

2. 每周工作日程表

同配种。

（四）工作程序

1. 种公猪饲养管理具体执行《种公猪饲养管理作业指导书》。

2. 后备母猪配种前饲养管理　母猪 6 月龄以前自由采食，6～7 月龄开始适当限饲，地方猪控制在 1.8～2.2 千克/（天·头），外引猪控制在 2.0～2.3 千克/（天·头），配种前半个月优饲，优饲比正常料量多 1/3，同时根据后备母猪的体况可适当地在饲料中加拌一些营养物质（如亚硒酸钠维生素 E 粉、鱼肝油粉、复合维生素 B 等）；配种后料量减到 1.6～1.8 千克。

加强后备母猪运动，每周保证 1～2 次以上，每次运动 1～1.5 小时，同时用公猪诱情，每天 1～2 次，发现发情母猪就挑出，按周次集中饲养。

建立优饲、限饲及中西药物保健计划和配种计划档案，对不发情的母猪进行处理。配种前一周要针对流脓比较严重的猪加利高霉素（1 200～2 000 毫克/千克）预防子宫炎。

3. 断奶母猪的饲养管理 断奶之前在产房把一、二胎和高胎龄（8 胎以上）的断奶母猪做好记号，断奶时进行促发情特殊处理（如加维生素 E 粉等）。断奶母猪至少应赶入大栏饲养，并按大小、膘情分群。断奶母猪每天应赶入运动场运动半天，保证充足饮水。发现有肢蹄病不能混群、运动的母猪要单独饲养并护理治疗。

有计划地逐步淘汰 8 胎以上或生产性能低的母猪，确定淘汰猪最好在母猪断奶时进行。

母猪断奶后一般在 3～10 天发情，此时注意做好母猪的发情鉴定和公猪的试情工作。

断奶后至配种前喂料。断奶当天不喂料，第二天喂 2.5～3 千克料，第 3 天起自由采食，少喂多餐，减少浪费。断奶后饲料中添加利高霉素 4 克/头，连加 4～7 天。

加强舍内卫生、湿度的控制。湿度过大易导致发情母猪子宫炎症，粪便应提倡以铲、扫为主。必要时可以使用密斯陀等涂抹发情母猪外阴。

4. 空怀母猪饲养管理 参照断奶母猪的饲养管理。但对长期病弱，或 2 个情期没有配上的，应及时淘汰。

返情猪及时复配。空怀猪转入配种区要重新建立母猪卡。

母猪流产后 10 天内发情不能配种，应推至第二情期配种。

空怀母猪喂料，每头每日 2～3 千克，少喂多餐。

5. 不发情母猪的饲养管理　饲养与空怀母猪相同，在管理上采取综合措施。

对体况健康的不发情母猪，先采取运动、转栏、饥饿、公猪追赶以及车辆运输等物理方法刺激发情，若无效可对症选用激素治疗，如氯前列烯醇、促排 3 号、PG600 等。

超过 7 月龄仍然不发情的后备母猪要集中饲养，每天放公猪进栏追逐 10 分钟。

（五）相关记录

配种妊娠舍周报表见表 2 - 34。

六、妊娠舍饲养管理作业指导书

（一）工作目标

确保妊娠母猪各阶段膘情合理，胚胎（胎儿）发育正常。

（二）职责

见本章第一节岗位职责部分。

（三）工作安排

1. 每日工作安排

时间	工作内容
7：30～8：00	观察猪群，治疗
8：00～9：00	喂料，清理料槽，放水
9：00～10：30	清理卫生
10：30～11：30	其他工作
14：00～15：00	观察猪群，治疗
15：30～17：00	冲洗猪栏、猪体，其他工作
17：00～17：30	喂饲

工作时间随季节变化，工作日程作相应前移或后移。

2. 每周工作日程

同配种舍工作日程。

表 2 - 34　配种妊娠舍周报表（商品场不分品种）

年　　　　月　　　　日　　　　　区　　　　线

年 周 项目 日期	配种情况			变动情况																					存栏情况									饲料消耗		
	断奶♀（头）	返情♀（头）	后备♀（头）	小计（头）	转入						转出						死淘						妊娠♀（头）	空怀♀（头）	成年♂（头）	后备♀（头）	后备♂（头）	合计（头）	小猪料（千克）	母猪料（千克）	公猪料（千克）	合计（千克）
					断奶♀（头）	成年♂（头）	妊娠♀（头）	后备♀（头）	后备♂（头）		成年♂（头）	妊娠♀（头）	后备♀（头）	后备♂（头）		基础♀（头）	成年♂（头）	妊娠♀（头）	后备♀（头）	后备♂（头）											
一	大白																															
	长白																															
二	大白																															
	长白																															
三	大白																															
	长白																															
四	大白																															
	长白																															
五	大白																															
	长白																															
六	大白																															
	长白																															
天	大白																															
	长白																															
合计																																

报表日期：　　　年　　月　　日　　　　　　　　　　　报表人：

注：《配种妊娠舍周报表》由于各个猪场的品种有些差异，不同猪场可根据本场的实际情况自行对本表格作适当调整。

备注：

(四) 工作程序

母猪完成配种后，根据配种时间的先后按周次在妊娠定位栏排列好。

每天上班后先到猪舍查看猪群，发现病猪及时治疗。

喂料分阶段按标准饲喂。喂料前先将料槽内的水放干或扫干；每次投料要快、准，先喂妊娠前期母猪。妊娠猪舍提倡两人或三人同时喂料，以减少喂料应激。

根据母猪的膘情调整投料量，对偏瘦猪要喂回头料。

喂料后要给每头猪足够的时间吃料，饲料吃完再放水，保证饮水质量，当饮水中出现异色、杂质或沉淀时应清洁水管。

不喂发霉变质饲料，防止中毒。

成立膘情评估小组对母猪膘情定期评估，对偏肥、偏瘦猪用不同记号加以标记。对初胎母猪应注意妊娠中后期适当控料以防难产。种母猪膘情示意图见图 2-6。

图 2-6　种母猪膘情示意图

瘦：明显露出臀部和背部骨骼。

适中：不用力压很容易摸到臀部骨骼和背部骨骼。

良好：用力压才能摸到臀部骨骼和背部骨骼。

稍肥：摸不到臀部骨骼和背部骨骼。

过肥：臀部骨骼和背部骨骼深深地被覆盖，摸不到。

及时清理猪粪。定期清洗料槽，清洗时专人负责看猪，防止猪只吃入污物。

做好配种后 18～65 天内复发情检查工作。每月做一次妊娠诊断。

正常情况下，配种后 21 天左右不再发情的母猪即可确定妊娠，表现为贪睡、食欲旺、易上膘、皮毛光、性情温驯、行动稳、阴门下裂缝向上缩成一条线等。

减少应激，防流保胎。夏天防暑，冬天防寒；减少剧烈响声刺激；严格控制妊娠舍湿度。

重点关注妊娠前期的饲养管理与护理。适当补充青饲料或使用小苏打防止便秘。

必要时在妊娠 18～25 天使用金霉素等药物保健。前期猪不使用太寒性的中药。

妊娠 85～92 天阶段适当进行健胃、保健。可选用大黄苏打散、穿心莲、清肺散等药物。

按免疫程序做好各种疫苗的免疫接种工作，免疫前后注意防应激。免疫注射在喂料后或天气凉爽时进行；做好《妊娠母猪免疫清单》记录工作。

妊娠母猪临产前 3～7 天转入产房，转猪前彻底做好体外驱虫工作，同时要彻底消毒猪身，注意双腿下方和腹部等角落；赶猪过程要有耐心，不得粗暴对待母猪；妊娠母猪转出后，原栏要彻底消毒。

（五）相关记录

种猪死亡淘汰情况周报表、妊娠母猪失配情况周报表、妊娠母猪免疫清单分别见表 2 - 35、表 2 - 36 和表 2 - 37。

表 2 - 35　种猪死亡淘汰情况周报表

场　　　线

死淘日期	耳号	品种	♂/♀	死亡原因	淘汰原因	去向

表 2 - 36　妊娠母猪失配情况周报表

母猪耳号	配种日期	检定返情日期	检定空怀日期	检定流产日期	死淘日期

表 2 - 37　妊娠母猪免疫清单

_____猪场_____线　　　周　　　年 月 日至 年 月 日

疫苗名称：　　　　　　　　　　　剂量：　　头份

周次	头数	须执行防疫的母猪耳号

合计猪数：　　　疫苗用量：　　　疫苗来源：

生产日期：　　　批号：　　　规格：　　　实免头数：

七、分娩舍饲养管理作业指导书

（一）工作目标

1. 断奶后母猪 10 天内发情率 90％以上。

2. 哺乳期成活率 96％以上。

3. 转保育舍合格率 95％以上，3.5 周龄断奶平均体重不少于 6.5 千克。

（二）职责

见本章第一节岗位职责部分。

（三）工作安排

1. 日工作安排

7：30～8：30　　　　母猪、仔猪喂饲

8：30～9：30　　　　治疗、剪牙、断尾、补铁等工作

9：30～11：30　　　清理卫生，其他工作

14：30～16：00　　清理卫生，其他工作
16：00～17：00　　治疗，报表
17：00～17：30　　母猪、仔猪喂饲
工作时间随季节变化，工作日程作相应前移或后移。

2. 周工作安排

表 2-38 为周工作安排。

表 2-38　周工作安排

日期	工 作 内 容
周一	彻底清洁、彻底消毒，断奶母猪转出
周二	更换消毒池、盆药液，淘汰残次仔猪、母猪
周三	免疫注射，淘汰母猪
周四	彻底清洁、彻底消毒，断奶母猪转出
周五	更换消毒池、盆药液
周六	仔猪强弱分群、僵猪集中饲养
周日	清点仔猪数，设备检查维修，周报表，下周工作安排

（四）工作程序

1. 产前准备

栏舍：冲洗干净，待干燥后用消毒水消毒，对猪只皮肤病严重圈舍应增加用驱虫药对空栏进行驱虫，晾干后用福尔马林或冰醋酸熏蒸 24 小时，进猪前一天打开门窗并做好准备。

药品：自配 4% 碘酊、高锰酸钾、消毒水、抗生素、催产素、解热镇痛药、樟脑针和石蜡油等。

用具：保温灯、饲料车、扫帚、水盆、水桶、麻袋、毛巾、灯头线等，用前应进行消毒。

母猪：临产前 3～7 天上产床，按预产期先后进行排列，并对母猪进行消毒，必要时进行驱虫。

2. 判断分娩　根据母猪预产期，如阴门红肿、频频排尿、起卧不安，1～2 天内分娩。

乳房有光泽，两侧乳房外涨，全部乳房有较多乳汁排出，4～12 小时内分娩。

有羊水破出，2 小时内可分娩，个别初产母猪情况可能特殊。

3. 接产　有专人看管，每次离开时间不超过 15 分钟，夜班人员下班前填写《夜班人员值班记录表》，由分娩舍组长监督、检查。

产前母猪用 0.1％ 高锰酸钾溶液进行外阴、乳房及腿臀部消毒，产栏要消毒彻底。

仔猪出生后立即用毛巾擦干净口、鼻黏液，擦干猪体，离脐带根部 3～4 厘米处断脐，防止流血，用 4％ 碘酊或其他有效药物消毒。放保温箱 10～15 分钟保温，保持箱内温度 30～35℃，防止贼风侵入。

发现假死猪及时抢救，先将口、鼻黏液或羊水倒流出来或抹干，可打樟脑针 1 毫升，或可进行人工呼吸。

产后检查胎衣或死胎是否完全排出，可看母猪是否有努责或产后体温升高，可打催产素进行适当处理。

仔猪吃初乳前，每个乳头挤几滴奶，较小仔猪固定在前面乳头。

初胎母猪、高胎龄母猪、乳腺发育不良的母猪分娩过程中须执行耳静脉吊针。

4. 难产处理

判断难产：有羊水排出、强烈努责后 1～2 小时仍无仔猪产出或产仔间隔超过 1 小时，即视为难产，需要人工助产。

有难产史的母猪临产前 1 天肌内注射律胎素或氯前列烯醇。

子宫收缩无力或产仔间隔过长，可采取以下方法助产：①用手由前向后用力挤压腹部，或赶动母猪改变躺卧方向；②对由于产仔消耗过多母猪可进行补液，有助于分娩；③注射缩宫素20～40单位，要注意观察到有小猪产出后才能使用。上述几种方法无效或由于胎儿过大、胎位不正、骨盆狭窄等原因造成难产的，应立即人工助产。

人工助产：先打氯前列烯醇2毫升，剪平指甲并将周边打磨光滑，用0.1％高锰酸钾溶液消毒，用石蜡油润滑手、臂，然后随着子宫收缩节律慢慢伸入阴道内，子宫扩张时抓住仔猪下颌部或后腿慢慢将其向外拉出，产完后要冲洗子宫2～3次，同时肌内注射抗生素3天，以防子宫炎、阴道炎的发生。对产道损伤严重的母猪应及时淘汰，难产母猪要在卡上注明难产原因，以便下一产次时正确处理或作为淘汰鉴定的依据。

5. 产后护理 加强母猪产后炎症的控制。没有输液治疗的母猪连续注射抗生素3天，或注射一次长效土霉素，或使用专用药物子宫内投药一次。

母猪产前3天开始减料，2～2.5千克/天，产后2天内也应适当控料，之后逐渐加料，5天后自由采食，喂料3～5次/天，料槽每天清理一次，保证槽内饲料干净。对不吃料的母猪要赶起，测体温等，产前产后饲料中添加大黄苏打5～10克/（天·头），或8～10克芒硝/头，可提高采食量和预防产后便秘。无乳的可用泌乳进或中药催奶。

圈舍清洁、干燥、安静，通风良好（大环境通风，小环境保温），湿度保持在65％～75％，产栏内只要有小猪，便不能用水冲洗产栏。

新生仔猪要在24小时内称重、剪牙、断尾、打耳号。剪牙钳用碘酊消毒后齐牙根处剪掉上下两侧犬齿，断口要平整；断尾时，离尾根部2厘米处剪断，4％碘酊消毒，流血严重用高锰酸钾粉止血，较弱的仔猪稍后断尾。打耳号时，尽量避开血管处，缺口处要用4％碘酊消毒。

　　仔猪耳号的编打方法：选育员根据种猪选留标准选择优秀的仔猪打耳号。打耳号位置要按照操作指导图来选择，耳钳要锋利，工具用前要消毒，避开血管剪耳号，缺口处用碘酊消毒。

　　耳号编法为窝号加个体号，窝号4位数、个体号2位数（公奇母偶），一共6位数，其编打方法如图2-7所示。迎面观，右耳上部小孔表示窝号的万位数2，下部表示窝号的万位数3；左耳上部小孔表示窝号的万位数1，下部表示窝号的万位数4；耳身上无小孔表示窝号万位数位为0。左、右耳边缘尖端1个耳缺表示3，耳根1个耳缺表示1；左耳上，右耳上、下部的耳缺分别表示窝号的千位数、百位数和个位数；左耳下部的耳缺表示个体号。

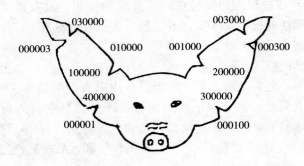

图2-7　耳号编打操作指导图

　　选育员负责编打耳号，并负责填写《分娩母猪及产仔情况周报表》，记录仔猪耳号编打情况，上交场部录入种猪生产管理系统，计算机将在6位数的耳号前自动加入两位年号，例如2002年简写为02。

　　各场编号每年元月一日从0开始编，具体耳号分配执行有关耳号分配的统一规定。

　　仔猪初生后1天内注射铁剂2毫升，7日龄再注射一次2毫升；如果该场下痢严重，可口服抗生素如庆大霉素 2 毫升。注射亚硒酸钠维生素 E 0.5 毫升，以预防白肌病，同时提高仔猪对疾病的抵抗力；如果猪场呼吸道病严重，鼻腔喷雾卡那霉素加以预防。无乳母猪采用泌乳进或催乳中药拌料。

吃过初乳后适当寄养调整，尽量使仔猪数与母猪的有效乳头数相等，防止未使用的乳头萎缩。寄养时，仔猪间日龄相差不超过 3 天，把大的仔猪寄出去，寄出时用寄母的乳汁擦抹待寄仔猪的全身。

3～5 日龄小公猪去势，切口不宜太大，睾丸应缓缓拉出，术后用 4％碘酊消毒，或同时涂抹鱼石脂。

7 日龄仔猪开始诱饲，饲料要新鲜、清洁，勤添少喂，每天 4～5 次；也可采取母猪乳房上撒少量料粉的方法加强补料，撒料可从产后 10 天开始，应在母猪放奶时进行，饲养员应随身携带粉料。

门口消毒池和洗手盒内药液，每周更换 2 次，要保证有效浓度。每周舍内常规消毒 2 次，消毒同时注意湿度控制。产房带猪消毒提倡熏蒸，或采取专用消毒机细雾喷雾消毒。若消毒后湿度过大，半小时后可清干产床。

每天的垃圾、胎衣、死胎、木乃伊、病死仔猪要及时清除。

仔猪 21～24 日龄断奶，断奶前后 3 天喂开食补盐、维生素 C 等防应激药饮水，仔猪料中加三珍散等可预防仔猪消化不良，母猪断奶前 3 天适当控料，过瘦母猪需提前断奶。对每批断奶母猪进行鉴定淘汰。

（五）相关记录

夜班人员值班记录表、产仔情况周报表、分娩母猪及产仔情况周报表、断奶母猪及仔猪情况周报表、21 日龄仔猪称重周报表、断奶仔猪转运单与分娩舍周报表见表 2 - 39 至表 2 - 45。

表 2 - 39　夜班人员值班记录表

夜班人员：＿＿＿＿＿＿　　班别：＿＿＿＿＿＿　　　年　　周　线

日期	分娩窝数	活产仔数	产仔情况	保温情况	分娩前准备工作	分娩舍组长检查	备　注
周一							
周二							
周三							
周四							
周五							
周六							
周日							

注：①本表由组长上交到办公室，作为对夜班人员工作检查考评依据之一。

②分娩窝数是指值班时间分娩完的母猪数，包括上班时正在产的母猪数。

③产仔情况是指接产过程中，死胎、木乃伊、母猪有否难产等情况，备注栏填写压死的仔猪、病死仔猪等情况。

④保温情况：指分娩舍保温正常与否及冬天下班前煤炉有无加煤等情况，一般情况下填写最高（低）温圈舍的温度。

表 2 - 40　产仔情况周报表

＿＿＿场＿＿＿线 ＿＿ 年＿＿月＿＿日至 ＿＿月＿＿日　　报表人＿＿＿＿＿

分娩母猪情况		产仔情况					
母猪耳号	分娩日期	窝重（千克）	活仔（头）	死胎（头）	木乃伊（头）	畸形（头）	合计（头）

表 2 - 41　分娩母猪及产仔情况周报表（种猪场用）

＿＿＿＿场＿＿＿＿线

分娩母猪情况		产仔情况						性别	♀	♀	♂	♂
母猪号	分娩期	窝重（千克）	产活（头）	畸形（头）	死胎（头）	木乃伊（头）	合计（头）	耳号				
品种								初生重				

表 2-42 断奶母猪及仔猪情况周报表

母猪耳号	品种	断奶日期	断奶仔猪数（头）	寄入数（头）	寄出数（头）	活产仔数（头）

表 2-43 21 日龄仔猪称重周报表（种猪场用）

_____ 场 _____ 线

母猪耳号	品种	称重期	称重数（头）	寄入（头）	寄出（头）	窝重（千克）	性别	♀	♂
							耳号		
							体重		

表 2-44 断奶仔猪转运单

转出线	日龄	转出日期	转猪数	备注

防 疫 情 况							
疫苗序号	日期	疫苗名称	生产厂家	批号	接种剂量	接种数	备注

表 2-45 分娩舍周报表（种猪场要分品种报）

第 周

项目	分娩情况					母猪情况					哺乳仔猪情况					饲料消耗		
	窝数（窝）	活产仔（头）	死胎数（头）	畸形数（头）	木乃伊（头）	总产数（头）	转入数（头）	转出数（头）	死淘数（头）	临产数（头）	哺乳数（头）	死淘数（头）	转出数（头）	存栏数（头）	转入数（头）	乳猪料（千克）	小猪料（千克）	育成料（千克）
周一																		
周二																		
周三																		

（续）

项目	分娩情况					母猪情况					哺乳仔猪情况					饲料消耗		
	窝数（窝）	活产仔（头）	死胎数（头）	畸形数（头）	木乃伊（头）	总产数（头）	转入数（头）	转出数（头）	死淘数（头）	临产数（头）	哺乳数（头）	死淘数（头）	转出数（头）	存栏数（头）	转入数（头）	乳猪料（千克）	小猪料（千克）	育成料（千克）
周四																		
周五																		
周六																		
周日																		

报表日期： 年 月 日　　　　　区　线　　　　　报表人：

八、保育舍饲养管理作业指导书

（一）工作目标

保育期成活率98.5％以上。

保育猪上市正品率96％以上。

保育猪50日龄出栏平均体重15千克以上（小猪苗出栏最低体重不得低于6千克）。

（二）职责

见本章第一节岗位职责部分。

（三）工作安排

1. 日工作安排

7：30～8：30　　　喂饲

8：30～9：30　　　巡栏，治疗

9：30～11：00　　清理卫生，其他工作

11：00～11：30　　　喂饲

14：30～15：00　　　喂饲

15：00～16：00　　　清理卫生，其他工作

16：00～17：00　　　治疗，报表

17：00～17：30　　　喂饲

工作时间随季节变化，工作日程作相应前移或后移。

2. 周工作安排

保育舍周工作安排见表 2-46。

表 2-46　保育舍周工作安排

日期	工　作　内　容
周一	彻底清洁彻底消毒，淘汰猪鉴定
周二	更换消毒池、盆药液，空栏冲洗消毒
周三	驱虫、免疫注射
周四	彻底清洁彻底消毒，调整猪群
周五	更换消毒池、盆药液，空栏冲洗消毒
周六	出栏猪鉴定并处理，残次猪外卖
周日	存栏盘点，设备检查维修，周报表

（四）工作程序

1. 进猪前准备　空栏彻底冲洗消毒，干后用消毒水消毒，晾干后用福尔马林进行熏蒸消毒，保证消毒后空栏不少于 3 天，进猪前一天做好准备工作。

检查猪栏设备及饮水器是否正常，不能正常运转的设备及时通知维修人员进行维修。

2. 按计划转入仔猪　猪群转入后立即进行调整，按大小和强弱分栏，保持每栏 14～18 头，要注意特殊照顾弱小猪（冬天注意保温）。残次猪及时隔离饲养，病猪栏位于下风向。

3. 饲养管理要求　保育舍最适宜温度为 20～26℃，每栋保育舍单元应挂一个温度计，高度尽量与猪身同高，高于 30℃时，

对地面或墙壁进行淋水并适当进行抽风；当温度低于 18℃时，要求开保温灯（或进行其他保温措施），提高舍内温度，同时也应注意舍内通风情况。

转栏后当天适当限料，日喂 0.15～0.25 千克/头，加三珍散等以防消化不良引起下痢。以后自由采食，少量多餐，每天添料 3～4 次，必要时晚上加一餐，并保证充足清洁饮水。

转栏前 3～5 天，饲料中视情况添加一些抗应激的药物如维生素 C，开食补盐和鱼肝油粉等添加剂，转栏当天采取饮水方式给药。预防疾病用药视情况而定。

保持圈舍卫生、干燥，每天清粪 2 次，加强猪群调教，训练猪群吃料、睡觉、排便"三定位"。尽可能不带猪冲洗猪栏或猪身，同时注意舍内湿度控制。

每周给猪体进行 2 次细雾喷雾消毒，冬、春季节，在天冷或雨天时酌情减少次数，或在消毒半小时后用干拖把将栏舍拖干。每周更换 1 次消毒药种类。每天空料槽 1 次以上。

清理卫生时注意观察猪群排粪情况；喂料时观察食欲情况；休息时检查呼吸情况。发现病猪，及时隔离，对症治疗，严重或病因不明时要及时上报。统计好病死仔猪，填写《保育仔猪死亡情况周报表》。

保育期间应实行周淘汰制，对残、弱、病猪只每周淘汰 1～2 次。种猪场饲养期间，选育员对种猪苗再次进行挑选，对不合格的种猪苗降级为肉猪苗或残次苗，种猪苗挑选执行相关选留标准。

4. 猪群转出　每周生产例会根据《仔猪质量跟踪表》中养殖户反馈意见，分析原因，采取正确有效的措施，从而保证猪苗上市质量。残次猪按公司规定特殊处理或出售。

种猪场 63 日龄合格种猪苗转入测定站或生长舍饲养。

（五）相关记录

保育仔猪死亡周报表、上市情况周报表、仔猪质量跟踪表见表 2-47 至表 2-49。

表 2 - 47　保育仔猪死亡周报表

发生单元	发生日期	死亡头数	死亡原因	去向

表 2 - 48　保育仔猪上市情况周报表

上市单元	上市日期	上市头数	体重范围	个体均重	去向

表 2 - 49　仔猪质量跟踪表

猪场		生产线	
上市日期		猪苗头数	
服务部		养殖户	

反映情况：

年　月　日

备　注	

注：《仔猪质量跟踪表》投入服务部意见箱。

九、生长舍饲养管理作业指导书

（一）工作目标

育成阶段成活率≥99％。

饲料转化率（15～60千克阶段）≤2.6∶1。

日增重（15～60千克阶段）：650～800克。

110日龄体重不低于55千克。

（二）职责

1. 生长舍组长　指导饲养员做好投料等饲养工作。安排猪群栏舍周转、调整工作。指导、督促饲养员做好环境卫生控制、疾病防治工作。安排猪舍内外的消毒工作。做好猪只免疫接种工作。负责本组饲料、药品、工具的使用计划与领取及盘点工作。负责整理和统计本组的生产日报表和周报表。

2. 饲养员 负责生长育成猪的饲养管理工作。做好日常卫生消毒工作。做好本舍内外环境卫生控制、疾病防治工作。协助组长做好生长猪转群、调整工作。协助组长做好生长育成猪的预防注射工作。

（三）工作安排

1. 每日工作安排

7：00～8：00	喂料，观察猪群
8：00～9：00	治疗，清理卫生
9：00～10：00	转群等其他工作
10：00～11：00	喂料，清理卫生
14：30～15：30	观察猪群，清理卫生
15：30～16：30	消毒等其他工作
16：30～17：30	喂料，治疗
17：30～18：00	填写报表

工作时间随季节变化，工作日程作相应调整。

2. 每周工作安排

生长舍每周工作安排见表2-50

表2-50 生长舍每周工作安排

日期	工作内容
周一	药品用具领用，种猪驱虫
周二	舍内清洁消毒，更换消毒池、盆中药液
周三	免疫注射、接收保育仔猪
周四	种猪选留鉴定、打耳牌、整理上市种猪档案
周五	种猪上市，空栏清洗消毒，舍内清洁消毒，更换消毒池、盆药液
周六	统计报表，计划下周所需物品，卫生清扫
周日	设备检修，安排下一周工作

（四）工作程序

1. 进猪前准备 猪只转入前，空栏不少于 3 天，在此期间，栏舍必须彻底清洗消毒。先用清水冲洗，待干燥后用 2%～3% 烧碱溶液进行消毒，干燥后再用清水冲洗干净，第二次用温和型消毒液（如强力消毒灵）消毒，每次消毒时必须以喷湿地面和栏舍为准。

检查猪栏设备及饮水器是否正常，不能正常运转的设备及时通知维修人员进行维护。

提前半天准备好饲料、药物等物资。

2. 分批次转进猪群 不同批次的猪群应相对隔离。猪群转入后进行调整，按照大小和强弱分栏，每栏饲养 10～12 头。由组长负责填写《生长育成舍生产日报表》、《生长育成舍生产情况周报表》。

3. 饲养管理要求 饲喂方式为自由采食，少喂勤添，每日投料 1～2 次，并保证充足的清洁饮水。喂料量参考标准见表 2 -51。

表 2－51　生长舍饲喂量参考标准

阶　段	料　型	饲喂量
15～30 千克	312	1.0～1.5 千克
30～60 千克	后备 313	1.8～2.2 千克
60～90 千克	后备 313	2.3～2.8 千克

温度控制：生长舍最适宜温度为 18～22℃，每栋生长舍应挂一个温度计，经常观察温度变化。

处理好通风与保温的关系，减少空气中有害气体的浓度。

饲养密度：

体重 15～30 千克　　0.8～1.0 米²/头

体重 30～60 千克　　1.0～1.5 米²/头

体重 60～90 千克　　1.5～2.0 米²/头

调教猪只养成三点（吃喝、睡觉、排泄）定位的习惯。

饲料转换要逐渐过渡，过渡期以 5 天为宜，新料比例每天按 1/5 递增。

每天清粪两次，保持干净，每 3 天更换一次门口消毒池中的消毒液，每周带猪喷雾消毒 1～2 次，夏天每天冲栏一次，冬天每周冲一次栏。

注意观察猪群的健康状况：排便情况、吃料情况、呼吸情况。发现病猪及时隔离护理与治疗，严重或原因不明时及时上报。死亡的猪只及时填写《生长猪死亡情况周报表》。

严格按照免疫程序接种好各种疫苗。

饲养员经常巡视猪群，发现异常情况，及时向组长汇报。

4. 选留与上市

选留：按选留标准执行。

上市：根据公司的调拨计划，按照选留标准，提前两天挑选出 110～120 日龄，体重 55 千克以上的种猪，填写《种猪选留及调动情况周报表》。打好耳牌，填写《种猪档案表》。

生长育成舍生产指标与计算方法见表 2 - 52。

表 2 - 52　生长育成舍生产指标与计算方法

生产指标	计　算　方　法	标　准
生长猪成活率	生长猪成活数/生长猪期初转入数×100％	99％
25～100 千克日增重	增重/饲养天数	800 克
饲料转化率	饲料耗用量/猪群增重	2.6∶1
种猪选留率	选留种猪数/上市种猪数×100％	82％
出栏合格率	出栏数/阶段存栏数×100％	98％

（五）相关记录

生长育成舍周报表、肉猪上市情况周报表、肉猪死亡淘汰情况周报表和种猪选留及调动情况周报表见表 2 - 53 至表 2 - 56。

表2-53 生长育成舍周报表

生产线名称_____ _____周 _____年___月___日

星期	猪群变动情况												饲料消耗情况			备注
	期初		转入		上市		淘汰		死亡		期末		后备猪料(千克)	肉猪料(千克)	肉猪强化(千克)	
	种猪(头)	肉猪(头)	种猪(头)	肉猪(头)	种猪(头)	肉猪(头)	种猪(头)	肉猪(头)	种猪(头)	肉猪(头)	种猪(头)	肉猪(头)				
周一																
周二																
周三																
周四																
周五																
周六																
周日																
合计																

填报人： _____年_____月___日

表2-54 肉猪上市情况周报表

_____场_____线 _____年_____周

上市日期	发生单元	上市规格	上市数	上市重量	去向

表 2 - 55　肉猪死亡淘汰情况周报表

　　　　　场　　　　　线　　　　　　　　　　　年　　　　周

死淘日期	发生单元	猪只类别	死亡数	死亡原因	淘汰原因	去向

表 2 - 56　种猪选留及调动情况周报表

来源：　　　　　场　　　　　线　　　　　　去向：　　　　　场　　　　　线

种猪耳号	发生日期	品种	♂/♀	种猪耳号	发生日期	品种	♂/♀

报表人：　　　　　　　　　　　　　　　　　　　　年　　　　月　　　　日

十、测定站猪只饲养管理作业指导书

(一) 工作目标

测定站种猪成活率 98％以上。

长大母猪选留率 75％以上，皮杜公猪选留率 65％以上。

(二) 职责

1. 组长　做好猪只测定安排工作，协助育种技术员做好种猪分流工作，其他同组长共同责任相同。

2. 测定员　协助组长工作，做好猪只测定工作，负责组长休假时的全面工作。

3. 饲养员　听从测定员指挥，协助做好种猪测定及种猪分流转栏工作，做好组长、测定员安排的其他工作，其余同其他组饲养员。

(三) 工作安排

1. 日工作安排

7：30～8：00　　　　　检查猪群健康状况及发病情况

8：00～8：30	投料
8：30～9：30	病猪的治疗及隔离
9：30～11：30	舍内外的消毒和卫生，天气炎热时的冲栏工作
14：00～15：30	清洁卫生
15：30～16：30	病猪的治疗和隔离
16：30～17：00	投料
17：00～17：30	清洁卫生

工作时间随季节变化，工作日程作相应前移或后移。

2. 周工作安排

周工作安排见表 2 - 57。

表 2 - 57　测定站周工作安排表

日期	工 作 内 容
周一	舍内清洁消毒，喷杀外寄生虫，淘汰肉猪
周二	药品用具领用，更换消毒盆、池液
周三	测定
周四	舍内清洁消毒，接收保育猪及验收、分栏
周五	种猪分流，更换消毒盆、池液
周六	猪舍外围消毒，种猪淘汰计划、疫苗、药物、饲料计划
周日	统计与报表，设备维修，舍外卫生

（四）工作程序

1. 进猪前准备　空栏不少于 3 天，栏舍必须彻底清洗消毒。先用清水冲洗，干燥后用 2％烧碱溶液进行消毒，干燥后（至少 2 小时）用清水冲洗干净，再用温和型消毒液（如消毒威、菌毒灭等）消毒。进猪前 2 天再用清水冲洗栏舍一次，干燥后用 5％石灰水喷栏面和走道（注意猪睡觉的地方不要喷）。每次消毒时必须以喷湿地面和栏舍为准。

种猪入站后按选留标准进行种猪验收。

检查猪栏设备、饮水器与各种工具是否正常，对不能正常运转的设备应及时通知维修人员进行维护。

提前一天准备好饲料、药物等物资。

2. 猪群入站工作 分批次转进猪群，不同批次的猪群应相对隔离，并验明猪苗转运单各项内容。

猪群转入后调整猪群，按照同性别、同品种、同大小和强弱分栏，每一批猪群要在显眼处标记好入站数量、出生日期、预计疫苗免疫日期等。每栋栏舍预留 3～4 个空栏作为隔离栏。

由测定员负责填写《测定站种猪入站周报表》。

3. 猪群饲养管理 饲养方式：按饲喂标准投料。测定猪只在保证自由采食的前提下，每天定量投料，不浪费饲料；终测后开始限饲，保持种猪 3 分膘体况（满分为 5 分）。每次投料前要清除料槽内霉变料及猪粪尿等。饲料种类更换时要有 3～5 天的过渡期，新料比例按 1/5～1/3 递增。

每天记录、核对采食量。一旦发现采食量异常时，及时检查饲料品质，同时对环境温度、通风、饲养密度、供水等方面进行调控，以达到合理的采食量。

温度控制：育成舍最适宜温度为 20～24℃，每栋育成舍应挂一个温度计，经常观察温度变化，当温度高于 25℃时应采取通风降温措施，一般采取升起帐幕方式；高于 30℃时，应打开风扇，或用水冲地面，至少保持一天一次的淋体降温；当气温低于 18℃时应采取保温措施，一般通过降帐幕得以实现，刚入站的小猪要垫上保温板或铺锯末屑等进行保温。杜绝贼风，靠近猪只的帐幕，全部关闭或全部打开。

猪只分栏：每月调栏一次，于下午下班前按大小、强弱对同一批猪群进行调栏，之后用菌毒灭等刺激性小、味道浓的消毒液喷洒所有猪栏、猪体以减少打架所造成的应激。

保证充足的清洁饮水。

保持舍内卫生：调教猪群，使猪只吃料、睡觉、排便"三定位"。每天至少清粪四次，夏天每2～3天冲栏一次，其他季节每7～10天冲栏1次，应保持栏舍清洁、干燥。

消毒工作：每3天更换一次门口消毒池中的消毒液，每周带猪喷雾消毒一次，消毒药选用过氧乙酸（PAA）、菌毒灭、消毒威等，夏天每周用倍特或灭虫菊酯带猪灭虫一次，猪粪沟投3％～5％烧碱灭蛆，减少蚊蝇滋生。

注意观察猪群的健康状况，包括排便情况、吃料情况、呼吸情况，发现病猪及时治疗，作好记录，病情严重或原因不明时隔离治疗，并及时上报。由组长负责填写《测定站生产情况周报表》与《测定站月盘点报表》。

4. 猪群转出 育成猪经测定后按规定要求进行同批转出，并填写《种猪选留及调动情况周报表》与《测定站种猪离站周报表》。

测定站饲喂标准见表2-58。

表2-58 测定站饲喂标准

体重范围（千克）	饲料类型	饲喂量（千克）	备 注
20～35	后备猪料	自由采食	饲喂两次，中途添加1～2次
35～90（母） 35～100（公）	肉猪强化料	自由采食	饲喂两次，中途添加1～2次
终测以后	肉猪强化料	限制饲喂（2.2～2.5）	饲喂两次，根据猪只膘情灵活掌握

由测定员执行免疫程序，负责填写《测定站疫苗注射周报表》。

（五）相关记录

测定站种猪入站周报表、离站周报表和生产情况周报表见表2-59至表2-61。

表2-59 测定站种猪入站周报表

____年____第____周 入站时间：____年____月____日 入站数：____

耳号	品种	性别

表2-60 测定站种猪离站周报表

____年____第__周

耳 号	品种	性别	去向	时间	淘汰原因

表2-61 测定站生产情况周报表

____站____周 ____年____月__日至____月__日

日期＼项目	转入			选留			死亡			上市			存栏			饲料消耗（千克）		
	杜	长	大	杜	长	大	杜	长	大	杜	长	大	杜	长	大	杜	长	大
周一																		
周二																		
周三																		
周四																		
周五																		
周六																		
周日																		
合 计																		
备注																		

填表人：_____

十一、猪只测定作业指导书

（一）工作目标

规范猪只测定操作过程，确保测定数据准确。

（二）范围

适用于测定站测定操作过程。

（三）职责

1. 测定员负责猪只测定。

2. 测定站饲养员协助测定员进行测定。

（四）工作程序

1. 测定项目

背膘：使用 PIGLOG105 测定背膘厚、眼肌厚、估测瘦肉率。

背膘 A：倒数第 3～4 腰椎距背中线约 7 厘米处，即先找出最后一根肋骨，沿最后一根肋骨往上距背中线 7 厘米，往后 10 厘米处（一般长白较大白、杜洛克稍长 1～2 厘米）即为 A 点。

背膘 B 和眼肌厚：倒数第 3～4 肋骨、距背中线 7 厘米处，即最后肋骨往前 10 厘米距背中线 7 厘米处，长白稍长 1～2 厘米。

体重。

饲料转化率。

体长：两耳根连线中点沿背线至尾根处的长度。测定时要求猪只头部微抬。

体高：鬐甲顶点到地面的垂直高度，要求猪只自然站立。

管围：前肢系部最细处。

外形评分：实行 10 分制，对头型、肢蹄、前躯、后躯、总体等进行评分，0.5 分为最小单位。

头型：符合品种特征，中等大小，额部稍宽、嘴鼻长短适中、上下腭唇吻合良好，耳大小适宜、颈部长度中等，腮小无赘肉。

前躯：肌肉丰满，鬐甲平宽，无凹陷（不过宽），胸宽而深。

后躯：臀部丰满、尾根较高，背部靠近尾根处有一凹陷小窝，大腿肌肉结实丰满，无斜尻。

肢蹄：前肢站立姿势端正，无 X 形和 O 形肢蹄、后肢无 Y 形（镰刀形）等肢蹄缺陷，肢蹄结实，无卧系或竖蹄，两个趾蹄大小一致，走路有弹性，腿不僵直，关节无肿块。

生殖器官：发育正常。母猪乳头发育良好，无火山奶头、瞎奶头、过小奶头，排列均匀整齐，外阴的大小至少应与尾根横截面积大小相当，不上翘。公猪睾丸对称不过小，无包皮积尿。

一般体型：品种特征明显，符合育种目标，体质结实，行动灵活，前后躯无扭曲，结构匀称，发育良好，腹线平直，背平直而宽，无明显的弓背或塌背。

2. 始测

预试：进测定站后到始测前为预试期，使猪只适应测定站的生长环境和饲养管理方式，当猪只达到（30±3）千克时，预试期即结束。

空料：猪只体重达到（30±3）千克时，即可空料准备始测，即始测前一天下午四点起清理料槽剩料至第二天早上始测（空腹12 小时）开始。

始测：空料 12 小时后用称重仪称取猪只的体重（将猪只赶到称量仪上，待其平衡后记录其读数）并作好记录。

测定数据的整理：始测完一批猪后，及时将猪只的耳号、品种、性别、入测时间、始测时间、始测体重记录好并填入《始测周报表》。作料肉比测定的猪只还要记录整个阶段耗料情况。

注意事项：

称重仪上的粪尿必须及时清理干净。

数据必须及时、准确、真实，不得乱报数据。

测定仪器等设备由测定员小心保管，其余人员不准动用。

3. 终测

（1）终测前的准备　终测种公猪体重控制在（100±5）千克，母猪体重控制在（90±5）千克范围。

空料：从前一天下午开始停料至终测前。

将测膘仪及电子秤充电，以保证有足够的电力。

安装，调整电子秤到零刻度处。

检查测膘仪，并连接好超声探头及控制单元。

准备好推剪、卷尺、皮尺、石蜡油、耳牌、耳钳等工具。

准备好记录报表，作好记录准备。

（2）测点的确定

背膘 A 点：倒数第 3～4 腰椎距背中线 7 厘米处，即先找出最后一根肋骨，沿最后一根肋骨往上距背中线 7 厘米，往后 10 厘米处（一般长白较大白、杜洛克稍长 1～2 厘米）即为 A 点。

背膘 B 点及肌肉厚度：倒数第 3～4 肋骨（即最后肋骨往前 10 厘米处，长白稍长 1～2 厘米）距背中线 7 厘米处，即为 B 点。

（3）测定

体重的称量：将猪只赶到称量仪上，待其平衡后记录其读数。

确定背膘测点 A 点和 B 点，用推剪将两点处的毛剪掉并涂上石蜡油，按 PIGLOG105 测膘仪的使用方法测量 A、B 点背膘厚、肌肉厚度及瘦肉率。

测量体长、体高及管围。

评定有效乳头数。

进行猪的体型外貌评分。

（4）打耳牌　根据猪只的测定数据和外貌评分估计猪只的种用价值，有种用价值的猪只要打耳牌。将耳钉提前放入消毒水（0.2％高锰酸钾溶液）中浸泡 30 分钟，用耳号钳将耳牌戴在猪只耳朵上。

（5）数据的记录和整理　记录测定猪只的耳号、性别、体重、体长、体高、管围、A 和 B 点背膘厚、肌肉厚度、瘦肉率、有效乳头数、终测日期、体型外貌评分等。

作饲料转化率测定的猪只要统计耗料记录，计算料肉比，对于测定期淘汰猪要求有称重记录。

每次测定完毕后整理终测资料，填好《种猪终测周报表》。

(6) 测膘应注意的问题

探头的固定：由于猪体往前后、左右不停地运动，容易造成探头的移动，使测定时数据变化较大，为了减少这种误差，正确固定探头的方法为拇指和食指捏住探头，用力轻压在猪体上，而另外三个手指及手腕根部用力压住猪身，这样手随猪体的运动而运动，但探头并不离开猪身，尽量减少误差。

测完背膘 B 后，测量肌肉厚度，探头不能移动，否则会出现较大的偏差。

虽然探头固定得比较好，但由于探头方向的轻微变动会引起数据误差，所以每个数据的测量应进行 2~5 次，以出现三次相同的数据为准。

(五) 相关记录

猪只始测周报表和终测周报表见表 2-62 和表 2-63。

表 2-62　猪只始测周报表

入测栏号：　　　　　　　　　　　　　　　　　　　年第＿＿周

耳号	品种性别	入测时间	始测时间	始测体重	备注

表 2-63　猪只终测周报表

　　　　　　　　　　　　　　　　　　　　年第＿＿周

耳号	品种	性别	日期	体重(千克)	A点(厘米)	B点(厘米)	肌厚(厘米)	瘦肉率(%)	体长(厘米)	体高(厘米)	管围(厘米)	乳头数(个)	头形	肢蹄	前躯	后躯	总体

十二、种猪选配作业指导书

（一）范围

原种猪场种猪选配过程。

（二）工作职责

配种员负责向选配人员提供选配的种猪名单。

选配人员负责选配，向公猪站实验室提供选配精液计划。

公猪站负责提供满足选配要求的精液。

（三）工作程序

1. 选配人员要求　选配人员要熟练掌握有关育种方面的基础知识，如血缘、系谱、选配、品质、性状、近交等。

2. 整理畜群　按血缘关系对核心群种猪进行分群、分类。熟悉每头纯繁公猪的血缘、生产性能、体型特点，保证每一血缘至少有 2～3 个可用公猪。了解所有母猪的测定成绩、繁殖性能、健康状况、体型体况等。

3. 选配方法

（1）选配时间　断奶母猪在断奶后即进行选配，后备母猪 7 月龄进行选配，填好选配登记卡。

（2）选配方法　生产线配种员及时把需要选配的母猪耳号报选配人员。

选配人员根据育种方案、种猪的生长性能、繁殖性能、体型特点、血缘情况、已配窝数等，在控制血缘的基础上，进行同质或异质选配（同质选配为主，异质选配为辅），填好选配登记卡。

公猪站实验室根据选配登记卡，作好精液供应计划，向生产线配种舍提供符合选配要求的精液。

4. 选配基本原则　种猪选配有阶段性和计划性，应该根据年度育种方案进行。

核心群种猪选配前期尽量避免近交，交配公、母猪三代内无血缘关系。

每一独立血缘公猪至少与配不相关的5窝母猪，优秀公猪可以多配。

选配时主选1～2个性状。

适时展开随机交配，允许一定程度的近交，但近交系数不超过0.125。

在控制血缘的基础上，根据育种目标和育种值进行同质或异质选配；核心群种猪以同质选配为主，异质选配为辅。

（四）相关记录

猪只选配登记卡见表2-64。

表 2-64 猪只选配登记卡

序号	母猪耳号	断奶日期	适配公猪

十三、猪场防疫与消毒作业指导书

（一）工作目标

为了贯彻"预防为主，防治结合，防重于治"的原则，减少、杜绝疫病的发生，确保养猪生产的顺利进行，向客户、养殖户提供优质健康的种猪或合格的商品猪或合格的精液。

（二）范围

适用于所有猪场。

（三）职责

猪场场长全面负责卫生防疫工作。

猪场各级负责人组织实施卫生防疫工作。

猪场全体员工参与卫生防疫工作，严格执行卫生防疫制度。

（四）工作程序

1. 防疫区域划分

（1）猪场分生产区和非生产区，生产区包括生产线、更衣室、饲料、药物物资仓库、出猪台、实验室、解剖室、流水线走廊、污水处理区等。非生产区包括办公室、食堂、宿舍等。

（2）加强猪场与外界的隔离（用铁丝网、围墙等），加强交界道路的消毒。

（3）非生产区工作人员及车辆严禁进入生产区，非生产区工作人员确有需要进入者，必须经场长或专职技术人员批准（封场期间需要主管经理批准）并经洗澡、更衣、换鞋、严格消毒后，在场内人员陪同下方可进入，但只能在指定范围内活动。

2. 车辆卫生防疫、消毒要求

（1）原则上外来车辆不得进入猪场区内（含生活区）。如果要进入，须严格冲洗、全面消毒后才可入内；车内人员（含司机）须下车在门口消毒方允许入内。泔水、残次猪车严禁进入猪场区内，外来车辆严禁进入生产区。

（2）运输饲料的车辆要在门口彻底消毒、过消毒池后才能靠近饲料仓库。

（3）场内运猪、猪粪车辆出入生产区、隔离舍、出猪台要彻底消毒。

（4）上述车辆司机不许离开驾驶室与场内人员接触，随车装卸工要同生产区人员一样更衣换鞋消毒；生产线工作人员严禁进入驾驶室。

3. 生活区防疫、消毒要求

（1）生活区大门口消毒门岗　设外来三轮以上车辆消毒设施、摩托车消毒带、人员消毒带，洗手、踏脚消毒设施及洗澡设施。消毒池每周更换 2 次消毒液，摩托车、人员消毒带，洗手、踏脚设施每天更换一次消毒液。全场员工及外来人员入场时，必须在大门口脚踏消毒池、手浸消毒盆，在指定的地点由专人监督其洗澡更衣。外来人员只允许在指定的区域内活动。

（2）更衣室、工作服　更衣室每周末消毒一次，工作服清洗时消毒。

（3）生活区办公室、食堂、宿舍、公共娱乐场及其周围环境每月彻底消毒一次，同时做好灭鼠、灭蝇工作。

（4）任何人不得从场外购买猪、牛、羊肉及其加工制品入场，场内职工及其家属不得在场内饲养其他禽畜（如猫、狗、鸡等）或其他宠物。

（5）饲养员要在场内宿舍居住，不得随便外出；猪场人员不得去屠宰场或屠宰户、生猪交易市场、其他猪场、养猪户（家）逗留，尽量减少与猪业相关人员（畜牧局、兽防站、地方兽医）接触。

（6）员工休假回场或新招员工要在生活区隔离一天两夜（封场期间为两天）后方可进入生产区工作。

（7）厨房人员外出购物归来须在大门口更衣、换鞋、消毒后方可入内。除厨房人员外，猪场人员不得进入厨房。

（8）猪场应严把胎衣与溯水输出环节，相关外来人员不得进入大门内。泔水桶应多备几个，轮换消毒备用。

4. 生产线防疫与消毒

（1）猪场各级干部、员工应该强化消毒液配制量化观念（比如一盆水加几瓶盖消毒药，一桶水加一次性杯几杯消毒药）及具体操作过程，严禁随意发挥。场长制订消毒药轮换使用计划。

（2）生产区道路两侧 5 米内范围、猪舍间空地每月至少消毒2 次。

（3）猪场员工必须经更衣室更衣、换鞋，脚踏消毒池、洗澡更衣、手浸消毒盆后方可进入生产线。更衣室紫外线灯保持全天候开启状态，至少每周用消毒水拖地、喷雾消毒一次，冬、春季节里除了定期喷洒、拖地外，提倡全天候酸性熏蒸。

（4）生产线每栋猪舍门口设消毒池、盆，进入猪舍前须脚踏消毒池、洗手消毒。每周更换两次消毒液，保持有效浓度。

（5）全体员工不得由隔离舍、原种扩繁场售猪室、解剖台、出猪台（随车押猪人员除外，但须按照前述要求执行）直接返回生产线，如果有需要，要求回到更衣室洗澡、更衣、换鞋、消毒。

（6）猪场非管理干部严禁解剖猪只，解剖猪只能在解剖台进行，严禁在生产线内解剖猪只。

（7）生产线内工作人员，不准留长指甲，男性员工不准留长发，女性员工也尽量不要留长发以方便冲洗，不得带私人物品入内。

（8）做好猪舍、猪体的常规消毒。加强空栏消毒，先清洁干净，待干燥后实施两次消毒，冬天强调一次熏蒸消毒。采取加班冲栏等方式确保空栏时间足够。

（9）猪舍、猪群带猪消毒。配种妊娠舍每周至少消毒一次；分娩、保育舍每周至少消毒2次，冬季消毒要控制好温度与湿度，提倡细化喷雾消毒与熏蒸消毒。

（10）一个季度至少进行一次药物灭鼠，动员员工人工灭鼠，定期灭蝇、灭蚊。

（11）接猪台、周转猪舍、出猪台、磅秤及周围环境每售一批猪后彻底消毒一次。

5. 购销猪防疫要求

（1）出猪台场内、场外车辆行走路线不得交叉。出猪台须设一低平处用于外来车辆的消毒，地面铺水泥；设计好冲洗消毒水的流向，勿污染猪场生产与生活区。外来车辆先在此低处全面冲洗消毒后才能靠近出猪台。

（2）外来种猪卸猪时，其车辆需在指定地点先全面消毒方可靠近隔离舍。隔离舍出猪台卸猪时，在走道适当路段设铁栏障碍，保证每头猪暂停全身细雾消毒后才放行进入隔离舍。消毒药应长效而又耐有机物。隔离舍在外进种猪调入后的头三天加强消毒。

（3）从外地购入种猪，必须经过检疫，并在猪场隔离舍饲观察 45 天，确认为无传染病的健康猪，经过清洗并彻底消毒后方可进入生产线。

（4）出售猪只时，须经猪场有关负责人员临床检查，无病方可出场。出售猪只只能单向流动，猪只进入售猪区后，严禁再返回生产线。

（5）禁止养殖户进入出猪台内与未售猪直接接触，可提供一长棒供其挑猪。

场内出猪人员上班时在生活区指定地点更换工作服与水鞋，走专门路线去出猪台。在出完猪后对出猪台进行全面消毒，之后严格洗手、踏脚消毒后走专门路线返回生活区，在指定地点换掉工作服。换下的工作服及水鞋须立即浸泡消毒。

（6）生产线人员随车押送到出猪台时，不得离开车厢，只能在车上赶猪。

6. 疫苗注射及注意事项

（1）疫苗运输要用专用疫苗箱如泡沫箱，里面放置冰块。尽量减少疫苗在运输途中的时间。疫苗进场后必须按厂家规定要求进行保存，一般冻干疫苗须冰冻保存，液体油苗须 4～8℃保存。

（2）严格按已制订的免疫程序执行，免疫日龄可相差±2 天，作好免疫计划，计算好疫苗用量。有病猪只不能注射疫苗，但须留档备案，病愈后补注。

（3）注射用具必须清洗干净，经煮沸消毒时间不少于 10 分钟，待针管冷却后方可使用。注射用具各部位必须吻合良好。抽取疫苗前需排空针管内的残水，或用生理盐水刷洗。针头在安装之前应将水甩干净。

（4）疫苗使用前要检查疫苗的质量，如颜色、包装、生产日期、批号。稀释疫苗必须用规定的稀释液，按规定稀释。一般细菌苗用铝胶水或铝胶生理盐水稀释，病毒苗用专用稀释液或生理盐水稀释。疫苗稀释后必须在规定时间内用完（夏天 2 小时，冬天 4 小时）。

（5）冻干疫苗稀释前要检查是否真空，非真空疫苗不能使用。油苗不能冻结，要检查是否有大量沉淀、分层等，如有以上现象则不能使用。一般非油性苗稀释后呈黄色也不能使用。

（6）注射疫苗时，小猪一针筒换一个针头，种猪每猪换针头。注射器内的疫苗不能回注疫苗瓶，可在疫苗瓶上固定一枚针头；已用过针头不能插进瓶，避免整瓶疫苗污染。

（7）注射部位应准确（双耳后贴覆盖的区域），垂直于体表皮肤进针，严禁使用粗短针头和打飞针。如打了飞针或注射部位流血，一定要在猪只另一侧补一针疫苗。

（8）两种疫苗不能混合使用。同时注射两种疫苗时，要分开在颈部两侧注射。

（9）注射疫苗出现过敏反应的猪只，可用地塞米松、肾上腺素等抗过敏药物抢救。

（10）注射细菌活苗前后一周禁止使用各种抗生素。注射病毒活苗后一周禁止使用中药保健。

（11）用过的疫苗瓶及未用完的疫苗应作无害化处理，如有效消毒水浸泡、高温蒸煮、焚烧、深埋等。

（12）由专人（一般为组长）负责疫苗注射，不得交给生手注射。严禁漏免，免疫后作好记录，记录须保存一年以上，以备查看。

（五）相关记录

猪场消毒记录表和常用消毒方法见表 2 - 65 和表 2 - 66。

表 2 - 65　猪场消毒记录表

消毒日期	消毒药名称	配制浓度	消毒地点	实施人

表 2-66　猪场常用消毒方法

消毒方式	具体操作方法	适用范围
喷洒	将配制好的消毒液直接用喷枪喷洒	妊娠舍、生长舍、隔离舍等单栏消毒、单头猪场地，猪舍周边、走道消毒
喷雾	用消毒机、背带式手动喷雾器、小型洗发水喷雾器喷雾	车辆表面、器物、动物表面消毒，动物伤口消毒，猪舍周边
高压喷雾	专门机动高压喷雾器向天喷雾（雾滴直径小于 100 微米），雾滴能在空中悬浮较长时间	任何空间消毒，带猪或空栏消毒
甲醛熏蒸	①甲醛＋高锰酸钾；②甲醛器皿内加热	空栏熏蒸，器物熏蒸
普通熏蒸	冰醋酸、过氧乙酸等自然挥发或加热挥发	任何空间消毒，带猪消毒
涂刷	专用于 10％石灰乳消毒，用消毒机喷，或用大刷子涂刷于物体表面形成薄层	舍内墙壁、产床、保育高床、地板表面、保温箱内
火焰	液化石油气或煤气加喷火头直接在物体表面缓慢扫过	耐高温材料、设备的消毒（铸铁高床、水泥地板等）
拖地	用拖把加消毒水拖地	产床、保育舍高床地板，更衣室、办公场所、饭堂、娱乐场所地面
紫外线	紫外线灯管直接照射（对能照射到的地方起作用）	更衣室空气消毒
饮水消毒	向饮水桶或水塔中直接加入消毒药	空栏时饮水管道浸泡消毒，带猪饮水消毒，水塔水源消毒

十四、猪场驱虫作业指导书

（一）工作目标

控制、部分净化猪场寄生虫，使猪群不受体内外寄生虫的困扰，提高饲料报酬和繁殖水平。

（二）范围

适用于所有猪场。

（三）职责

1. 生产技术部负责制订驱虫药物添加方案。

2. 饲料厂负责按生产技术部制订的驱虫药物添加方案在饲料中添加药物。

3. 饲养员定期使用驱虫药驱杀猪体内外寄生虫及环境中的外寄生虫和虫卵。

（四）工作程序

1. 后备猪 由隔离舍饲养员按本场相关要求在饲料中添加药物进行驱虫。一般要求引进以后一周内体内外驱虫一次。

2. 成年猪 每年定期（2、6、10月，具体驱虫时间可根据驱虫前寄生虫的普查或抽查结果及上一次驱虫后的效果来进行适当调整）通过饲料厂添加药物（如阿维菌素、虫力黑等）驱虫三次。

3. 猪舍与临时猪群驱虫措施 由饲养员按本场要求配制药物进行驱虫。定期对种猪和中、大猪带体驱体外寄生虫一次，潮湿季节加强。临产母猪上产床前用螨净（或倍特）驱体外寄生虫一次。

4. 及时收集驱虫后的粪便，进行生物热堆积发酵（外覆薄膜），防止虫卵扩散。

5. 驱虫药物视猪群情况、药物性能、用药对象等灵活掌握。

（五）相关记录

常用驱虫药物选择表和猪场驱虫记录表见表 2 - 67 和表2 - 68。

表 2 - 67 常用驱虫药物选择表

项目	首选药物	次 选 药 物		
内寄生虫	虫力黑	伊维菌素	阿维菌素	左旋咪唑
外寄生虫	螨净、倍特	敌百虫	除虫菊酯类	

表 2 - 68　猪场驱虫记录表

驱虫时间	加药料品种	加药料包数	驱虫药名称	驱虫药浓度（毫克/升）	领料生产线组长

第 三 章
规模化养猪场疫病防治

第一节 猪场疫病防疫制度
规范与程序

一、猪场兽医临床操作规程

（1）注意观察猪群健康状况，及时发现病猪并采取治疗措施。发现严重疫情时应及时上报。

（2）做好病猪病志、剖检记录和死亡记录，经常总结临床经验和教训。

（3）兽医人员要根据猪群情况科学地提出防治方案，并监督执行。

（4）按时提出药品采购计划，并注意了解新药品、新技术。

（5）注意了解和调查本地区疫情，掌握流行病的发生与发展等有关信息，及时提出合理化建议并提出相应综合防治措施。

（6）一旦发生疫情或受到周围疫情威胁，猪场要及时采取紧急封锁等自卫措施，全体员工要绝对服从猪场发布的封锁令。

（7）正确保管和使用疫苗、兽药，有质量问题或过期失效的一律禁用。

（8）病死猪要有专车运送处理；解剖病猪在解剖台进行，操作人员消毒后才能进入生产线；每次剖检写出报告存档。临床检查、剖检不能确诊的要采取病料化验。

（9）残次、淘汰、病猪要经兽医鉴定后才能决定是否出售。

（10）定期检疫，严格按猪场免疫程序进行免疫接种。

（11）注射疫苗时，小猪1栏换1个针头，种猪1头换1个针头，病猪不能注射，病愈后及时补注。

（12）做好驱虫工作。断奶猪第1周内驱虫2次，后备猪配种前驱虫1次，母猪临产前驱虫1次（产前1周），公猪半年驱虫1次。

（13）免疫和治疗器械用后要及时消毒，不同猪舍不得使用同一注射器。

（14）接种活菌苗前后1周禁用各种抗生素。

（15）严格按说明书或遵兽医嘱托用药，给药途径、剂量、用法要准确无误。

（16）有毒副作用的药品要慎用，注意配伍禁忌。

（17）用药后，观察猪群反应，出现异常、不良反应时要及时采取补救措施。

（18）药房要专人管理，备齐常用药。库存无货要提前1周提出采购计划。注意疫苗、药品的保管要求和条件，避免损失浪费。接近失效的药品要先用或及时调剂使用，各猪舍取药量不得超过1周用量。

（19）制订严格的消毒制度。

（20）建立健康猪群，引入种猪要检疫并隔离饲养观察至少1个月。

（21）及时隔离病猪，处理死猪。污染过的栏舍、场地彻底消毒。各舍要设1～2个病猪专用栏。

（22）加强饲养管理，严格按技术操作规程进行日常工作。

提高猪的抗病能力。

（23）预防中毒、应激等急性病，及时发现及时治疗。

（24）及时将猪群疫病情况反映给饲料厂，以便有计划地进行药物添加剂预防。

（25）对病猪必须做必要的临床检查，观察食欲、精神、粪便，测量体温、呼吸、心率等，然后做出正确的诊断。

（26）诊断后及时对症用药。

（27）及时治疗僵猪，配方采用肌苷加维生素 B1，连用 7天，治疗前驱虫、健胃。

（28）久治不愈或无治疗价值的病猪及时淘汰。

（29）饲养员要熟练掌握肌内注射、静脉注射、腹腔注射、去势手术和难产助产等操作技术。

（30）大猪治疗时采取相应保定措施。

（31）对仔猪黄、白痢等常见病要有目的地进行对照治疗，定期做药敏试验。有计划地进行药物预防。

（32）对猪场有关疫情，防治新措施等技术性资料，要妥善保管。

（33）经常性地做好猪群的保健工作。

二、猪场卫生防疫制度

猪场分生产区和非生产区，生产区包括养猪生产线、出猪台、解剖室、流水线走廊、污水处理区等；非生产区包括办公室、食堂、宿舍等。非生产区工作人员及车辆严禁进入生产区，确有需要者必须经场长或主管兽医批准并经严格消毒后，在场内人员陪同下方可进入，且只能在指定范围内活动。

（一）生活区防疫制度

1. 生活区大门应设消毒门岗，全场员工或外来人员入场时，均应通过消毒门岗，消毒池每周更换两次消毒液。

2. 每月初对生活区及其周边进行一次彻底清洁、消毒、灭鼠、灭蚊蝇。

3. 任何人不得从场外购买猪、牛、羊肉及其加工制品入场，场内职工及其家属不得在场内饲养其他禽畜（如猫、狗等）。

4. 饲养员要在场内宿舍居住，不得随便外出；场内技术人员不得到场外出诊；不得去屠宰场、其他猪场或屠宰户、养猪户场（家）逗留。

5. 员工休假回场或新招员工要在生活区隔离 2 天后方可进入生产区工作。

6. 搞好场内绿化工作。

（二）车辆卫生防疫制度

1. 运输饲料进入生产区的车辆要彻底消毒。

2. 运猪车辆出入生产区、隔离舍、出猪台要彻底消毒。

3. 上述车辆司机不许离开驾驶室与场内人员接触，随车装卸工要同生产区人员一样更衣、换鞋、消毒。

（三）购销猪防疫制度

1. 从外地购入种猪，须经过检疫，并在场内隔离舍饲养观察 40 天，确认无病、经冲洗并彻底消毒后方可进入生产线。

2. 出售猪只时，须经兽医临床检查无病的方可出场。出售猪只只能单向流动，如质量不合格退回时，要作淘汰处理，不得返回生产线。

3. 生产线工作人员出入隔离舍、售猪室、出猪台时要严格更衣、换鞋、消毒，不得与外人接触。

（四）疫苗保存及使用制度

1. 各种疫苗要按要求进行保存，凡是过期、变质、失效的疫苗一律禁止使用。

2. 免疫接种必须严格按照规范程序进行。

3. 免疫注射时不打飞针，严格按操作要求进行。

4. 做好免疫计划、免疫记录。

（五）生产线防疫规定

1. 生产线员工必须经更衣室更衣、换鞋，脚踏消毒池、手浸消毒盆后方可进入生产线。消毒池每周更换两次消毒液，更衣室紫外线灯保持全天候开着状态。

2. 生产线内工作人员不准留长指甲。男性员工不准留长发，不得带私人物品入内。

3. 生产线每栋猪舍门口、产房各单元门口设消毒池、盆，并定期更换消毒液，保持有效浓度。

4. 制订完善的猪舍、猪体消毒制度。

5. 杜绝使用发霉、变质饲料。

6. 对常见病做好药物预防工作。

7. 做好员工的卫生防疫培训工作。

（六）消毒更衣房管理制度

1. 员工上班必须更衣换鞋方可进入生产线。

2. 上班时，员工换下的衣服、鞋帽等留在消毒房外间衣柜内，经沐浴后（种猪场设沐浴），在消毒房里间穿上工作服、工作靴等上班。

3. 下班时，工作服留在里间衣柜内，然后在外间穿上自己的衣服、鞋帽等回到生活区。

4. 换衣间内必须保持整洁，衣服编号和衣柜编号要一一对应，工作服、毛巾折叠整齐，禁止随意乱放，水鞋放在自己的编号柜下。

5. 地面、洗澡房要保持清洁干净、整齐有序，无臭味。

6. 工作服、工作靴等不得乱拿乱放，要整洁、整齐。

7. 上班员工应该互相检查督促，切实落实消毒房管理措施。

8. 消毒房管理人员负责消毒更衣房的管理工作。

三、猪场免疫程序

猪场各类猪基本免疫程序见表 3 - 1。

表 3-1　各类猪基本免疫程序

类型	日龄	疫苗品种	剂量	使用方法
仔猪 保育猪 生长猪	7 日龄	蓝耳病弱毒苗	1 毫升	配专用稀释液，耳后根肌内注射
	14 日龄	气喘病苗	1 毫升	耳后根肌内注射
	21 日龄	猪瘟苗	1 头份	配生理盐水，肌内或皮下注射
	28 日龄	蓝耳病弱毒苗	1 头份	配专用稀释液，耳后根肌内注射
	35 日龄	气喘病苗 口蹄疫苗	1 毫升 1 毫升	耳后根肌内注射 耳后根肌内注射
	63 日龄	口蹄疫苗	2 毫升	耳后根肌内注射
	70 日龄	猪瘟苗	1 头份	配生理盐水，肌内或皮下注射
	105 日龄	口蹄疫苗	2 毫升	耳后根肌内注射
后备猪	182 日龄	口蹄疫苗	2 毫升	耳后根肌内注射
	189 日龄	猪瘟苗	1 头份	配生理盐水，肌内或皮下注射
	196 日龄	伪狂犬病苗	1 头份	配专用稀释液，肌内注射
	203 日龄	蓝耳病灭活苗	2 毫升	肌内注射
	210 日龄	乙型脑炎苗 细小病毒苗	2 毫升 2 毫升	肌内注射 耳后根肌内注射
经产母猪	妊娠 63 天	蓝耳病灭活苗	2 毫升	肌内注射
	妊娠 84 天	伪狂犬病苗	1 头份	配专用稀释液，肌内注射
	妊娠 91 天	口蹄疫苗	2 毫升	耳后根肌内注射
	妊娠 98 天	腹泻二联苗	4 毫升	后海穴肌内注射
	产后 7 天	蓝耳病灭活苗	2 毫升	肌内注射
	产后 21 天	猪瘟苗	1 头份	配生理盐水，肌内或皮下注射
种公猪	每年 3、9 月份	猪瘟苗、口蹄疫苗、蓝耳病苗、伪狂犬病苗、乙型脑炎苗、细小病毒苗		

上述免疫程序仅供参考，每个猪场应根据各自的实际情况、疾病的发生史，以及猪群当前的抗体水平制订适宜的免疫程序。免疫的重点是多发性疾病和危害严重的疾病，对未发生或危害较轻的疾病可酌情免疫。

免疫程序不是通用的、一成不变的。地区不同、流行病情况不同、猪场防疫条件不同、猪群健康状况不同等，免疫程序也不同。

免疫程序一旦确定，就要在1～2年内相对稳定，严格执行。

大型猪场不提倡季节性免疫，而是按生产流程分猪群、分阶段、分批次、规律性免疫。

各场应在每个季度内对空怀或超期未配的母猪集中进行一次口蹄疫苗（3毫升）和猪瘟苗（4头份）的注射。

四、猪场驱虫程序

（一）一般驱虫程序

寄生虫分为体内寄生虫（如蛔虫、结节虫、鞭虫等）和体外寄生虫（如疥螨、血虱等），感染寄生虫后不仅猪体重下降、饲料转化效率低，严重时可导致死亡，引起很大的经济损失。因此，猪场必须驱除猪体内外寄生虫，一般的驱虫程序为：

1. 后备猪　外引猪进场后第2周驱体内外寄生虫1次，配种前驱体内外寄生虫1次。

2. 成年公猪　每半年驱体内外寄生虫1次。

3. 成年母猪　在临产前2周驱体内外寄生虫1次。

4. 新购仔猪　在进场后第2周驱体内外寄生虫1次。

5. 生长育成猪　9周龄和6月龄各驱体内外寄生虫1次。

6. 引进种猪　使用前驱体内外寄生虫1次。

（二）猪舍与猪群驱虫消毒

1. 每月对种公猪、种母猪及后备猪喷雾驱体外寄生虫1次。

2. 产房进猪前，空舍、空栏驱虫 1 次，临产母猪上产床前驱体外寄生虫 1 次。

3. 驱虫药物视猪群情况、药物性能、用药对象等灵活掌握。

4. 驱体内外寄生虫时一般采用伊维菌素、阿维菌素等混饲，连喂 1 周的方法；只驱体外寄生虫时一般采用杀螨灵、虱螨净、敌百虫等体外喷雾的方法。

5. 如果采用一餐式混饲驱体内外寄生虫的方法，要隔 7 天再用 1 次。

6. 商品猪驱虫前最好健胃。

五、猪场的消毒制度及消毒方法

（一）消毒制度

1. 生活区　办公室、食堂、宿舍及其周围环境每月彻底消毒 1 次。

2. 售猪周转区　周转猪舍、出猪台、磅秤及周围环境每售一批猪后彻底消毒 1 次。

3. 生产区正门消毒池　每周至少更换池水、池药 2 次，保持有效浓度。

4. 车辆　进入生产区的车辆必须彻底消毒，随车人员消毒方法同生产人员一样。

5. 更衣室、工作服　更衣室每周末消毒 1 次，工作服清洗时消毒。

6. 生产区环境　生产区边路及两侧 5 米范围内、猪舍间空地每月至少消毒 2 次。

7. 各栋猪舍门口消毒池与盆　每周更换池和盆的水与药至少 2 次，保持有效浓度。

8. 猪舍、猪群　配种妊娠舍每周至少消毒 1 次，分娩保育舍至少每周消毒 2 次。

9. 人员消毒　进入猪舍人员必须脚踏消毒池，手洗消毒盆消毒。

（二）消毒方法

消毒是杀灭或清除体外传播的存活病原体，目的是切断传播途径，最终达到预防、控制或消灭传染病。严格执行消毒制度，杜绝一切传染病来源，是确保猪群健康的一项十分重要的措施。工厂化养猪应根据不同的消毒对象采用不同的方法，通常采用机械清扫和冲洗与使用各种化学消毒剂相配合。

（1）大门

①大门入口处设有消毒池，消毒池使用 2% 烧碱或 1∶200 农乐溶液等，消毒对象主要是车辆的轮胎。

②设喷雾消毒装置　要求喷雾粒子 60～100 微米，雾面 1.5～2 米，射程 2～3 米，排气压力 1.0～1.5 兆帕空气压缩机。消毒液采用 1∶200 农乐或 1∶300 消毒灵等，消毒对象是车身和车辆底盘。

（2）人员　工作人员进入各生产车间前，必须在更衣室内脱衣，洗澡（或淋浴），换上经过消毒的工作裤、工作帽和胶鞋，洗手消毒后方可进入车间。必须参观的人员，其消毒方法与工作人员相同，并须按指定路线进行参观。

（3）猪舍　采用"全进全出"饲养方式的猪场，在引进猪群前，空猪舍应按下列次序彻底消毒。

①清除猪舍内的粪尿及垫料等。

②用高压水彻底冲洗顶棚、墙壁、门窗、地面及一切设施，直至洗涤液清澈透明为止。

③水洗干燥后，关闭门窗，用福尔马林熏蒸消毒 12～24 小时。

④再用 1∶200 农乐或 2% 烧碱溶液消毒一次，24 小时后用净水冲去残药，以免毒害猪群。

⑤用火焰枪彻底消毒一次。

（4）饲养管理用具　料槽及其他用具需要每天洗刷，定期用1∶200农乐或0.1%新洁尔灭消毒。

（5）走廊过道及运动场　定期用2%烧碱或1∶300消毒灵消毒。

（6）猪体　用0.1%新洁尔灭，2%～3%来苏儿或0.5%过氧乙酸等进行喷雾消毒，喷雾颗粒要求50～10微米，射幅1～2米，射程10～15米。

（7）产房　地面和设施用水冲洗干净，干燥后用福尔马林熏蒸24小时，再用烧碱或消毒灵等消毒一次，然后用净水冲去残药，最后用10%炭乳粉刷地面和墙壁，最后用火焰消毒一次。母猪进入产房前全身洗刷干净，再用0.1%新洁尔灭消毒全身后进入产房。母猪分娩前，用0.1%高锰酸钾溶液消毒乳房和阴部。分娩完毕，再用消毒水擦拭乳房、阴部和后躯。清理胎衣，护理好产房，母猪产出的仔猪，断牙、断尾、剪耳编号，注射铁剂，并按强弱安排好乳头。同时应严格控制产房温度，使其合乎规定的要求。

（三）常用消毒药使用方法

常用消毒药使用方法见表3-2。

表3-2　常用消毒药使用方法

消毒药种类	消毒对象及适用范围	配制浓度
烧碱	大门消毒池、道路、环境	3%
	猪舍空栏	2%
生石灰	道路、环境	直接使用
	猪舍墙壁、空栏	调制石灰乳
过氧乙酸	猪舍门口消毒池、赶猪道、道路、环境	1∶200
卫康（二氧化氯）	生活办公区、猪舍门口消毒池、猪舍内带猪体消毒	1∶1 000
农福（酚）	生活办公区、猪舍门口消毒池、猪舍内带猪体消毒	1∶200

（续）

消毒药种类	消毒对象及适用范围	配制浓度
消毒威（氯）	生活办公区、猪舍门口消毒池、猪舍内带猪体消毒	1∶2 000
百毒杀（季铵盐）	生活办公区、猪舍门口消毒池、猪舍内带猪体消毒	1∶1 000

六、猪场预防用药及保健

（一）初生仔猪（0～6 日龄）

1. 目的　预防母源性感染（如脐带、产道、哺乳等感染），主要针对大肠杆菌、链球菌等。

2. 推荐药物

（1）每吨母猪料各加强力霉素、阿莫西林 200 克连喂7 天。

（2）新强霉素饮水，每千克水添加 2 克；或母猪拌料一周。

（3）长效土霉素母猪产前肌内注射 5 毫升。

（4）仔猪吃初乳前口服庆大霉素、氟哌酸 1～2 毫升或土霉素半片。

（5）微生态制剂（益生素），如赐美健、促菌生、乳酶生等。

（6）2～3 日龄补铁、补硒。

（二）开食前后仔猪（5～10 日龄）

1. 目的　控制仔猪开食时不发生感染及应激。

2. 推荐药物

（1）恩诺沙星、诺氟沙星、氧氟沙星及环丙沙星　饮水时每千克水加 50 毫升；拌料时每千克饲料加 100 毫升。

（2）新霉素　每千克饲料添加 110 毫克，母仔共喂 3 天。

（3）强力霉素、阿莫西林　每吨仔猪料各加 300 克连喂 7 天。

（4）上述方案中都添加维生素 C 或多维生素或盐类抗应激添加剂。

（三）断奶前后仔猪（21～28 日龄）

1. 目的　预防气喘病和大肠杆菌病等。

2. 推荐药物

（1）普鲁卡因青霉素＋金霉素＋磺胺二甲嘧啶，拌料饲喂 1 周。

（2）新霉素＋强力霉素，拌料饲喂 1 周。

（3）氟苯尼考拌料连喂 7 天。

（4）土霉素碱粉或氟甲砜霉素，每千克饲料拌 100 毫克，拌料饲喂 1 周。

（5）上述方案中都添加维生素 C 或多维生素或盐类抗应激添加剂。

（四）小猪（60～70 日龄）

1. 目的　预防气喘病、胸膜肺炎、大肠杆菌病和寄生虫病。

2. 推荐药物

（1）氟苯尼考或支原净或泰乐菌素或土霉素钙盐预混剂，拌料 1 周。

（2）选用伊维菌素、阿维菌素等驱虫药物进行驱虫，可采用混饲或肌内注射。

（五）育肥或后备猪

1. 目的　预防寄生虫和促进生长。

2. 推荐药物

（1）氟苯尼考或支原净或泰乐菌素或土霉素钙盐预混剂，拌料 1 周。

（2）促生长剂　可添加速大肥和黄霉素等。

（3）驱虫用药　伊维菌素、阿维菌素等驱虫药物拌料驱虫。

（六）成年公、母猪

1. 目的

（1）后备、空怀猪和种公猪 驱虫、预防气喘病及胸膜肺炎。

（2）妊娠、哺乳母猪 驱虫、预防气喘病及子宫炎。

2. 推荐药物

（1）氟苯尼考或支原净或泰乐菌素拌料，脉冲式给药。

（2）伊维菌素、阿维菌素等驱虫药物拌料驱虫1周，半年1次。

（3）可在分娩前7天到分娩后7天，用强力霉素或土霉素钙盐拌饲1周。

（4）可在分娩当天每千克体重肌内注射青霉素1万～2万单位，链霉素100毫克；或每千克体重肌内注射氨苄青霉素20毫克，或庆大霉素2～4毫克，或长效土霉素5毫升。

（七）案例

表3-3与表3-4分别是规模化猪场预防保健表及某猪场实例。

表3-3 规模化猪场预防保健表

猪别	日龄（时间）	用药目的	使用药物	剂量	用法
公猪	每月或每季度一次	预防呼吸道疾病	支原净	150克/吨	连续7天混饲给药
			土霉素钙盐预混剂	1千克/吨	连续7天混饲给药
		驱虫	伊维菌素预混剂	1千克/吨	连续7天混饲给药
后备母猪	进场第一周	预防呼吸道疾病	氟苯尼考预混剂2%	1千克/吨	连续7天混饲给药
			泰乐菌素	200毫克/千克	连续7天混饲给药
		抗应激	抗应激药物	按说明	连续7天混饲给药
	配种前一周	抗菌	长效土霉素	5毫升	肌内注射1次

（续）

猪别	日龄（时间）	用药目的	使用药物	剂量	用法
母猪	产前7～14天	驱虫	伊维菌素预混剂	2千克/吨	连续7天混饲给药
	产前7天至产后7天	预防产后仔猪呼吸道及消化道疾病及母猪产后感染	强力霉素	200克/吨	连续7～14天混饲给药
			阿莫西林	200克/吨	连续7～14天混饲给药
	断奶后	母猪炎症	长效土霉素	5毫升	肌内注射1次
商品猪	吃初乳前	预防新生仔猪黄痢	庆大霉素	1～2毫升	口服
	3日龄内	预防缺铁性贫血	补铁剂	1毫升/头	肌内注射
		补硒、提高抗病力	亚硒酸钠维生素E	0.5毫升/头	肌内注射
	补料第一周	预防新生仔猪黄痢	强力霉素	200克/吨	连续7天混饲给药
			阿莫西林	150毫克/千克	连续7天混饲给药
	断奶前后一周	预防呼吸道及消化道疾病，促生长抗应激	替米考星、抗应激药物	适量	连续7天混饲给药
			先锋霉素	适量	连续7天混饲给药
			支原净粉	125毫克/千克	饮水或混饲给药7天
			阿莫西林粉+抗应激药物	150毫克/千克抗应激药物适量	
		驱虫、促生长	伊维菌素预混剂	1千克/吨	连续7天混饲给药
	转入生长育肥期第一周（8～10周龄）	驱虫、促生长	伊维菌素预混剂	1千克/吨	连续7天混饲给药
		抗菌、促生长	氟苯尼考预混剂2%	2千克/吨	连续7天混饲给药
			土霉素钙盐预混剂	1千克/吨	连续7天混饲给药
所有猪群	每周1～2次	常规消毒	消毒威或卫康或农福等	适量	猪体、猪舍内喷雾消毒

表 3 - 4　某猪场预防用药及保健表

预防病名	预防药名	用药对象	用药方法
仔猪贫血	血康或富来血	初生仔猪	1 毫升/头肌内注射一次
仔猪白肌病	亚硒酸钠维生素 E	初生仔猪	0.5 毫升/头肌内注射一次
仔猪黄痢	庆大霉素或兽友一针	初生仔猪	2 毫升/头口服一次
	呼肠舒	产前产后母猪	1 千克/吨，拌料 2 周
开食应激	开食补盐或维力康	5～7 日龄	2 包/100 千克，饮水 3 天
仔猪白痢	土霉素或痢菌净粉	2 周和 4 周龄	1 包/100 千克，饮水 3 天
断奶应激	维力康或开食补盐	4 周龄	2 包/100 千克，饮水 3 天
寄生虫病	帝诺玢	断奶后 1 周	2 千克/吨，拌料 1 周
母猪产后感染	青霉素、链霉素	产后母猪	子宫内用药
	德利先	产前母猪	5 毫升/头肌内注射一次
母猪产后便秘及消化不良	维力康或小苏打或芒硝	产后母猪	拌料连用一周
其他猪病	呼诺玢或土霉素钙盐预混剂	后备猪及生长育肥猪	每隔 2～3 周拌料用一周
	泰乐菌素	妊娠猪	妊娠前期、后期各用药一周
	土霉素钙盐预混剂	公猪	每月用药一周

注：同一猪群使用预防药物抗生素时，注意更换品种以防产生耐药性。

　　一般来说，我国一个生产正常的万头猪场的每月药费开支大约是 1.3 万元（疫苗 4 000 元占 31%，预防药 4 000 元占 31%，消毒药 3 000 元占 23%，治疗药 2 000 元占 15%）；每头上市肥猪总摊药费约 15 元；年总药费约 15 万元。

　　保健预防用药越来越受到大型猪场的重视，其在总药费中的比例逐步提高。保健预防用药是控制细菌病的最有效途径，同时又有促生长作用；对减少病毒病的继发或并发症带来的危害也有显著效果。提倡策略性用药，因为疫病的发生发展都是有规律性的；提倡重点阶段性给药，既要降低药物成本，又要有效控制疫病；提倡脉冲式给药，净化有害菌，保持猪群体内有效抗菌浓度；提倡饲料与饮水给药；要考虑耐药性，同群猪尽量不重复用同一类抗生素；预防用药与治疗药物要分开（不交叉重复使用）。药物的选择与合理使用很关键，包括剂量、疗程、用药途径。

七、猪场常见病防治

（一）常见普通病药物防治

猪场常见普通病药物防治见表 3-5。

表 3-5 常见普通病药物防治一览表

病名	主要症状	药物预防	临床治疗
气喘病（支原体肺炎）	体温不高，咳嗽、喘，腹式呼吸	支原净、泰乐菌素	卡那霉素与盐酸土霉素交替使用
胸膜肺炎	急性者体温高，咳嗽、喘，呼吸有拉风箱声	氟苯尼考、泰乐菌素	卡那霉素与盐酸土霉素交替使用
萎缩性鼻炎	歪鼻、鼻炎或流血、黑斑眼、脸变形	氟苯尼考、支原净、泰乐菌素、磺胺类	盐酸土霉素、卡那霉素、磺胺类
仔猪黄、白痢	1 周内黄痢，1~2 周白痢	强力霉素、阿莫西林	庆大霉素、氟哌酸等
应激综合征、中暑	震颤、抽搐、体温高、呼吸困难、吐白沫	维生素 C、矿物质添加剂、多维	冷水浴、氯丙嗪、碳酸氢钠、补液、放血
不明原因高热	体温 41 度以上	通风、防暑降温	安乃近、青链霉素、复方胆汁
不明原因不食	食欲不振或废食	促胃健、小苏打、芒硝	青链霉素、复方胆汁、葡萄糖静脉补液
流产	机械性流产、习惯性流产、疾病性流产	有流产先兆的用黄体酮等保胎药	已流产的用催产素、肌内注射青链霉素、德利先或子宫内用药宫炎净等

（续）

病名	主要症状	药物预防	临床治疗
子宫炎阴道炎	流出炎性或脓性分泌物	长效土霉素、磺胺类	宫炎净、宫得康
产后感染	流出炎性或脓性分泌物，有时带血	长效土霉素、青链霉素	青链霉素、宫炎净、宫得康等
产后瘫痪	后肢无力或倒卧不起	补钙	葡萄糖酸钙、维丁胶钙
产后泌乳障碍综合征	乳房炎、乳腺硬化、瞎乳头、少乳或无乳	亚硒酸钠维生素E、呼诺玢	催乳药、安痛定、葡萄糖、催产素、盐酸普鲁卡因青霉素封闭疗法
便秘	粪便干燥或不排粪、起卧不安	促胃健、小苏打、芒硝	洗肠、灌服泻剂大黄、硫酸钠等、葡萄糖静脉补液、按摩
体内外寄生虫病	疥螨、蛔虫等	伊维菌素、阿维菌素	伊维菌素、阿维菌素、敌百虫、左旋咪唑
僵猪	体重明显小，瘦弱，被毛粗乱	抗生素	维生素 B_1 ＋肌苷＋补铁剂
链球菌病	关节肿、神经症状	青霉素类、磺胺类	青霉素类、磺胺类

（二）常见传染病诊断与防治

1. 猪口蹄疫

【临床诊断要点】体温升高到 40℃以上；成年病猪以蹄部水疱为主要特征，口腔黏膜、鼻端、蹄部和乳房皮肤发生水疱溃烂；乳猪多表现急性胃肠炎、腹泻以及心肌炎而突然死亡。

【控制】免疫 O 型口蹄疫灭活油苗，所用疫苗的病毒型必须与该地区流行的口蹄疫病毒型相一致；选用对口蹄疫病毒有效的消毒剂。

【预防】后备母猪（4 月龄）、生产母猪配种前、产前 1 个月、断奶后 1 周龄时肌内注射猪 O 型口蹄疫灭活油苗，所有猪只在每年 10 月份注射口蹄疫灭活苗。

2. 伪狂犬病

【临床诊断要点】公猪睾丸肿胀，萎缩，甚至丧失种用能力；母猪返情率高；妊娠母猪发生流产，产死胎、木乃伊；新生仔猪大量死亡，4～6 日龄是死亡高峰；病仔猪发热、发抖、流涎、呼吸困难、腹泻、有神经症状；扁桃体有坏死、炎症；肺水肿；肝、脾有直径 1～2 毫米坏死灶，周围有红色晕圈；肾脏布满针尖样出血点。

【防控】

（1）正在发生伪狂犬病猪场　用 gE 基因缺失弱毒苗对全猪群进行紧急预防接种，4 周龄内仔猪鼻内接种免疫，4 周龄以上猪只肌内注射；2～4 周后所有猪再次加强免疫，并结合消毒、灭鼠、驱杀蚊蝇等全面的兽医卫生措施，以较快控制发病。

（2）伪狂犬病阳性猪场　生产种猪群用 gE 基因缺失弱毒疫苗肌内注射，每年 3～4 次免疫。

（3）引进的后备母猪　用 gE 基因缺失弱毒疫苗肌内注射，2～4 周后再次肌内注射加强免疫。

（4）仔猪和生长猪　用 gE 基因缺失弱毒疫苗，3 日龄鼻内接种，4～5 周龄鼻内接种加强免疫，9～12 周龄肌内注射免疫。

3. 繁殖与呼吸综合征

【现场诊断要点】妊娠母猪咳嗽，呼吸困难，妊娠后期流产，产死胎、木乃伊或弱仔猪，有的出现产后无乳；新生仔猪病猪体温升高 40℃ 以上，出现呼吸迫促及运动失调等神经症状，产后 1 周内仔猪的死亡率明显上升。有的病猪在耳、腹侧及外阴部皮肤呈现一过性青紫色或蓝色斑块；3～5 周龄仔猪常发生继发感染，如嗜血杆菌感染；育肥猪生长不均；主要病变为间质性肺炎。

【控制】母猪分娩前 20 天，每天每头猪给阿斯匹林 8 克，其他猪可按每千克体重 125～150 毫克阿斯匹林添加于饲料中喂服；或者按 3 天给 1 次喂服，喂到产前一周停止，可减少流产；使用呼诺玢或恩诺沙星等控制继发细菌感染。

【预防】

后备猪：4月龄时用弱毒苗首免，1~2个月后加强免疫。

仔猪：断奶后用弱毒苗免疫。

4. 细小病毒病

【现场诊断要点】多见于初产母猪发生流产、死胎、木乃伊或产出的弱仔，以产木乃伊胎为主；经产母猪感染后通常不表现繁殖障碍现象，且无神经症状。

【防治】防止把带毒猪引入无此病的猪场。引进种猪时，必须检验此病才能引进；对后备母猪和育成公猪，在配种前一个月免疫注射；在本病流行地区内，可将血清学反应阳性的老母猪放入后备种猪群中，使其受到自然感染而产生自动免疫；因本病发生流产或木乃伊同窝的幸存仔猪，不能留作种用。

5. 日本乙型脑炎（流行性乙型脑炎）

【现场诊断要点】主要在夏季至初秋蚊子滋生季节流行。发病率低，临床表现为高热、流产、产死胎和公猪睾丸炎。死胎或虚弱的新生仔猪可能出现脑积水等病变。

【防治】一旦确诊最好淘汰；做好死胎儿、胎盘及分泌物等的处理；驱灭蚊虫，注意消灭越冬蚊子；在流行地区猪场，在蚊虫开始活动前1~2个月，对4月龄以上至两岁的公、母猪，应用乙型脑炎弱毒疫苗进行预防注射，第二年加强免疫一次。

6. 猪传染性胃肠炎

【现场诊断要点】多流行于冬、春寒冷季节，即12月至次年3月。大小猪都可发病，特别是24小时至7日龄仔猪。病猪呕吐（呕吐物呈酸性）、水泻、明显的脱水和食欲减退。哺乳猪胃内充满凝乳块，黏膜充血。

【控制】在疫病流行时，可用猪传染性胃肠炎病毒弱毒苗作乳前免疫。防止脱水、酸中毒，给发病猪群口服补液盐。使用抗菌药控制继发感染。用卫康、农福、百毒杀带猪消毒，一天一次，连用 7 天；以后每周 2 次。

【预防】给妊娠母猪免疫（产前 45 天和产后 15 天）弱毒苗，肌内注射免疫效果差。小猪初生后 6 小时应给予足够初乳。若母猪未免疫，乳猪可口服猪传染性胃肠炎病毒弱毒苗。二联灭活苗作交巢穴（后海穴，猪尾根下、肛门上的陷窝中）注射有效。

7. 猪流行性腹泻

【现场诊断要点】多在冬、春发生。病猪呕吐、腹泻、明显的脱水和食欲缺乏。传播也较慢，要在 4～5 周内才传遍整个猪场，往往只有断奶仔猪发病，或者也有各年龄段均发的现象。病猪粪便呈灰白色或黄绿色，水样并混有气泡流行性腹泻。大、小猪几乎同时发生腹泻，大猪在数日内可康复，乳猪有部分死亡。

【防治】用猪流行性腹泻弱毒苗在产前 20 天给妊娠母猪作交巢穴（后海穴）或肌内注射。

8. 猪链球菌病

【现场诊断要点】①新生仔猪发生多发性关节炎、败血症、脑膜炎，但少见。②乳猪和断奶仔猪发生运动失调、转圈、侧卧、发抖，四肢作游泳状划动（脑膜炎）。剖检可见脑和脑膜充血、出血。有的可见呼吸困难。在超急性病例，仔猪死亡而无临床症状。③育肥猪常发生败血症，发热，腹下有紫红斑，突然死亡。病死猪脾肿大。常可见纤维素性心包炎或心内膜炎、肺炎或肺脓肿、纤维素性多关节炎、肾小球肾炎。④母猪出现歪头、共济失调等神经症状，死亡和子宫炎。⑤ E 群猪链球菌可引起咽部、颈部、颌下局灶性淋巴结化脓；C 群链球菌可引起皮肤形成脓肿。

【防治】

（1）治疗　给病猪肌内注射抗菌药＋抗炎药（如地塞米松），经口给药无效。目前较有效的抗菌药为头孢噻呋，每日每千克体重肌内注射 5.0 毫克，连用 3～5 天；也可用青霉素＋庆大霉素、氨苄青霉素或羟氨苄青霉素（阿莫西林）、头孢唑啉钠、恩诺沙星、氟甲砜霉素等，使用剂量见相关说明书。也有一些菌株对磺胺＋TMP 敏感。肌内注射给药连用 5 天。

（2）预防　做好免疫接种工作，建议在仔猪断奶前后注射 2 次，间隔 21 天。母猪分娩前注射 2 次，间隔 21 天，以通过初乳母源抗体保护仔猪。可制作使用自家灭活菌苗。

9. 猪附红细胞体病

【现场诊断】猪附红细胞体病通常发生在哺乳仔猪、妊娠母猪以及受到高度应激的育肥猪。发生急性附红细胞体病时，病猪体表苍白，高热达 42℃。有时黄疸，有时有大量的瘀斑，四肢、尾特别是耳部边缘发紫，耳郭边缘甚至大部分耳郭可能会发生坏死。严重的酸中毒、低血糖症。贫血严重的猪厌食、反应迟钝、消化不良。母猪乳房以及阴部水肿 1～3 天；母猪受胎率低，不发情，流产，产死胎、弱仔。剖检可见病猪肝肿大变性，呈黄棕色；有时淋巴结水肿，胸腔、腹腔及心包积液。

【治疗】

（1）猪附红细胞体现归类为支原体，临床上常给猪注射强力霉素每天每千克体重 10 毫克，连用 4 天，或使用长效土霉素制剂。对于猪群可在每吨饲料中添加 800 克土霉素（可加 130 克/吨阿散酸，以使猪皮肤发红），饲喂 4 周，4 周后再喂 1 个疗程。效果不佳时，应更换其他敏感药物。

（2）同时采取支持疗法，口服补液盐饮水，必要时进行葡萄糖输液，加 $NaHCO_3$。还可给仔猪、慢性感染猪注射铁剂（200克葡萄糖酸铁/头）。

（3）混合感染时，要注意其他致病因素的控制。

【预防】

（1）切断传播途径　注射时换针头，断尾、剪齿、剪耳号的器械在用于每一头猪之前要消毒。定期驱虫，杀灭虱子和疥螨等吸血昆虫。防止猪群的打斗、咬尾。母猪分娩中的操作要带塑料手套。

（2）防治猪的免疫抑制性因素及疾病，包括减少应激。

（3）猪群药物防治　每吨饲料中添加 800 克土霉素加 130 克阿散酸，饲喂 4 周，4 周后再喂 1 个疗程。也可使用上述其他对支原体敏感的药物，如呼诺玢、恩诺沙星、二氟沙星、环丙沙星、泰妙菌素、泰乐菌素或北里霉素、氟甲砜霉素等。预防时作全群拌料给药，连用 7～14 天，或采取脉冲方式给药。

10. 仔猪水肿病

【现场诊断要点】一般在仔猪断奶后 10～14 天出现症状。多发于吃料太多、营养好、体格健壮的仔猪。突然发病，病猪共济失调，有神经症状，局部或全身麻痹，但体温正常。病死猪眼睑、头部皮下水肿，胃底部黏膜、肠系膜水肿。

【控制】发病猪的治疗效果与给药时间有关，一旦神经症状出现，疗效不佳。

【预防】断奶后 3～7 天在饮水或料中添加抗菌药，如呼肠舒、氧氟沙星、环丙沙星等，连给 1～2 周。目前常用的抗菌药有强力霉素、氟甲砜霉素、新霉素、恩诺沙星等。使用抗菌药治疗的同时，配合使用地塞米松。对病猪还可应用盐类缓泻剂通便，以减少毒素的吸收。

11. 仔猪副伤寒

【现场诊断要点】多见于 2～4 月龄的猪。持续性下痢，粪便恶臭，有时带血，消瘦。耳、腹及四肢皮肤呈深红色，后期呈青紫色（败血症），有时咳嗽。解剖时扁桃体坏死，肝、脾肿大，间质性肺炎；肝、淋巴结发生干酪样坏死；盲肠、结肠有凹陷不规则的溃疡和假膜；肠壁变厚（大肠坏死性肠炎）。

【控制】常用药物有氟甲砜霉素、新霉素、恩诺沙星、复方新诺明等，这些药物再配合抗炎药使用，疗效更佳。例如，氟甲砜霉素口服每天每千克体重 50～100 毫克，肌内注射每天每千克体重 30～50 毫升，疗程 4～6 天，再配合地塞米松肌内注射。病死猪要深埋，不可食用，以免发生中毒，对尚未发病猪要进行抗生素药物预防。

【预防】仔猪断奶后，免疫接种仔猪副伤寒弱毒冻干疫苗，肌内注射、口服均可。

12. 仔猪断奶后多系统衰弱综合征

【现场诊断要点】该病多发于 6～12 周（5～14 周，即断奶后 3～8 周），很少影响哺乳仔猪。病猪被毛粗糙，体表苍白、黄疸，有的皮肤有出血点，腹股沟淋巴结明显肿大。

剖检病变为淋巴结肿大，但不出血，特别是腹股沟淋巴结、髂骨下淋巴结、肠系膜淋巴结；躯体消瘦、苍白，有时黄疸；肺呈橡皮样（间质性肺炎）；肝脏可能萎缩，呈青铜色。肾脏苍白，不一定出血，在肾皮质部常见白色病灶（间质性肾炎）。食道部、回盲口处溃疡。时常合并感染副猪嗜血杆菌、沙门氏菌、链球菌、葡萄球菌。

【防治】对于猪断奶后多系统衰弱综合征目前尚无有效的治疗方法。可使用敏感抗菌药控制继发感染。预防可采用一般的生物安全措施。

13. 猪气喘病（猪支原体肺炎）

【现场诊断要点】

（1）病猪咳嗽、喘气，腹式呼吸。两肺的心叶、尖叶和膈叶对称性发生肉变至胰变。自然感染的情况下，易感染巴氏杆菌、肺炎球菌、胸膜肺炎放线杆菌。

（2）鉴别诊断　应将本病与猪流感、猪繁殖与呼吸综合征、猪传染性胸膜肺炎、猪肺丝虫、蛔虫感染（多见于 3～6 月仔猪）等进行鉴别。

【防治】

（1）猪肺炎支原体对青霉素及磺胺类药物不敏感，而对氧氟沙星、恩诺沙星等敏感。目前常用的药物有环丙沙星、氧氟沙星、恩诺沙星、二氟沙星、庆大霉素或丁胺卡那霉素、酒石酸泰乐菌素或北里霉素或泰妙菌素、利高霉素。母猪产前产后、仔猪断奶前后，在饲料中拌入 100 毫克/千克支原净，同时以 75 毫克/升恩诺沙星的水溶液供产仔母猪和仔猪饮用；仔猪断奶后继续饮用 10 天；同时需结合猪体与猪舍环境消毒，逐步从病猪群中培育出健康猪群；或以 800 毫克/千克呼诺玢、土霉素、金霉素拌料，脉冲式给药。

（2）免疫　7～15 日龄哺乳仔猪首免 1 次；到 3～4 月龄确定留种用猪进行二免，供育肥仔猪不做二免。种猪每年春、秋各免疫 1 次。

14. 猪胸膜肺炎

【现场诊断要点】

（1）常发于 6 周龄至 3 月龄猪。急性病例病猪昏睡、废食、高热。时常呕吐、腹泻、咳嗽。后期呈犬坐姿势，心搏过速，皮肤发紫，呼吸极其困难。剖检可见严重坏死性、出血性肺炎，胸腔有血色液体。气道充满泡沫、血色、黏液性渗出物。双侧胸膜上有纤维素黏着，涉及心叶、尖叶。慢性病例病猪有非特异性呼吸道症状，不发热或低热，剖检可见纤维素性胸膜炎，肺与胸膜粘连，肺实质有脓肿样结节。

（2）鉴别诊断　区别于猪流感、猪繁殖与呼吸综合征、单纯性猪气喘病。

【治疗】仅在发病早期治疗有效。治疗给药宜以注射途径，注意用药剂量要足。目前常用的药物有呼诺玢、氧氟沙星或环丙沙星或恩诺沙星或二氟沙星、氟甲砜霉素或甲砜霉素、丁胺卡那霉素等。

【预防】用当地血清型灭活菌苗进行免疫。在饲料中定期添加易吸收的敏感抗菌药物。

15. 猪肺疫（猪巴氏杆菌病）

【现场诊断要点】

（1）气候和饲养条件剧变时多发。急性病例高热，急性咽喉炎，颈部高度红肿。呼吸困难，口鼻流泡沫；咽喉部肿胀出血，肺水肿，有肝变区，肺小叶出血，有时发生肺粘连，但脾不肿大。

（2）鉴别诊断 区别于猪流感、猪传染性萎缩性鼻炎、猪传染性胸膜肺炎、仔猪副伤寒、单纯性猪气喘病等。

【防治】在用抗菌药肌内注射的同时可选用其他抗菌药拌料口服，该病常继发于猪气喘病和猪瘟的流行过程中。猪场做好其他重要疫病的预防工作可减少本病的发生。

16. 猪丹毒

【现场诊断要点】

（1）多发生于夏天 3～6 月龄猪，病猪体温很高。多数病猪耳后、颈、胸和腹部皮肤有轻微红斑，指压退色，病程较长时皮肤上有紫红色疹块，呕吐。胃底区和小肠有严重出血，脾肿大，呈紫红色。淋巴结肿大，关节肿大。

（2）鉴别诊断 病猪肌肉震颤，后躯麻痹；粪中带血，气味恶臭；全身皮肤瘀血，可视黏膜发绀，口腔、鼻腔、肛门流血；头部震颤，共济失调；胃及小肠黏膜充血、出血、水肿、糜烂；腹腔内有蒜臭样气味；脾肿大、充血，胸膜、心内外膜、肾、膀胱有点状或弥漫性出血。慢性病例眼瞎，四肢瘫痪。

【防治】青霉素、氧氟沙星或恩诺沙星等治疗有显著疗效。及时用青霉素按每千克体重 1.5 万～3 万单位，每天 2～3 次肌内注射，连用 3～5 天。绝大多数病例的疗效良好，极少数不见效时，可选用氧哌嗪青霉素，若与庆大霉素合用，疗效更好。

（三）呼吸道病的综合防治措施

1. 加强饲养管理 重视隔离饲养，新引进种猪隔离饲养 40 天以上。

2. 病猪隔离饲养，该淘汰的应及时淘汰 坚持全进全出，产房、保育舍应采取全进全出的生产方式。空栏时彻底清洗消毒，空置 3～7 天后，再转入新的猪群。

3. 严禁上一批病弱仔寄养到下一批 注意饲养密度，呼吸道病的发生与饲养密度密切相关，如条件差，密度应低一些。

4. 注意通风和温度控制，搞好卫生消毒工作。

5. 减少应激 尽量减少猪群转栏和混群的次数；仔猪断奶不换圈、不换料；断奶后仔猪继续在产房饲养 3～7 天后再转入保育舍；断奶前后几天尽量不打疫苗；各阶段换料要逐渐过渡。

6. 免疫接种 根据本地区及本场疫情实际情况，科学地制定适合于本场的免疫程序并严格遵守执行。

7. 策略性阶段性药物预防

（1）母猪

使用药物：呼诺玢预混剂 2%，慢呼清。

用法：配种后 2 周内或产前、产后 2 周内，呼诺玢预混剂 2%混饲，1 千克/吨，用 1 周；或慢呼清饮水，每千克水加 1 克，连用 1～2 周。

（2）公猪、后备猪

使用药物：呼诺玢预混剂 2%，慢呼清。

用法：每隔 2～3 周用 1 周，其他同上

（3）仔猪

使用药物：呼诺玢预混剂 2%。

用法：整个哺乳期及断奶后 1 周，呼诺玢预混剂 2%混饲，2 千克/吨，严重时同时采取如下措施：

①出生后 2 天内，鼻腔喷雾丁胺卡那霉素；②9 日龄、16 日龄、23 日龄鼻内喷雾磺胺药物。

（4）保育猪、育肥猪

使用药物：呼诺玢，禽立清（丁胺卡那）。

用法：转群变料后 1 周，呼诺玢粉混饲，0.5 千克/吨连用 1 周；或禽立清（丁胺卡那）粉饮水，每千克水加 2 克，连用 1 周；或 110 毫克/升＋110 毫克/升的酒石酸泰乐菌素＋磺胺二甲嘧啶钠混饲或饮水。治疗时，应坚持治疗药物与预防药物相分开。推荐的治疗药物有 30%呼诺玢注射液，克喘黄金，正气，

气爽，德利先，卡那霉素、盐酸土霉素等针剂（用法见说明书）。

另外，要坚持个别治疗与全群投药相结合；呼吸道病发生时，对症状严重的猪实行肌内注射或喷鼻个别治疗，全群猪应进行混饲或饮水投药；症状消失后，应继续使用 1 个疗程，以防复发；若呼吸道病发病率很高且较为严重，应对各猪群以一定的时间间隔脉冲式预防或治疗用药，如 1 周用药，2～3 周停药的方式用药，可降低发病率，对本病进行有效控制。

（四）仔猪黄白痢综合防治措施

1. 加强妊娠母猪和哺乳母猪的饲养管理。若产房仔猪下痢严重，母猪产前产后两周投喂抗生素，如呼肠舒（林可霉素＋壮观霉素），1 千克/吨，连续 7～14 天混饲给药；土霉素钙盐预混剂，1 千克/吨，连续 7～14 天混饲给药；慢呼清（新霉素＋强力霉素），1 千克/吨，连续 7～14 天混饲给药。

2. 加强免疫，妊娠母猪肌内注射大肠杆菌苗。

3. 临产母猪上产床前冲洗消毒并驱体内外寄生虫一次，可根据情况选用帝诺玢（伊维菌素）2 千克/吨，连续 7 天混饲给药；净乐芬（阿维菌素）0.5 千克/吨，连续 7 天混饲给药；或用敌百虫、左旋咪唑、通灭、倍特等。

4. 空栏产房彻底冲洗消毒并环境驱虫。一般要求程序是：清扫卫生→水冲洗→烧碱消毒→晾干后卫康 1∶300 二次消毒（严重的场＋火焰消毒或熏蒸消毒）→转入临产猪。

5. 母猪产前用 0.1％高锰酸钾水溶液擦洗母猪乳房、外阴部。仔猪第一次哺乳时挤掉头几滴奶。

6. 接产时用具、接产员手臂严格消毒。

7. 若产房仔猪下痢严重，产后仔猪吃初乳前口服抗菌药物如百利星（复方乙酰甲喹）1～2 毫升；兽友一针（诺氟沙星）1 毫升；烟酸诺氟沙星 1 毫升或用土霉素片 0.5 片、庆大霉素 1～2 毫升。

8. 仔猪 2 日内补铁血康 1～2 毫升、补亚硒酸钠维生素 E

0.5 毫升，提高仔猪抗病能力。

9. 产房每个单元坚持全进全出，严禁上一批弱仔寄养到下一批产房。

10. 母猪产前、产后一周拌喂小苏打或芒硝。

11. 对病母猪及时治疗。

12. 断脐、断尾、去势时严格消毒。

13. 仔猪 5～7 日龄开食补料，勤添少添，保持新鲜。

14. 注意保温，分别搞好室内及保温箱的保温工作。

15. 保持卫生，定期消毒（每周带猪体消毒 2 次，卫康 1：500～1 000）；同时注意湿度。

16. 不能把正在下痢的仔猪寄养到健康窝群中。

17. 产房单元尽量减少人员出入，出入人员严格消毒。

18. 定期做药敏试验，筛选敏感药物。每种药物连续使用一个疗程，无效后换药。

19. 治疗时除抗生素等药物外，要酌情对症使用辅助治疗药物如阿托品、维生素 B_{12}、维生素 C 等。脱水严重的要腹腔补液或口服补液盐。

20. 发现一头，全窝治疗。换窝治疗时，要换针头。

21. 病猪治疗采用专用注射器，注意器械用后消毒。

22. 若无药物敏感试验结果，目前推荐的治疗药物有特效肠炎灵、百利星、百利金针、兽友一针、烟酸诺氟沙星；或用庆大霉素、氟哌酸等。

第二节　规模化养猪场综合保健

一、仔猪保健

（一）初生仔猪保健

1. 刚出生的仔猪应擦干全身，清除口鼻内的黏液，然后放入温暖、干燥的地方。

2. 初生仔猪吃初乳前服用抗生素药物以防止消化道疾病。

3. 仔猪出生后 24 小时内可剪牙断尾。

4. 吃好初乳　仔猪生后 24 小时内肠黏膜具有吸收免疫球蛋白（抗体）的能力，因此仔猪生后要固定乳头，让每头猪都吃到初乳，从而使仔猪产生抗病力。

5. 保温　1～3 日龄仔猪适宜温度为 30～32℃，4～7 日龄为 28～30℃，15～28 日龄为 22～25℃。因此要在仔猪吃乳后将其放入保温箱中。

6. 去势　商品猪早去势可减少刺激，伤口易于愈合。生后 24 小时至一周内均可实施。

7. 补铁　生后 3 天内每头肌内注射 200 毫克铁制剂防止贫血。

8. 补水　出生 3 天后，给仔猪供应清洁饮水，保证其生长所需。

9. 补料　为促进仔猪生长及减少断奶后吃料的不适应性，仔猪出生后 3～5 天时便可补料。方法是在干燥清洁的木板上撒少许教槽料，3～4 天后当仔猪开始采食教槽料时，便可采用料槽，每天要把剩余部分弃掉，料槽清洗消毒后再用，每天应喂5～6 次。

（二）断奶仔猪

断奶仔猪也叫保育仔猪，它对环境的适应虽然比新生仔猪明显增强，但较成年猪仍有很大差距。这个时期，主要是控制猪舍环境及猪群内的环境，减少应激，控制疾病。

1. 断奶时仍需用教槽料喂 1 周左右，但不可让它们吃得过饱，以防下痢。然后用教槽料与仔猪料混合饲喂，逐渐减少教槽料比例，10～14 天后可全部换用仔猪料，之后自由采食。由于断奶仔猪断奶后产生应激，致使消化酶含量及分泌环节受影响，使其活性减弱，加之早期断奶后，仔猪从母乳转食饲料，断奶前后营养源截然不同，所需的消化酶谱差异大，消化酶活性不足，因此近年来多主张在早期断奶仔猪料中用外源酶来强化，从而提高饲料消化率。

2. 断乳仔猪舍由于密度较大，仔猪又喜好活动，应保持保育舍清洁卫生，猪舍清洁后每周消毒1～2次。

3. 保持空气新鲜，做好通风与保温的关系，预防呼吸道疾病的发生，冬季采取保温措施，夏季做好防暑降温，为避免病原进入猪体，发现病猪，隔离治疗。

4. 到断奶日龄时，将母猪赶回空怀母猪舍，仔猪仍留在产房饲养几天再转到保育舍，使仔猪心理应激和混群应激不在同时发生。断奶仔猪转群时一般采用原窝培育，对个别弱残病仔猪可分开饲养。

5. 预防咬尾、咬耳等不良习惯。在饲喂全价饲料，温湿度合适的情况下，仍可能有互咬现象，这也是仔猪的一种天性。在圈舍吊上橡胶环、铁链及塑料瓶等让它们玩耍，可分散注意力，减少互咬现象。

6. 做好免疫、驱虫工作，保育舍猪在6周龄接种口蹄疫疫苗，转入肉猪舍前进行驱除内外寄生虫的工作。

7. 仔猪断奶后易出现仔猪断奶综合征，即断奶后腹泻、水肿病和内毒素休克，是早期断奶仔猪生长受阻和死亡率高的主要原因。如果病情严重，可在仔猪饲料中添加抗生素或磺胺类药物。

二、育肥猪保健

1. 全进全出，注意环境卫生，猪舍充分消毒、空栏7天后才可转进新猪群。保持栏舍清洁，无论猪群规模如何都存在着冬季消毒时易引起潮湿，而使猪舍温度降低的弊病。为了弥补这一不足，在春、夏、秋之季，可加大消毒次数，因为病原微生物易被热源杀死，此时消毒效果要比冬季好。因此，秋季到来之前如果能施行全进全出，把圈舍彻底清扫，反复消毒对以后冬季饲养猪只的健康大有益处。

2. 合理的饲养密度：每头猪占 1.2 米^2，每栏头数在 10～15 头。

3. 加强防疫，在饲料中添加适量的抗生素有利于防止胃肠道疾病和呼吸系统疾病的发生，同时要注意驱除体内外寄生虫。

4. 适宜的温度　肉猪要求的适宜温度是 18℃，夏季要注意降温，可用水冲洗猪体和栏舍，先冲洗后喂猪。室内安装大功率排风扇，猪舍前后种树，有条件的可使用水帘降温。在取暖、降温时要注意观察，防止措施不当或过头。

5. 合理的通风　为了冬季保暖，许多养猪户使用塑料薄膜把所有透风的地方全部封住，该方法对提高舍内温度有一定作用，但随着温度提高，猪舍内粪尿的挥发不能排出，结果造成氨气、硫化氢等有毒气体超量，呼吸道黏膜长期受刺激遭到损害，病原菌趁机而入造成咳嗽、流鼻涕、肺炎等。因此，在中午气温高时要注意通风，并对粪尿及时清扫，铺上少量干沙防止灰尘过多刺激呼吸道。

三、母猪保健

（一）后备母猪

1. 为保证后备母猪日后有优良的繁殖能力，要供给全价日粮，5～6 月龄时，每天 2～2.5 千克饲喂 2～3 次，要有新鲜的饮水，无漏粪地板的猪舍要每天清洗粪尿。

2. 一般体重达 120 千克（一般 8 月龄左右）时便可配种。为保证其适时发情，可把公猪圈在其邻舍或每天把公猪放入母猪舍 10～15 分钟。为防止母猪产仔少及影响自身发育，一般让过头两个情期，到第三次发情时再配种。

3. 加强免疫工作，后备母猪于配种前根据当地疫情可考虑进行伪狂犬病、猪瘟细小病毒病、乙脑等疾病的预防接种。

（二）断奶母猪

1. 如果母猪在哺乳期管理得当，无疾病，膘情适中，一般断奶后4～7天便可发情并配种。在断奶期，每天应给母猪2～3千克饲料，以促其干乳，同时还可适当补充一些青饲料。

2. 仔细观察母猪发情情况，以利于及时配种。母猪配种后如果经两个情期观察未见发情表现，则可定为妊娠母猪。

（三）妊娠母猪

1. 此阶段管理的重点是防止流产，增加产仔数和仔猪初生重量，并为分娩、泌乳做好准备。减少猪只间的争斗，保持圈舍清洁，地面要平整防滑，防止流产。猪舍温度保持在20℃左右。

2. 根据母猪体况饲喂，防止过瘦及过肥。一般来说，可分三阶段饲养。

（1）妊娠早期　即配种后的一个月以内。这个时期饲料量不要求很多，只要求好，一般在母猪的日粮中，精料的比例较大，切忌喂发霉变质和有毒的饲料。

（2）妊娠中期　即妊娠的第2～3个月之内。这个时期饲料可以差一些，即可以喂食青绿多汁饲料或青贮料，少量加喂精料，但一定要让母猪吃饱。

（3）妊娠后期　即临产前一个月内。在这个时期日粮中的精料可以大量增加，相对地减少青绿多汁饲料或青贮料。在妊娠母猪的饲料中，必须保证蛋白质、矿物质和维生素营养物质的平衡，蛋白质是组成胎儿的主要成分，越到妊娠后期需要量越大。在饲料中，每天供应量不少于120克全价蛋白质。钙、磷是胎儿骨骼的主要成分，在母猪日粮中，每天应供给5～8克钙，4～5克磷，才能满足需要。

3. 母猪妊娠后期要搞好防疫注射和驱虫。须考虑对伪狂犬病、蓝耳病、口蹄疫、猪肺疫、链球菌病等疫苗的预防接种，为仔猪提供必要的母源抗体。喷洒除虱及疥螨的药剂，驱除体外寄生虫，饲料中添加左旋咪唑等驱除体内寄生虫。

4. 天气炎热时，禁止使用容易引起流产的药物（如地塞米松）。

5. 分娩前一周喂以轻泻性饲料。将母猪迁入产房以前，要用消毒去污剂洗刷母猪全身。

（四）分娩和泌乳母猪

1. 母猪料保健 加药 7～14 天，防止子宫炎、无乳综合征及防止疫病传播给仔猪。

2. 做好接产准备 将分娩舍提前冲洗消毒干净，母猪分娩前精神兴奋，频频起卧，阴户肿大，乳房膨胀发亮，当阴门流出少量黏液及所有乳头均能挤出多量较浓的乳汁时，母猪即将分娩。

3. 及时处理难产 母猪正常分娩是每隔 5～30 分钟产一头仔猪，需 2.5～3 小时产完。如果母猪用力努责胎衣还没有排出，间隔超过 45 分钟没有胎儿产出时，便为难产。此时可小心让母猪站起，让反侧卧的位置变换一下，如果无效，就需要用消毒过的手缓缓伸进产道帮助拉出仔猪。若阴道空虚，子宫颈口开张时，可肌内注射催产素 1 毫升（10 国际单位），过 1～2 小时仍无仔猪产出，再注射一支，如果无效，可考虑剖宫产的办法。

4. 产仔结束后为助产过的母猪注射抗生素和消炎药物。

5. 加强产后消毒工作，母猪产后应及时用消毒药清洗阴道周围及乳头，产出的胎衣等要及时处理。

6. 若出现流产、死胎、木乃伊胎时应对病因进行综合分析。细菌感染可使妊娠母猪在妊娠任何阶段发生流产。病毒感染一般不出现流产，主要为木乃伊。一窝仔猪中有几头木乃伊或一窝仅产 4 头以下仔猪，认为是病毒感染的表现。但伪狂犬病病毒所致流产只是妊娠初期和中期，并没有产死仔、木乃伊，出生仔猪病死等表现。而附红细胞体、钩端螺旋体会出现贫血、黄疸症状。

传染性病因与营养性病因区别在于传染性病因引起的繁殖障碍多见于头胎母猪，以后因产生免疫力而恢复正常生产，无积聚性；营养性病因除非日粮及饲养方式改变，否则不会产生耐受性，反而越来越严重，有积聚性。

7. 无乳或乳汁减少者可注射催产素，促使乳腺中的乳汁排出或服用中药有一定疗效。

8. 对出现乳房炎—子宫炎—无乳综合征的母猪，于分娩后用5％的露它净（或宫炎清）100毫升灌入子宫，上、下午各灌注一次，2天为一疗程，连续1～2疗程。

9. 母猪产前1小时肌内注射长效普鲁卡因青霉素注射液（肌内注射后，母猪体况恢复快，分娩安静、顺利），产后再肌内注射产康注射液（乳汁多且品质好，并可防产后多种疾病）。产前7天及产后7天在母猪料中添加广谱抗生素预混剂，以防母猪产后多种产科疾病及使仔猪毛色光亮、健康。

四、种公猪保健

1. 优秀的公猪必须具有强健的肢蹄，良好的精液质量及温顺的性情。因此，管理公猪的工作主要在于使公猪有适量的运动及合理的营养（饲料中添加ADE氨基电解质效果好），以增加四肢的强度。

2. 饲养人员应经常与公猪接近，不要打吓它们，以训练其性情。

3. 定期检测精液以保证其质量，在公猪第一次配种之前及每天正常交配工作结束后，饲养人员要到猪栏去几分钟，以使其适应饲养人员的照看和猪栏内其他公猪的气味。

4. 使用上，公猪应当与要交配的母猪在个体上相近。公猪应当在自己的猪栏里或自己熟悉的猪栏内进行配种，对交配猪栏必须进行检查，防止地面过于光滑，另外如有其他障碍也必须清除掉。

5. 对公猪应进行口蹄疫、伪狂犬病、萎缩性鼻炎、乙型脑炎、细小病毒、猪瘟等免疫接种。喷洒除虱及疥螨药剂，同时还要驱除体内寄生虫。

五、养猪三个重要药品组方

1. 基础用药　复方支原净＋金霉素。

2. 主要用药　利农-100（泰乐菌素＋磺胺二甲嘧啶＋金霉素）。

3. 备用药　高利-44（林可霉素＋壮观霉素）。

六、养猪生产各阶段需注意的事项

1. 母猪进产房时用药的重点　通过合理的预防性给药可控制哺乳期多种疾病的发生，并能最大限度切断垂直传播疾病，如附红细胞体病、链球菌病等。此阶段用泰乐菌素＋磺胺二甲嘧啶＋金霉素效果好。

2. 产后阶段　对哺乳仔猪可采用三针保健（仔猪日龄 3、7 和 21 天肌内注射高效米先注射液）计划以确保在哺乳阶段的健康。以上三个组方可以在母猪料中一直添加到仔猪断奶，以保证母、仔猪健康。也可以产前、产后、断奶时各加 7 天。母猪产后 1～3 天如有发热症状用输液来解决，所输液体内可加入庆大霉素、链霉素效果更佳。出生后体况比较差的仔猪，一生下来喂些葡萄糖水，连饮 5～7 天，并调整乳头以加强体况。

3. 断奶阶段　根据仔猪体况 21 天左右断奶，断奶前几天母猪要控料、减料，以减少其泌乳量，在仔猪的饮水中加入新霉素以预防腹泻。仔猪如发生球虫可采用补液加合适的药物来获得抗体产生。

4. 保育猪阶段（28～35 天）　此阶段可在仔猪饲料中添加泰乐菌素，以保证仔猪健康。这一阶段如发生链球菌、传染性胸膜肺炎可采用泰乐菌素＋磺胺二甲嘧啶 220 毫克/千克饲料。

5. 仔猪 45～50 日龄阶段　此阶段要预防传染性胸膜肺炎的发生，可用每千克饲料加氟苯尼考 50 毫克防治，如仔猪之前没有用过金霉素可以添加一些。

6. 育肥猪　整个生长期可用泰乐菌素＋磺胺二甲嘧啶预混剂添加在饲料中，期间可间断性使用四环素类药以防止附红细胞体病等疾病。以上所述饲养、用药的目的在于让仔猪断奶后达到 96％存活合格率。在用药上，建议在上述三种组方药中预留高利霉素做为后备用药。

7. 驱虫工作　猪群一年中最好驱虫四次，以防治线虫、螨虫、蛔虫等体内寄生虫病的发生，从而提高饲料报酬。用药可选用伊维菌素或复方药（伊维菌素＋阿苯达唑）等。

8. 红皮病的防治　红皮病主要是由于仔猪断奶后多系统衰弱综合征并发寄生虫病引起的，症状为体温在 40～41℃，表皮出现小红点，出现时间多在 30 日龄以后。此病已成为世界性疾病，在治疗上可采用先驱虫再用高效米先＋地塞米松＋维丁胶性钙肌内注射治疗。预防此病要从源头开始，做自家疫苗，仔猪 7 日龄和 21 日龄接种自家疫苗效果最好。

七、免疫程序

1. 蓝耳病　加强饲养管理、稳定母猪群，依实际情况可取消所有品种蓝耳病疫苗免疫，能停就停。主要因为打疫苗是种较大的应激、且目前疫苗免疫不完全，在较好的饲养管理下让猪群自然感染以获得较好的免疫。

2. 伪狂犬病　母猪一年接种四次弱毒疫苗，每次 2 头份。本疫苗是安全的，什么时候都可以用。初生仔猪 1～3 日龄 0.5

头份，滴鼻；35～42 日龄，肌内注射 1 头份。

3. 猪瘟　目前大多猪场母猪免疫过强，原因主要在于疫苗的剂量过大。未出现过猪瘟疫情的猪场首免可在 45～50 日龄接种 4 头份。由于超前免疫难度大，且会影响仔猪尽早吃初乳，因此建议尽量不用超前免疫。

4. 细小病毒　用弱毒疫苗效果好，一般接种一次便可获得终身免疫，但建议后备母猪在配种前免疫一次，并且最好做到每胎次都能免疫。

5. 乙脑　用灭活疫苗好，能加强免疫，主要由于大多数猪（75％）都已感染乙脑。

6. 口蹄疫　做好母猪的免疫可让仔猪耐过 50 日龄，但育肥猪要打 3 次疫苗。同时要特别注意接种口蹄疫疫苗会激发猪圆环病毒（PCV2），因此接种口蹄疫疫苗后要加强饲养管理，以防猪圆环病毒的发生。

第四章
高效益的"公司＋农户"养猪生产经营管理

一、"公司＋农户"实施细则

(一) 合作养猪实施方案

1. 合作模式 在"公司＋农户"的合作中，公司与社员相互合作，双方通过资金、劳动力、场地、技术、管理等的优化组合，实行优势互补，结成利益共同体，在整个合作过程中坚持"利益共享、风险共担"的原则，公司承担主要的市场风险、社员承担主要的饲养风险，同时公司派出专门的技术人员为每个社员提供养殖技术指导服务，督促和协助社员管理好猪群，减少合作社社员的养殖风险。

(1) 成立合作社 公司领头成立农牧养殖合作社，合作社自负盈亏，农户根据自愿的原则申请加入成为合作社社员，成为养殖专业户。

(2) 农户加入合作社的条件

①具有精诚合作的良好心态，为人正派、诚实可靠、事业心强。

②猪场场址选择和建筑标准符合公司要求，养猪饲养规模在100头以上，年出栏猪250头以上，上市肉猪均重达100千克以上。

③距离公司所在地30千米以内。

④认可合作模式，接受公司指导和管理。

2. "公司＋农户"模式发展养猪业的好处

（1）共建致富平台 公司经济实力雄厚，有强大的专家团队专门从事品种选育、饲料营养和疫病防治的研究。公司有规模化的饲料厂、种猪苗基地、有稳定的技术服务团队和销售渠道，为社员提供全方位的服务。而社员有土地、劳力、闲散资金等。双方的资源整合在一起，以公司为龙头把千家万户组织起来共闯大市场，形成资源优势互补的共同致富平台。

（2）风险低 合作中市场风险由公司担大头、饲养风险社员担大头。公司通过培育适销对路、性能优异的产品和对种猪、猪苗、饲料、肉猪生产等环节的管理来降低生产成本，养育的肥猪由公司统一回收、屠宰，由公司通过成熟的市场网络、成熟的客户群，赢得生存和发展的空间，最大限度降低农户的风险，保证农户的收益。

（3）投资少 只需按照公司的要求兴建标准化的猪舍，成本1 200元/头左右的优质肉猪现只需交纳200元/头的合作金，其余所需资金由银行信贷解决，由公司采取"五统一、一保证"即统一以记账的方式供应猪苗、饲料、药物疫苗，统一提供免费的技术服务、统一回收育肥猪，保证在正常饲养标准水平下每头猪能获得60元左右的收入。

（4）见效快、收益稳 每年可饲养2.5～3批，以养100头为例，仅需劳动力1人，年可出栏300头，年纯收入在1.5万元以上。同时又能在家门口致富，可以照顾到老人、照顾到小孩、照顾到农田庄稼。

3. 合作社养殖操作流程

（1）双方充分了解和认识 农户可以通过公司服务部和其他养殖户了解公司合作模式的基本运作和合作过程的相关规定，经过充分的认识和考虑后，有意向与公司合作养猪的，可向公司服务部提出申请。公司将派技术员对农户的养殖条件进行核查，符合条件的方可加入合作社，办理开户、定苗手续。

（2）资金筹措　首先农户利用自有资金按公司要求新建标准化猪栏舍，向公司交纳饲养合作保证金，自有资金不足的可申请贷款，银行对农户进行审核是否符合贷款条件，再发放贷款，具体见银行的相关规定。

（3）开户和定苗　养殖户筹措到资金、场地和劳动力，在技术人员的指导下按照公司方案建设好猪舍，并将猪舍的配套设施（如出猪台、道路、猪笼车、帐幕、食槽、消毒池、排污池、水塔、饮水器、降温设施、保温设施、清水泵、胶管、工作鞋等）准备完善，经技术员检查合格后，凭服务部签批的开户申请书到公司开户定苗，开户定苗时每头猪须交200元的合作保证金，同时与公司签订养殖合同、禁止使用违禁药物合同，公司将按养殖户订苗时间先后顺序投放猪苗。

（4）饲养管理　饲养过程中，养殖户领用的猪苗、饲料、药物等采取电脑记账的方式，凭公司的专用领物凭证簿打单领取。养殖户接受公司技术员的技术指导和服务，按公司的有关规定自觉做好卫生消毒防疫工作和饲养管理工作，确保生产安全和肉猪质量。对猪群生长的全过程要在公司提供的报表中如实记录。

（5）销售和结算　肉猪正常饲养期一般为120天左右，公司对合格猪只实行统一回收销售。猪群全部出栏后一周内到公司财务部结算。结算后，养殖户可以继续订养下一批肉猪。

具体流程如下：

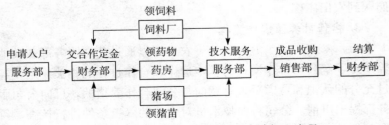

图4-1　公司＋农户模式养殖户申请加入流程

(二)"五方"合作发展养猪业中各方的权利义务

1. 当地政府

(1) 权利　①对公司的养猪业发展规划进行指导。②依法对公司的生产经营进行监督，确保公司的健康发展和维护农户的正当利益。

(2) 义务　①为企业发展做好服务，为企业发展营造良好氛围。②出台相关政策对所辖各乡镇提出指导性养殖户发展计划，并指定专人配合公司与相关部门协调跟踪。③出台优惠政策对合作养猪中涉及的用地、用电、用水、资金等问题给予支持。④对发展前期率先与公司合作的农户给予建栏、贷款等补贴和扶持，激发农户的养猪积极性。

2. 公司

(1) 权利　①有对发展区域内有意向合作农户进行筛选的权利。②负责制订和调整猪苗、药物、饲料等物资的调拨价及肉猪的回收价，平衡公司、养殖户之间的利益。③负责制订肉猪饲养环节中各项管理规定、技术指标。④有对损害公司利益行为的养殖户进行追究及对合作不诚实的养殖户解除合作的权利。⑤回收全部合格的成品猪，规定饲养肉猪所需饲料、药物的标准。

(2) 义务　①为合作养殖户提供产前、产中、产后一条龙服务。②从银行划得养殖户贷款，及时为合作养殖户提供养猪所需的种苗、饲料、药物，定价回收养殖户合作饲养的合格成品猪，及时扣还信贷资金。③为合作养殖户提供全程的技术指导服务，包括猪舍的建筑指导、肉猪的饲养管理指导、疾病的诊治指导，协助合作养殖户养好猪。④做好养殖户养猪专业技术知识的培训工作。

3. 农户

(1) 权利　①所贷款项划入公司账户后，有权要求公司及时提供生产所需的猪苗、饲料、药物、疫苗等生产物资。②有要求公司回收合作饲养的合格成品猪的权利，督促公司及时划扣所贷款项。③一批猪结算完毕后，有权解除与公司的合作关系。④有拒收公司不合格质量、数量标准物料的权利。⑤有监督公司工作人员服务管理、服务态度的权利。⑥有要求公司提供产前、产中、产后一条龙服务的权利。

（2）义务　①建设符合标准化生产要求的栏舍。②配合完善信贷手续，委托银行将所贷资金划入公司账户，从公司统一领取所提供的猪苗、饲料、药物、疫苗等养猪所需生产资料。③不断学习新技术，提高饲养管理水平，接受公司的技术指导，严格执行公司制订的各项管理规定，正确使用饲料、药物、疫苗，做好隔离消毒、卫生清洁、防疫工作，全心全意管好猪，养好猪，绝不能使用违禁药品或添加剂。④自觉遵守公司制订的饲养管理规定，如数将合作饲养的猪只交公司回收，结算后及时还贷。⑤配合公司做好饲养管理工作，检举揭发损害公司、养殖户利益的不良言行。

4. 担保公司

（1）权利　①有对愿意与公司合作养猪的农户贷款资格进行初审的权利。②对公司与农户合作过程中物资流、资金流进行监督和跟踪的权利。

（2）义务　①对符合贷款条件的养殖户提供担保贷款。②为合作提供所需的服务。

5. 银行

（1）权利　①对与公司合作养猪农户的贷款资格进行调查审定的权利。②对合作中公司是否将养殖户贷款所需的物料及时提供进行监督。③有在农户成猪上市时督促公司及时扣划信贷资金的权利。

（2）义务　①对符合条件的农户及时放贷。②对养猪所贷资金和物资流进行监控。

（三）肉猪委托养殖合同（样本）

××农牧有限公司肉猪委托养殖合同

合同编号：

委托方：××农牧有限公司

养殖方（合作养殖户姓名）： 身份证号码：

养殖主法定住址（身份证地址）：

委托方（××农牧有限公司，以下称"公司"）与养殖方（以下称"养殖户"）在自愿、平等、互信和互利的基础上，经充分协商，就肉猪委托养殖事宜订立本合同。

一、关于委托养殖的约定

1. 双方坚持以优势互补、成果共享、共担风险为原则进行委托养殖。

2. 公司负责技术指导，猪苗、饲料等物料供应及销售环节的建立和管理。

3. 公司为养殖户提供的猪苗、饲料、药物、疫苗等物料，养殖户在饲养过程所管理的由公司供应的畜、禽，均属于公司财产，养殖户不能擅自处理。

4. 养殖户负责养殖场地、设施和劳动力，以及到公司指定地点领取物料、交付产品等所需要的费用。

5. 养殖户对公司提供的各种物料和猪只有管理权，并负有管理责任。养殖户应按合同规定将委托养殖的猪只交付公司回收。

6. 如果出现重大疫情，政府对疫区进行封锁或重大自然灾害、战争、国家政策改变等不可抗力因素引起市场严重萎缩，销售无法进行，本合同可协商终止，互不追究对方的经济责任和损失。

二、委托养殖的猪苗数量和保证金

1. 猪苗数量　公司根据养殖户的栏舍面积、运动场及配套设施等情况，确定本批的饲养数量为××头，具体以领苗单为准。

2. 养殖户向公司按每头猪 200 元的标准交付保证金，具体以实际交付的金额为准。

三、猪苗、饲料、药物、疫苗等供应规定

1. 公司向养殖户提供猪苗××头，数量和金额以公司与养殖户在领苗单确认的为准。

2. 公司向养殖户提供不同饲养阶段所需的合格饲料，数量及价格以养殖户到公司领料时确定的结算为依据。

3. 公司向养殖户提供各种合格的药物、疫苗，数量及价格以养殖户到公司领取时确定的结算为依据。

4. 公司向养殖户提供其他生产物资。

以上物资应符合国家法律法规和行业标准规定。

四、产品回收价格及结算方式

1. 产品回收标准及价格详见附件《结算方案》。

2. 公司提供给养殖户的各种物料及肉猪回收价格，均为流程定价，与市场价格不具有可比性。公司根据行业及市场变化情况，在结算时可对养殖户进行浮动补贴，或对已领取物资及肉猪回收价格进行同步向上或向下 10% 以内的调整，以确保养殖户利益的平稳。

3. 结算方式　双方同意采取以下第几种结算方式：①现金结算的，公司应在结算后 10 个工作日内付给养殖户。②采用银行转账方式结算的，所有结算款应在产品交付后 7 个工作日内转账完毕。

五、交货时间、地点、运输方式和费用

1. 肉猪回收时，公司应提前 8 小时通知养殖户；回收猪按照公司的要求适时上市。

2. 交货时间和地点　公司应根据肉猪上市销售计划，及时安排养殖户饲养的肉猪上市。在安排肉猪上市时，公司可根据市场情况分批次安排养殖户饲养的肉猪上市，养殖户须积极配合公司工作人员做好肉猪上市销售工作。肉猪回收地点为养殖户养殖场，但养殖户应承担出猪、上车及因场地、交通原因的出猪倒运费等。

3. 在肉猪过磅前，如有猪只死亡，该损失由养殖户负责。

4. 公司回收肉猪前的车皮过磅、肉猪过磅以及猪只数量必须由公司销售人员、养殖户及客户三方签名确认。

六、公司的权利和义务

1. 有权了解、指导和规范养殖户的各项饲养管理工作。

2. 按时、按量回收委托饲养的符合上市标准的肉猪，并及时支付结算款项。

3. 按时提供养殖物料及免费的养殖技术指导。

4. 承担因市场波动所带来的经营风险。

5. 对养殖户因自然灾害或意外事故造成的损失可酌情给予适当的补贴。

七、养殖户的权利和义务

1. 按合同规定及时获得公司提供的各种物料、技术指导和养殖结算款。有权对公司提供的物料的规格和质量进行审核，如有异议，可在公司交付物料时提出。领取各种物资时，必须由本人签名确认，如不能亲自签名确认时，须书面委托领用人，并凭被委托人的身份证签领物料。

2. 对公司制订的利益调整方案可提出建议及意见。

3. 对公司的服务态度和服务质量有监督的权利。

4. 承担因自身管理失误、自然灾害、意外事故造成的损失。

5. 提供符合公司规范化饲养管理要求的场地、设施和劳动力。

6. 按照公司的免疫程序进行免疫。猪群出现疾病、死亡等特殊情况时应及时向公司汇报；猪只的死亡和淘汰须经公司与养殖户双方共同确认，否则视养殖户所报猪只死亡和淘汰无效，按养殖户私自变卖猪只处理。

7. 未经公司同意，不得使用其他饲料、疫苗及药物；严禁使用禁止使用的药品，对限制使用的药品要按规定使用。

8. 根据实际情况认真做好肉猪饲养日记表，接受公司工作人员的定期检查。

9. 不能将第三方提供的猪只掺入饲养。回收肉猪时须平肚交付（即停止喂料时间不得少于 6 小时），不得掺杂非本公司肉猪，不得灌喂泥、沙等杂物。

八、违约责任

1. 公司违反合同，拒收养殖户交付符合标准的肉猪，每拒收一头赔偿养殖户 300 元。

2. 因公司提供的物料质量问题而导致养殖户发生损失，由公司负责赔偿（养殖户领取物料时提出异议，如情况属实，公司仍未改进，由公司承担责任；否则，公司将不承担此款违约责任）。

3. 养殖户未按照公司约定时间及质量提供肉猪的，公司有权拒收。养殖户除应支付未交付肉猪的总价值（以肉猪的正品回收价计）外，另行支付 15% 的违约金给公司。

4. 养殖户违反本合同第七条第 9 款的，公司有权减扣称重或拒收；对不按照第七条第 7 款规定使用饲料和药物给公司造成损失的，由养殖户负责赔偿。饲料转化率在 2.6～2.9，不足 2.6 或超出 2.9 的部分，按 20 元/包（40 千克）饲料进行扣罚。

5. 养殖户私自变卖公司委托养殖的肉猪、变卖公司提供的物资的，公司有权要求养殖户进行赔偿。每私自变卖一头，养殖户除应支付未交付肉猪的总价值（以肉猪的正品回收价计）外，另行支付 15% 的违约金给公司；变卖饲料的除应支付全部饲料领用款外，每 40 千克另行赔偿 20 元（不足的部分按 40 千克计算）。养殖户擅自变卖药物、疫苗的，按公司提供价的 1.5 倍计付违约金给公司。

6. 养殖户因管理不善，致使猪只、饲料、药物、疫苗等物料被他人盗取或丢失的，按前款规定执行。

7. 当事人一方违反本合同时，须向对方支付违约金。如果由于违约已给对方造成的损失超过违约金的，还须进行赔偿，以补偿违约金不足的部分。

8. 违约金、赔偿金须在明确责任后 10 天内偿付，否则按逾期付款处理。

九、争议解决方式

本合同在履行过程中发生的争议由双方协商解决，如协商不成，依法向公司所在地的人民法院起诉。

十、附则

1. 本合同有效期限自　　年　月　日至　　年　月　日止。

2. 本合同附件《结算方案》和本合同具备相同法律效力。

3. 本合同一式二份，双方各执一份。自双方签字盖章之日起生效。本合同未尽事宜，按照《合同法》等国家有关规定，经合同双方协商，作出补充规定附后。

委托方（公司盖章）：　　　　养殖方（养殖户签章）：

负责人或授权代表（签章）　　合同签署日期：　年　月　日

附件　结算方案（样本）

××农牧有限公司"公司＋农户"结算方案

公司与当地农户合作养猪，在合作过程中所涉及物料的价格仅为公司与农户之间结算的一种方式，原则上公司将在市场价的基础上上下浮动 10%～20%，但又与市场价无关，一批猪饲养结束后公司有可能对下一批饲养的相关物料价格进行适当调整，调整方案如下。

1. 猪苗　30斤*为基础重，每斤单价17.5元，超重或不足部分每斤±6元。

2. 饲料供给及单价　见表4-1。

表4-1　饲料供给及其价格

品　种	规　格	包　数	单　价	备　注
小猪料	40千克/包	0.75	147	
中猪料	40千克/包	1.75	136	
大猪料	40千克/包	3.6	126	

每头猪苗提供6.0～6.5包饲料，均重205斤左右，料肉比2.6～2.9∶1，当实际料肉比低于2.60时，公司将视为喂料不足，对不足部分按每包20元进行扣罚。

3. 药物疫苗费　按实际需要领取计算，价格随行就市。

4. 肉猪回收价

（1）正品　150斤以上健康无残，每斤7.05元。

（2）次品　重量在110～150斤以内，健康或稍有残缺，每斤5.00元。

（3）级外品　110斤以下或有残缺，以质论价，代收代卖。

5. 养殖效益分析　以进猪苗100头，上市率97%，正品95%，次品2%（约2头，120斤重）为例。

（1）猪苗费　30×17.5×100 = 52 500（元）

（2）饲料费　（147×0.75×99% + 136×1.75×98% + 126×3.65×97%）×100 = 78 237.95（元）

（3）药物疫苗费　18×100 = 1 800（元）

（4）收入

---

* 1斤=500克。

正品：$100 \times 95\% \times 205 \times 7.05 = 137\ 298.75$（元）

次品：$100 \times 2\% \times 130 \times 5 = 1\ 300$（元）

（5）**效益分析**　收入－猪苗费－饲料费－药物疫苗费＝6 060.8元，则每头60.6元。

（四）服务部技术员指导养殖户程序

技术服务人员对合养殖户的指导程序主要做到如下几点：

1. 进到合作养殖场第一件事是检查猪舍周边的环境，主要检查排水沟是否清洁，猪舍外1.5米范围内的环境卫生和杂草是否清除，在公司要求的时候是否在周围撒上生石灰，门口消毒池是否按要求放置有效的消毒剂和门口是否有供公司技术人员更换的鞋子等。

2. 进入猪舍内检查饲料房是否干净，看饲料是否按照要求摆放。

3. 检查药品的存放是否整齐，有没有公司以外的药品。

4. 检查猪舍内的卫生和猪群的健康状况，对猪群数量进行盘点。

5. 询问养殖户猪群近期的食欲、健康状况，需要解决的问题等。

6. 对存在的问题进行解决处理。

7. 填好养殖户登记表，对养殖户存在的问题进行讲解和培训。

8. 每天回到服务部向相关领导汇报当天的工作情况。

技术人员必须严格做好以上本职工作，以确保猪群的健康正常生长，为养殖户保驾护航。

二、服务部组织架构及岗位职责

（一）组织架构

如图4-2所示。

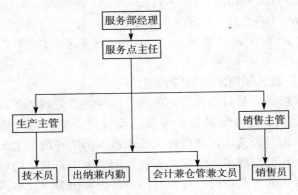

图 4-2　服务部组织架构

(二) 人员定编

一个服务部以年上市规模 10 万头肉猪为宜,服务部总人数配置＝养猪规模数(万头)/1 万头,具体岗位包括经理、出纳兼内勤、会计兼仓管兼文员、销售主管、生产主管、销售员、养殖户技术员。

每个服务部设经理 1 人,生产主管 1 人,销售主管 1 人,养殖户技术员若干人,销售员若干人,出纳兼内勤 1 人,会计兼仓管兼文员 1 人。服务部管理半径以服务部为中心辐射 30 千米为宜,以便管理和销售。

(三) 岗位职责

1. 服务部经理

(1) 负责服务部的全面工作。

(2) 负责制订具体的措施,以落实和完成公司下达的各项任务,及时协调各部门之间的工作。

(3) 负责养殖户的开发、稳定养殖户的发展,监控养殖户的生产情况,及时解决养殖户在饲养过程中出现的重要问题和突发事件。

(4) 负责审核猪苗发放、药物、饲料等计划并上报。

（5）负责落实肉猪饲养环节中各项管理规定和技术指标。

（6）负责完成肉猪委托养殖合同签订的相关事宜。

（7）负责对有损害公司利益行为的养殖户进行跟踪处理。

（8）负责肉猪的回收，阶段性对养殖户毛利进行预测和评估，并提出合理建议。

（9）负责制订整个服务部的培训计划，并监督和检查执行情况。

（10）做好服务部员工的思想工作，及时向上级反映、解决员工的意见和建议。

（11）做好部门与当地政府相关部门及猪场的沟通工作。

2. 生产主管

（1）负责服务部的生产技术工作，并协助经理做好其他工作。

（2）直接管辖技术员，通过技术员管理养殖户。

（3）负责猪苗的发放、饲料、药物等计划的制订。

（4）负责完善和落实服务部饲养管理技术、卫生防疫制度和有关生产的管理制度，并组织技术员实施及对实施结果及时检查，及时向经理汇报。

（5）负责服务部生产报表汇总，随时做好统计分析，以便及时发现问题并解决问题。

（6）负责技术员的管理技能及兽医专业技术培训工作，并安排技术员对养殖户进行专业技术的培训和指导，做好监督；主持召开早会、周生产会等会议。

（7）负责服务部猪群日常的保健、治疗方案的制定并组织落实，在涉及重大疾病时要及时向经理汇报。

（8）负责养殖户开发，安排及监督技术员对养殖户的场地考核及猪舍布局、建筑、排污等养殖条件的考核和指导工作，并及时解决养殖户在合作过程中出现的问题和突发事件。

（9）负责落实和完成公司下达的生产技术指标。

（10）做好技术员的思想工作，及时向上级反映、解决员工的意见和建议。

3. 养殖户技术员

（1）以企业文化为服务宗旨，做好公司与养殖户的沟通。

（2）负责养殖户的开发，深入到群众中去宣传公司的发展和实力，使群众认识和了解公司的运作，从而加速养殖户发展规模。

（3）为养殖户提供全过程的技术指导服务，包括场地考核、猪舍的选址和布局、猪舍的建筑和排污、交通等养殖条件的考核与指导工作及肉猪饲养管理的指导、疾病的诊断指导、免疫程序的落实等，并做好养殖户饲养管理技术培训工作。

（4）负责监控养殖户按公司要求正确使用饲料、药品、疫苗，减少浪费。

（5）负责协调养殖户与公司之间的关系，积极反映养殖户意见和传达公司指示。

（6）负责猪群健康状况的跟踪，监督和指导养殖户落实肉猪饲养的技术及疾病防治的措施；并协助养殖户处理生产中出现的各种问题，收集疾病信息或生产中碰到的各种问题，并及时上报。

（7）负责养殖户养猪所需设施的落实和查验工作；协助销售员做好肉猪上市过程的操作，确保肉猪安全上市。

（8）协助主管、经理开展工作；服从上一级领导，及时完成公司下达的各项任务。

4. 销售主管

（1）负责销售方面的全面工作，并确保肉猪货款回收，确保资金安全。

（2）及时了解市场的发展趋势，准确分析肉猪销售的市场动向，为产品做好定位。

（3）准确预测市场价格，对影响市场供求变化的各种因素进行调研，分析和预测其发展方向，为市场营销作出决策而提供可靠的依据。

（4）负责调查每月的市场价格和做好每月肉猪上市计划，并报上级领导。

（5）负责调解客户与养殖户之间的矛盾，做到公平、公正、合理。

（6）负责开拓市场，并根据销售价格的变动，及时向上级领导汇报，经批准后按有关规定执行。

（7）负责与顾客沟通，了解顾客对猪产品质量的满意程度；负责建立、整理客户档案及有关合同等；负责对客户的满意或投诉程度进行监督，通过分析调查确定纠正措施；并对顾客投诉及不满意信息进行处理。

（8）负责每天销售数据情况的录入和统计每月的销售业绩，并与上月份作明细对比，根据实际差异做好总结报告，确定采取纠正措施。

5. 销售员

（1）负责协助销售主管开展业务。

（2）协助养殖户技术员指导养殖户肉猪上市全过程的操作，确保猪群的防疫安全。

（3）协助开拓市场，联系客户，作好客户与养殖户对残次猪的销售工作，做到手续齐全。

·（4）负责肉猪质量验收、肉猪回收销售工作。以总公司销售规则为准则，协助调解客户与养殖户之间的矛盾，做到公平、公正、合理。

（5）根据销售价格的变动及原因分析，做好下阶段的销售计划和价格预算，及时向上一级领导汇报，按公司发布的牌价和相应的权限执行。

（6）负责协助公司处理好与养殖户、客户之间的合作关系，形成长期性、稳定性；负责对客户满意或投诉的信息进行收集，并通过分析调查提出采取纠正措施的建议。

（7）在销售过程中，若销售价格有变动、超出权限时必须向上一级领导汇报，批准后才可执行。

6. 会计兼仓管

（1）会计工作方面

①编制和执行预算、财务收支计划、资金利用计划，有效地使用资金。

②按照国家会计制度的规定，记账、复账、报账，做到手续完备，数字准确，账目清楚，按期报账。

③按照经济核算原则，定期检查，分析公司财务、成本和利润的执行情况，挖掘增收节支潜力，考核资金使用效果，及时向经理提出合理化建议，当好公司参谋。

④进行成本费用预测、计划、控制、核算、分析和考核，督促本公司有关部门降低消耗、节约费用、提高经济效益。

⑤建立健全经济核算制度，利用财务会计资料进行经济活动分析。

⑥每月根据生产经营情况编制月度财务分析，为公司生产经营提供数据分析。

⑦妥善保管会计凭证、会计账簿、会计报表和其他会计资料。

⑧按照总公司费用报销管理规定和授权管理办法，审核支付单据的有效性、合法性，准确计算准予支付金额。

⑨按照总公司会计核算制度，正确核算收入、成本、费用、税金，编制记账凭证。

⑩每天通过财务系统调阅收支记账凭证，随时了解支付情况。

⑪编制公司各类会计报表、财务管理报表，并保证数据的准确性、完整性和及时性。

⑫定期核对供应商往来，并取得对方签字盖章的对账函，编

制分析供应商未到位采购发票情况跟踪表，并与采购员互相核对，及时督促发票到位。

⑬检查公司会计制度、财务管理制度执行情况。

⑭参与公司存货、资产监盘工作。

⑮作好会计基础规范工作，装订会计凭证，妥善整理、保管所负责核算单位会计档案。

⑯配合执行公司审计、税务工作，同时协调税务、银行及审计的关系。

⑰根据生产、财务数据和绩效考核管理办法，计算基地员工绩效考核工资。

⑱完成领导交付的其他工作。

（2）仓管工作方面

①严格遵守总公司出台的相应财务管理制度。

②负责做好饲料、药物、疫苗的保存与发放工作。物资进库时要办理验收入库手续；物资出库时要办理出库手续；使物资与清单相一致，所有物资要分门别类地堆放，做到整齐有序、安全、稳固。

③负责保存好收发物资的原始记录单据，及时整理上交或编册保存；要认真详细登记饲料、药物账簿，每旬与实物和电脑账相核对，要保持一致。

④对各类物资做到每旬盘点一次，若发现账面与实际库存不符时，及时查明原因，重大事件要及时上报有关事件过程，若失职造成损失的要承担相应责任。

⑤每旬（月）向财务部提供准确的饲料、药物和杂货等的《进销存报表》和《进出仓单据》，配合财务人员跟踪好养殖户领苗、药物及其他物资数据。

⑥协助服务部查询养殖户的物料情况，控制养殖户各种饲料发放数量，若超出控制范围的，须经上级领导批准。

⑦协助上级领导和技术员做好药物、饲料进仓计划，保证药

物、饲料正常供应。

⑧做好其他有关物资的管理和服务、销售、结算等工作。

7. 出纳兼内勤兼文员

（1）严格执行总公司制定的各项财务制度，遵守财务人员守则，把好现金收支手续关，凡未经领导签名批准的一切开支，不予支付。

（2）严格执行公司制定的现金管理制度，认真掌握库存现金的限额，确保现金的绝对安全；做到日清月结、及时记账、输入电脑，协助会计工作。

（3）负责员工的工资、福利费、加班费的发放，配合服务部人员物资采购工作。

（4）负责办理养殖户的开户订苗手续以及结算核对工作，服务部一切资金来往的核对收支工作。

（5）为合作养殖户办理相应的入户、物料领用开单等手续。

（6）经理安排的其他工作。

三、猪舍的选址和建筑标准

（一）猪场的选址及场地要求

1. 场地选择　背风向阳、坐北向南或偏东，地势高燥、土质良好、向阳通风；距离居民区 500 米以上，距离猪、牛等养殖场、屠宰场、制革厂等 1 500 米以上。

2. 交通便利　能安全畅通 3 吨以上的货车，距离主要公路至少要 300 米以上。

3. 水源充足　要求比例为 100 头猪 10～15 米^3、水质良好，最好用地下水。

4. 电力保障　通电方便，电力负荷能满足各种必需电器设备正常运转的需要。

5. 有相应面积的排污能力　如鱼塘、果园或沼气池等，比例为 100 头猪配 10 亩鱼塘。

6. 饲养量　一般按照一个劳动力最多饲养 200～250 头肉猪的标准来配置，新养殖户要求首批饲养量在 100～200 头/户为宜，成熟养殖户每批饲养量控制在 500 头以内。

(二) 猪舍的建设规格

1. 猪舍建筑有单排猪舍和双排猪舍两种，应因地制宜选择建筑方案。

2. 猪舍建筑材料要求砖木结构，盖瓦，滴水线垂直高度不低于 2.6 米，每栏依据地形建设成 4 米×5 米或 4 米×4 米或 3.5 米×4 米，栏舍围墙高 80 厘米，密度为 1.2～1.5 米^2/头。

3. 地面基础坚实，以水泥加过筛沙为主，地面不能过于光滑或过于粗糙，有 4‰的坡度，地面混凝土厚度为 5 厘米，上面水泥砂浆 3 厘米，在混凝土下面可铺油毡或塑料纸，地面不要太光滑，压实后可用 PVC 管压出花纹，但花纹不要太深，以免积水。

4. 双排猪舍中间走道宽度必须有 1.2 米以上，走道低于猪栏门口平面 3 厘米。

5. 饮水管要事先预埋到地下。

6. 料槽必须按技术员提供的图纸建造。猪舍一般为单列或双列式两种，猪舍的规格为：走道内空宽度 1.2 米，瓦檐的高度为 2.6 米，排水沟宽 0.3 米，深不低于 0.15 米，排水沟坡度为 1‰，栏舍地面落差斜度为 4‰，栏门宽 0.7 米，邻近两栏栏门相靠，以间墙为中心点每边距 0.5 米，以预留制作双向料槽的位置。

7. 建设特别要求　猪舍建设因地而异，猪舍内各种设施均要按要求建设，排粪沟底宽以 30 厘米为宜，每 100 头猪需配备 1 个 6 米^2 的隔离栏。水泥地面用的水泥一定要 500 标度以上的，首先地面放一层薄膜胶纸后再用水泥砂石子斗栓 5 厘米；然后再过水泥砂浆 3 厘米（所用的砂一定要筛过，猪舍地面不能用粗沙，因为不过筛的沙太粗糙，损害猪脚），同时不能太光滑，总厚度约 8 厘米。栏门口稍高于墙角，地面落差为 1‰，地面不能积水、坑洼、凹凸不平。走道宽 1.2 米，不积水为宜，低于猪栏门口 3 厘米水平，后墙砖柱外侧要批上水泥到顶端。

（1）水泥食槽

①栏门口 50 厘米宽的一侧砖墙内侧先不用批水泥灰，距此面砖墙内空 181 厘米处平行砌一宽 40 厘米、高 80 厘米的十二墙。

②用两条宽 4.5 厘米、厚 2.5 厘米的木方条分别固定在这两面墙上，上方距猪栏间墙内空 18 厘米。

③槽底用 1/4 砖墙及水泥砂浆造成一个似钩机斗样，槽底外侧具有排水孔利于清洁。食槽用 10 毫米的圆钢筋间开，每 25 厘米一间，共 5 条，在外侧焊接一条与食槽等长的 13 厘米圆钢。食槽完成总长 180 厘米，宽 35 厘米，采食面 25 厘米，高 19 厘米，深度 13 厘米。

（2）瓦面喷水降温系统的安装　炎热夏天，气温高，猪是恒温动物，皮下脂肪厚，汗腺不发达。猪群在热应激的情况下采食量下降，生长缓慢，生长耗能天数增加，造成生产成本增大，甚至中暑死亡。所以，盛夏养猪必须加强防暑降温，确保生猪安全越夏。瓦面喷雾是一种比较好的防暑降温方法，在屋脊顶安装一条一寸（直径 3.3 厘米）的水管，由屋顶的一端起每 4 米安装一个三通，再竖直接一条 15 厘米的水管用以接 4 厘米的喷头，把水管接到 750 瓦以上的加压电泵上，再接上水源。

（3）出猪台　可方便快捷装卸猪苗及大猪上市，减少因此造成的应激损失。

出猪台走道分为高低两层，高低两层开叉口处离入口 6 米处，入口走道内空 1.2 米，出猪台因地而异，但坡度以小于17% 为好，一般平地建的出猪台要长 12 米，出口第一层高 1.3米，第二层高 2.1 米，出口走道内空 0.8 米，走道间墙最好使用二十四砖墙。所选位置要求方便出猪装车，又不影响到日常的工作。上猪台前要预留一定的空地，以安装简易地磅。

（4）**地磅的制作** 制作方法：用 5 厘米角铁焊接好一个长方形框，规格：150 厘米×200 厘米×80 厘米，在 80 厘米×200 厘米的两面用 12 毫米的钢条焊接成栏状，间隔 10 厘米一条，焊制两个 150 厘米×70 厘米的笼门安装在磅笼的两头，底面要加焊三条以辅助底板力度，底板用 3 厘米以上的木板，在笼的上平面分别在 41 厘米、59 厘米、141 厘米、159 厘米为中点平行焊接四条长 140 厘米的 8 厘米槽钢。

四、养殖户的选择标准

（一）养殖户的基本条件和要求

1. 必须有充足劳动力 至少 2 人，年龄在 20～45 周岁。一般按照一人最多饲养 200 头猪。刚开始饲养时以 2 人最多饲养 300 头计。

2. 养殖户具有投资一定规模养殖的经济能力 能够自己投资建设至少能养 200 头规模的猪舍（发展期可以放宽到 100 头以上），养殖户在办理入户手续时还要交付 200～500 元/头的养猪合作周转金。

3. 养殖户具有一定文化水平 养殖户文化水平最好能达到初中以上，在公司指导下能进行简单的总结和日常生产情况的记录。

4. 养殖户具有符合公司养殖条件 有足够的场地，不存在土地、债务等法律纠纷，与周边其他农户的关系良好，不会出现投毒、烧猪舍、偷猪、偷料等事件。可通过公司协助或养殖户自行寻找所需场地。

5. 养殖户具有良好的合作精神和诚信度 能与公司构成风险共担、利益共享的合作共同体。养殖户能与公司密切配合，按照公司要求做好自身的各项工作，各尽其责，以实现双赢。

6. 饲养量的要求 一般要求首批饲养量在 100 头/户以上为

宜，饲养量要留一定的发展空间，最终的饲养量控制在 300~500 头/户为宜。

7. 在服务点 30 千米范围之内（发展期可以放宽到 60 千米以上，稳定后可以分为 2 个服务点）。

（二）不能发展为养殖户特例

1. 不务正业，存在赌博、吸毒行为的。

2. 从事 2 个或多个职业或夫妻俩都在单位上班，无法专门从事养猪业的。

3. 在地方口碑不好的，如不讲信用，不讲道理等。

4. 人力不足、年龄过大或缺乏吃苦耐劳精神的。

五、养殖户管理流程

1. 饲养户开发流程 见图 4-3。

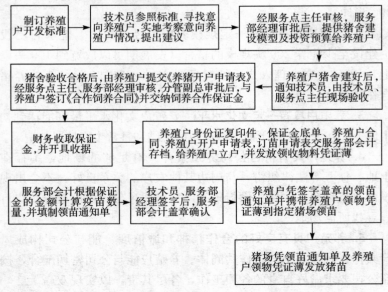

图 4-3 养殖户开发流程

2. 养殖户领苗流程 见图 4-4。

图 4-4 养殖户领苗流程

3. 猪场发苗流程 见图 4-5。

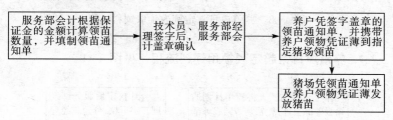

图 4-5 猪场发苗流程

4. 养殖户首次领用饲料流程 发饲料时，开单人要关注使用品种、定额用量和使用天数（图 4-6）。

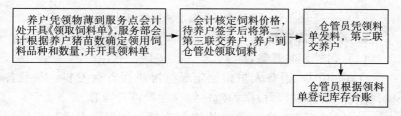

图 4-6 养殖户领取饲料流程

5. 养殖户首次领用兽药流程 见图 4-7。

图 4-7 养殖户领取兽药流程

6. 养殖户日常定额内领用饲料流程 见图4-8。

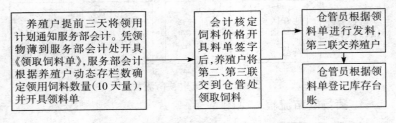

图4-8 养殖户日常定额内领取饲料流程

7. 养殖户日常超定额领用饲料流程 见图4-9。

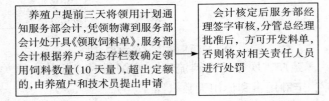

图4-9 养殖户日常超定额领取饲料流程

8. 养殖户库存监控

（1）饲料、兽药监控

① 领用时 财务人员根据定额标准进行首次发料，参照各阶段的标准耗用量，根据养殖户的存栏量进行推算。

② 常规饲养阶段 每日根据理论耗用（根据养殖户不同阶段的动态存栏数计算）与实际耗用进行统计对比（确定理论耗用的比率），财务人员要根据技术员申报的生产日报表登记养殖户信息卡，可有$1\% \sim 2\%$的偏差，如偏差较大进行不定期盘点。

③ 商品猪销售时 财务参与监磅，盘点剩余的饲料兽药结余库存，由财务开具退料单，由养殖户、技术员、财务签字确认，财务冲销养殖户领料。

（2）猪只盘点及死淘处理

①日常监控 内勤根据每日的生产报表登记养殖户信息卡；服务部会计每月须对所辖养殖户进行不定期盘点（含饲料和兽药），每月不少于 10 户，重点对 60 天内养殖户饲养日龄或死淘率在 3%以上的养殖户进行监控，并填写盘点表，经养殖户、技术员和服务部经理确认后存档保管；管辖区技术员每日对所辖养殖户进行动态盘点，填写生产日报表。

② 死淘猪的处理与确认流程 见图 4-10。

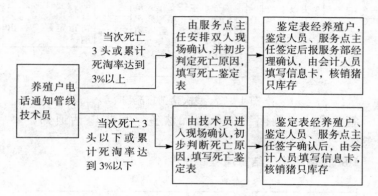

图 4-10 死淘猪的处理流程

9. 养殖户猪只销售流程

（1）常规销售 见图 4-11。

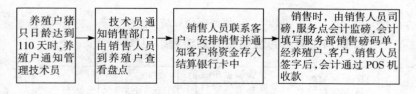

图 4-11 出栏猪销售流程

销售猪只等级的确认标准按商品猪公司文件执行，猪只等级的确定由销售员、养殖户和客户协商确认；销售价格严格按照公司公布的当日牌价进行销售，浮动价格按授权执行。

（2）残次猪销售　见图 4 - 12。

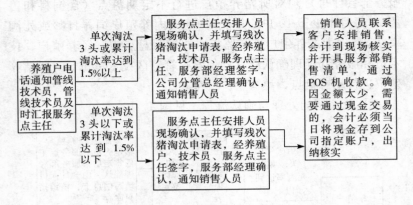

图 4 - 12　残次猪销售流程

签字确认人确因工作原因无法签字可先电话通知，事后补签。

10. 服务部猪只结算流程　见图 4 - 13。

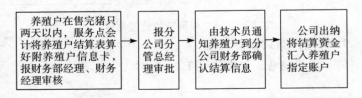

图 4 - 13　服务部猪只结算流程

11. 饲料、兽药月度需求计划流程　见图 4 - 14。

图 4 - 14　饲料、兽药月度需求计划流程

六、养殖户肉猪饲养管理操作规程

参见前文相关章节。

七、猪苗调拨操作规程

（一）正品猪苗标准
本标准适用于所有猪场调拨和销售的猪苗。

1. 体型外貌　体型、外貌、毛色等符合特定品种的标准要求。

2. 健康状况

（1）无明显外伤，但疝症、耳肿已治愈且无其他疾病的为合格猪苗。

（2）无明显皮肤病，如明显疥癣、斑疹、黑痂直径3～4厘米以上的疮肿。

（3）无明显肢蹄病，如软骨症、跛行、关节肿（轻微关节肿但不影响行走的为合格猪苗）。

（4）无明显呼吸道疾病，如呼吸困难、萎缩性鼻炎（如流鼻血、颜面变形）。

（5）无皮肤特别苍白的猪苗。

（6）无明显消化道疾病，如水样下痢及便血。

（7）无神经症状，如转圈、角弓反张、四肢呈游泳状划动及病态拱背。

3. 其他

（1）无僵猪〔个体呈瘦弱榄核型、反应无力、松毛（卷毛猪除外）、腹部干瘪的猪苗为僵猪〕。

（2）没有阉割的小公猪为非正品猪。

4. 出栏日龄范围　49±7天。

5. 出栏平均体重范围　15～18 千克，个体体重范围 12～20 千克。

（二）供苗方工作

1. 保健　猪苗调出前三天安排保健，保健以预防应激为主。

2. 消毒　猪苗调出前一天下午安排一次消毒，出猪前、后对出猪台进行消毒。

3. 控料　调苗前一餐不喂料，做到空腹调苗。

以上三条只针对按计划调拨的猪苗，临时安排的调拨和销售不在此列。

4. 赶猪　每个赶猪小群不超过 40 头（一次磅称量），用赶猪板驱赶猪只，严禁打猪，出现应激的猪只停止驱赶。

5. 装车　专人装猪，按车辆隔间大小控制好每间的头数。

6. 资料　提供该批猪的免疫保健记录、日龄、检疫票、磅单等。

（三）运输方工作

1. 车辆

（1）做好车辆安检，保证运输过程安全。

（2）准备好篷布等设施。

（3）调苗前 24 小时前进入猪场指定位置，按要求清洗、干燥、消毒后待命。

2. 气候

（1）非正常天气（下雨、下雪、风暴等）禁止装猪。

（2）夏季气温达 33℃以上改为晚上装猪。

3. 联系　装猪前及运输过程中，车主须与进苗方保持联系，及时了解进苗地的天气情况并让进苗方做好接车准备。

4. 停车

（1）装苗启运后 0.5 小时、1.5 小时各检查一次猪群状况（寒冷、暑热、日晒、挤压等）。

（2）装苗启运后严禁非正常停车。

（3）车主及押车人员不得停车在途中餐馆用餐（装车前备好开水、方便面、八宝粥等食品）。

（四）进苗方工作

1. 准备工作

（1）进猪前，空栏不少于三天，在此期间，栏舍必须彻底清洗消毒。先用清水冲洗，待干燥后用2％烧碱溶液进行第一次消毒，干燥后（至少两小时以上）再用清水冲洗干净，第二次用温和型消毒液（如季铵盐类或卤素类等）消毒，每次消毒时必须以喷湿地面和栏舍为准。

（2）检查猪栏设备及饮水器是否正常，对不能正常运行的设备应及时通知维修人员进行维护。

（3）提前半天准备好饲料、药物等物资。

2. 进苗后管理

（1）进苗后一周内

①转入猪群按强弱、大小合理分群（$1.0 \sim 1.3$ 米^2/头），初次分群每栏多放 $2 \sim 5$ 头小猪，除隔离栏（作病猪治疗用）外，每100头猪左右空置 2 个栏，以备 30 天、60 天调整猪群时使用。分群时，较大猪放在靠近出猪台的猪栏以方便出猪。

②进猪后的头 3 天要对小猪进行调教，定时定量定餐、定点采食、定点排粪、定点睡觉。

③定点排粪调教　进猪时将猪栏的一个角落淋湿，引导小猪到那里排粪尿，及时清理非排粪点的粪便至排粪点，发现小猪在睡觉的地方排粪尿，要及时驱赶。

④根据技术部或服务部要求在饲料或饮水中添加保健药和防应激药物。

⑤前三天控制喂料量，从第 4 天起，日喂四餐（7：30、11：30、14：30、17：30），逐渐增加喂料量，直至自由采食，即每次吃料后料槽内都要剩余一点饲料，每天应有 $1 \sim 2$ 次 1 小时左右的空槽时间。

（2）进苗一周后

① 冬、春季温度低于 20℃时仅在周三对全群带猪消毒一次（中、大猪两次），夏、秋季在周二、周五对全群带猪消毒两次。喷洒消毒水时要以全部地面湿润为准，消毒前将猪栏打扫干净。

② 视猪群体表寄生虫发病情况，定期对猪身喷洒驱虫药。

③ 根据技术部或服务部要求进行疫苗免疫。

④ 从进苗第 20 天起要加强观察，出现大小不均时，要及时对猪群进行再次分栏，将每栏较小的猪只合并到预留的空栏内。视情况对这部分小猪可适当延长小猪料使用时间，或添加多维等营养物。

⑤ 进苗 30 天后，根据饲料消耗情况，及时进行转换料（小猪料转换为中猪料）。为减少换料腹泻，一般换料期为 4～7 天，在小猪料中逐天增加中猪料，4～7 天后全部换为中猪料。在技术员指导下，视情况添加适当药物以防止腹泻。

⑥ 进苗 42 天左右，根据猪苗健康状况，适当在猪群饮水或饲料中添加几天抗生素，以预防疾病发生。

⑦ 进苗 45 天进行体内外驱虫。

⑧ 进苗 60 天左右，根据饲料消耗情况，及时将中猪料转换为大猪料。为减少换料腹泻，换料期 4～7 天，在中猪料中逐天增加大猪料，4～7 天后全部换为大猪料。视情况添加适当药物以防止腹泻。

⑨ 进苗 70 天左右，根据猪群健康状况，适当在猪群饮水或饲料中添加几天抗生素，以预防疾病发生。

八、上市肉猪标准

肉猪产品标准根据上市时间的体重和外表特征分为正品猪、次品猪和等外品猪三个等级（上市时间指自投苗日至出栏上市日）（表 4-2 与表 4-3）。

表 4 - 2　出栏猪体重和外貌等级

级别	外表特征	体重规格
正品	健康，精神饱满，五官、四肢无残病，皮毛有光泽	75 千克以上
次品	健康或有残缺	55～75 千克
等外品	有残缺	55 千克以下

表 4 - 3　产品运输过程体重损耗标准

运输距离	200 千米以内	200～500 千米
损耗标准	2.5 千克/头	3.5 千克/头

九、会议及技术培训制度

（一）会议制度

1. 服务部全体员工会议每月 1 次，由服务部经理主持，传达总公司会议精神、总结上月生产经营状况、存在问题以及安排本月的重点工作，生产主管做好会议纪要。

2. 生产例会为每周 1 次，所有技术员均要准时参加，由服务部生产主管主持，生产主管做好会议纪要，每周生产例会的程序安排如下。

（1）技术员汇报本片区生产情况，提出存在的问题。

（2）生产主管汇报和总结所负责方面的工作，并针对存在的重点问题进行讨论。

（3）服务部经理全面总结上周工作，解答问题，统一布置下周的重点工作。

3. 早会　技术员汇报昨日工作情况，存在问题及解决办法，安排今日工作。

4. 当生产中出现重大问题时，生产主管要及时组织技术员召开研讨会，分析原因，制订解决方案，并跟踪实施后的效果。

（二）技术培训制度

1. 服务部的内部培训

（1）新建服务部要求每周进行技术培训 1 次，以服务部规范管理相关内容为主，确保培训效果。

（2）在季节转换时，要对技术员进行针对性培训，包括季节性转换时生产管理要点和疾病防治要点等。

（3）运作 1 年以上的服务部要根据生产实际需求，每月进行技术培训 1 次。

2. 养殖户的培训　针对新、老养殖户有目的、有计划地进行饲养管理、基本兽医技术操作、消毒防疫要求和季节转换时生产管理要点等方面的相关培训。

会议和培训纪要必须在会后 2 天内上交一份到会计处存档。

十、报表管理

报表是反映服务部生产管理情况的有效手段，是上级领导检查工作和了解生产的途径之一，也是统计分析、指导生产的依据。

1. 所有报表要求做到统计及时、数据准确、格式规范。

2. 技术员应及时做好各种生产记录如周报表、日报表等，并准确地填写相关报表，交到上一级主管，经查对核实后送交服务部；技术员监督指导养殖户认真填写《猪群饲养记录本》，技术员应在核实情况后签名确认。

3. 养殖户上市总结　养殖户上市完毕后 5 天内管片技术员要写出该养殖户的上市总结，并按照公司要求召集上市养殖户进行分析总结该批生产情况。

4. 猪只死亡报告　养殖户猪群如出现死亡，技术员到场进行解剖诊断，并在第二天早会时上交死亡报告到内勤处。

5. 淘汰报告　养殖户猪只如进行淘汰，须在 1 号、11 号、

21 号出具淘汰申请报告，由生产主管核实审批后报销售主管安排销售。

6. 生产信息收集、传递流程

（1）日报　服务部经理每天 21：00 前将日报按规定格式填报送交技术部统计员，统计员在次日 8：50 前整理好后分发相关人员（图 4 - 15）。

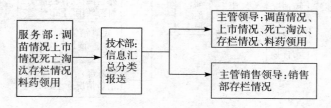

图 4 - 15　日报涉及内容

（2）周报　服务部主任每周六上午 10：00 前将本周报按规定格式填报送交技术部统计员和生产总监；统计员在周一 8：50 前整理好发至相关人员（图 4 - 16）。

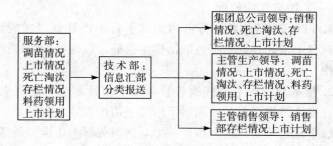

图 4 - 16　周报涉及内容

（3）月报

①生产计划表　服务部主任每月 24 日晚 21：00 前将月报按规定格式填报交技术部统计员和生产总监，统计员在次日 21：00 前整理好发至相关人员。

②生产结果表　服务部主任每月 26 日晚 21：00 前将月报按

规定格式填报送交技术部统计员和生产总监，统计员在次日21：00前整理好发相关人员（图4-17）。

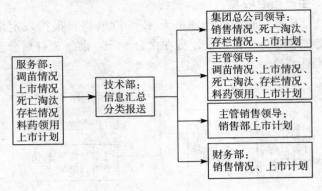

图4-17　月报涉及内容

十一、销售管理制度

（一）销售作业流程

1. 每月28日前各服务部内勤将下月上市计划（含周计划）及后三月上市计划发至服务部销售主管处，以便提前安排销售准备工作。

2. 服务部销售主管接到各服务部上市计划后，制订周销售计划并安排销售员提前一周对下周可上市的养殖户进行上市前检查，确定是否须要延迟上市，并填写《服务部上市肉猪质量预测表》。如需推迟上市则修改周计划并由技术部协助做好养殖户沟通工作及保证饲料正常供应。

3. 销售员上市前检查事项

（1）对养殖户上市猪群体重进行估重并根据均匀度评定等级，填写《服务部上市肉猪质量预测表》。

（2）检查养殖户有无磅秤和装猪台，根据存栏量等实际情况确定是否电子秤称重并做好沟通工作。

（3）销售部应提前 5 小时告诉养殖户客户大概到达的时间，以便于养殖户提前 4 小时停料，而不是长时间空腹上市，如有客户未按约定时间到达或有意拖延时间的，养殖户有权进行喂猪，过 4 小时后再过称重，销售员须与客户沟通进行配合。

4. 牌价由营销公司制订和发布。

5. 服务部销售主管联系客户，客户将计划统一报至服务部销售主管处并提前打款至公司（一般多打款），销售主管根据打款情况及计划量统一安排销售。

6. 根据猪只重量、日龄和销售价格走势适时上市，但猪只开栏后 10 天内要上市完毕。

7. 过磅

（1）尽量避免过大磅，养殖户（场）道路可以通行，且已配置小磅的要在养殖户猪场过磅。

（2）如在养殖户家过磅，由销售员和客户校磅，养殖户司磅，销售员和客户监磅；若在外面过地磅，由专人司磅，养殖户和客户监磅，费用由养殖户承担。

（3）销售人员填写《肉猪收购磅码单》，写明上市肉猪的等级、数量和重量，并经养殖户确认签字，养殖户联交给养殖户做结算用。

8. 客户买猪时只能挑栏不能挑猪，但栏中个别重量低于 75 千克的可以挑出。

9. 过磅前死亡或出现异常情况而不能出售的猪只由养殖户承担损失，但过磅后死亡的猪只由客户负责。

10. 每个养殖户每批猪出猪次数不能超过 3 次。

11. 货款结算

（1）过完磅后由财务根据三方签字后的《服务部肉猪销售磅码单》数据和售价进行总价结算。

（2）客户核对财务计算的磅单总价无误后，现场或到服务部财务室刷卡付款，杜绝现金付款，提倡提前打款后对账结算，确保资金安全。

（3）如客户提前打款，总价结算后当场退付余额或经客户核对后放到公司充抵下次交易使用（图4-18）。

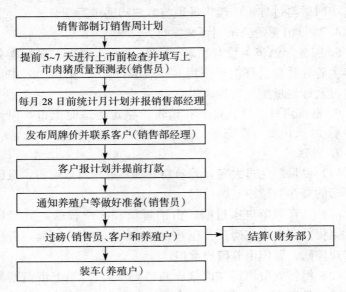

销售部制订销售周计划

提前5~7天进行上市前检查并填写上市肉猪质量预测表（销售员）

每月28日前统计月计划并报销售部经理

发布周牌价并联系客户（销售部经理）

客户报计划并提前打款

通知养殖户等做好准备（销售员）

过磅（销售员、客户和养殖户） → 结算（财务部）

装车（养殖户）

图4-18 销售作业流程

（二）所需相关部门及人员支持

1. 服务部

（1）服务部内勤每月28日按时将下月计划及后三月滚动计划表（内含下月周计划表）报至服务部销售主管处，以便销售上做好相关售前准备。

（2）销售主管如因出差或开会等原因不在服务部，销售上如遇紧急事件（如临时销售等），可由技术部主任代为安排处理，销售主管应事先主动与其沟通。

（3）技术员应积极配合销售上做好销售准备工作，包括通知养殖户准备赶猪人员和通知开检疫票等；为避免发生饲喂过饱导致销售员扣罚养殖户问题，技术员应事先配合销售员与养殖户做好沟通工作，尤其是在养殖户开户后培训时就要说清楚。

2. 财务部

（1）养殖户提前打款时，财务部应积极配合查询客户到账资金，在确认客户预付款资金到账后应及时告知客户和销售主管，以便做好销售准备。

（2）如客户现场或到财务部刷卡，财务应事先确认无线POS机能正常工作。

（3）协助与客户做好沟通，杜绝客户使用现金交易，确保公司资金安全。

3. 养殖户

（1）成品肉猪必须全部交公司回收，养殖户不得以任何借口私自变卖肉猪，也不得从市场购回肉猪充数交给公司。

（2）养殖户出猪的时间以公司销售部通知的时间为准。凡抗拒不出猪的养殖户，销售部有权安排其延迟出猪，并每只猪扣重量1千克，因此所造成的后果由该养殖户承担。

（3）养殖户在装猪过程中应做好保护工作，最大限度地减少损失。过磅前死亡或出现异常情况而不能出售的猪只由养殖户承担损失。

（4）在过磅前3～4小时停止喂料，保证平肚上市。不能以任何手段把猪喂得过饱，更不许喂食泥、沙、矿石粉等其他非饲料食物。若喂得过饱或喂其他物品，销售员有权做出每头猪扣除1.5～5千克的处罚。

（5）凡在收购中检查出喂得过饱或因不正当喂料引起肉猪委靡不振的，甚至濒临死亡的猪只，公司将拒绝收购，损失由养殖户承担。如养猪户要求公司帮助销售时，公司只能根据客户接受的价格回收，养殖户承担因此而造成的损失。凡有上述行为的养殖户，公司有权作停养一次处理。

（三）销售定价标准

1. 服务部销售价格以养殖营销公司公布的牌价为基础，结合市场实际灵活销售，尽可能地以高价出售，并将此列入销售部月度考核中。

2. 服务部售价决策权限分配 服务部销售工作原则上在总公司营销部指导下开展工作，但可根据市场及服务部实际情况及时作出相应调整（表4-4）。

表4-4　拥有上市售价自主决策授权空间

岗位职别	价格授权空间
总公司销售总监	牌价制订
服务部经理	0.2元/千克
销售主管	0.1元/千克

3. 销售主管低于授权价销售须以书面形式报经理同意后方可销售，如其不在场，须先电话请示同意，事后补签书面报告交财务处备案。

4. 对于有残缺的猪只须由技术员鉴定，填写《残次猪鉴定表》经服务部经理签字确认后，销售部方可以按残次猪产品销售。

5. 残次猪和等外品定价由销售部根据市场行情参考公司牌价后制订，且须以书面报告形式报请经理同意后方可销售；如经理不在现场，则须电话（或短信）请示其同意后销售，事后补签书面报告后交财务部备案。

（四）销售人员管理制度

1. 服务部销售组织架构 见图4-19。

2. 销售部人员工作职责要求

（1）服务部各销售员必须配备摩托车等交通工具（必须办理保险），以提高工作效率。

（2）销售主管根据内勤的投苗计划，列出每批猪的预计上市

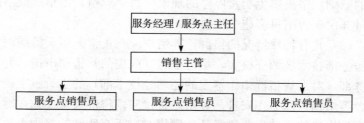

图 4-19　服务部销售组织架构

时间。在肉猪出栏前 7～10 天，安排销售员应对肉猪的生产质量和重量做出预测，并填写《肉猪质量预测表》。把握用料，也适时向养殖户提醒，按照要求进行控制药物残留，以及公司对上市肉猪的相关要求和安全出猪。没有提前做上市检查或未按要求填写《肉猪质量预测表》的，扣罚 50 元/次（每个养殖户至少两次）。

（3）肉猪可以上市时，销售员以电话或书面、他人转告等形式通知养殖户。养殖户接到销售出猪通知后［电话通知或其他人员（如技术员）转告通知均可］，无论通知出多少猪（一般不少于 50 头猪）不得以任何理由推托或拖延出猪，同时及时安排人力及一切用具（水源、笼车等）。

（4）销售人员不得将公司与客户的肉猪成交价格透露给养殖户。一经发现扣罚 50 元/次。

（5）销售人员应严格按公司规定操作，倡导微笑、优质服务；坚决杜绝野蛮卸车和对公司、对养殖户不负责的现象。如果发生刁难养殖户等情况，造成经济损失的，公司将按经济损失的双倍罚款。如因此被养殖户投诉者，一经查实，公司坚决按章严肃处理。

（6）肉猪出栏调度遵循"以质优者为先"的调度原则，参考养殖户进猪苗的顺序进行，但调度中不允许同时在多个养殖户处各拉一点的做法，尽力做到全进全出。

（7）对已列入出栏养殖户的调度，应该按先后顺序及连续调度的原则，坚决避免卖卖停停的现象。每个养殖户出猪次数不能超过 3 次。否则每多超一次扣罚 50 元/次。

（8）凡有特殊情况的猪群，养殖户应在正常上市天龄前两天请服务部技术员调查核实，填写推迟（或提前）售猪申请，并经服务部（对发病猪群须作鉴定的还须经技术部）的主管签字确认后，再由销售部另作安排。养殖户直接向销售部反映无效，因此而影响出猪的养殖户要负责任。销售时对于有残缺的猪须由技术员鉴定，填写《残次猪鉴定表》经服务部经理签字确认后，销售员方可以按残次猪产品销售。

（9）对路况不好的边远养殖户，由销售员将情况填表交给销售主管，销售主管根据气候因素，再酌情适时作好调度，并与技术服务部沟通好保证饲料供应。

（10）销售人员要严格按公司相关规定，在授权价允许范围内进行销售，不得弄虚作假，串通客户谋取个人私利，一经发现，除追回公司损失外，公司直接予以开除，情节严重的将移交司法机关处理。

（11）销售人员每次出完猪后负责协助服务部内勤对养殖户上市的肉猪生产成绩进行统计并于每月底进行汇总后上报经理。

十二、统一防疫用药标准

（一）提高猪群整体健康水平的措施

1. 统一防疫制度　认真贯彻"预防为主，防重于治"的方针，严格按照公司制定的防疫制度，防疫率达到 100%。每次执行防疫时期，服务部主任、技术员必须亲自监督养殖户操作，严格按照疫苗规定的用法用量，用具必须严格高温消毒，必须做到一头一针，严禁不专业的饲养员和农户进行防疫操作。

2. 疫苗统一管理制度　各种疫苗必须由总公司根据每一个免疫程序进行免疫抗体检测效果确定以后，按照批号统一采购统一保管。任何单位无权购买和私自试验新疫苗，由总公司按照免疫程序统一发放每批次和数量的疫苗，服务部主任、生产主管必须每天亲自监督仓库保管对冷冻设备的性能检查，以保证疫苗低温储备的有效性。

3. 统一药物、生物保健制度 严格执行公司制定的药物保健、生物保健和驱虫程序，树立以生物预防技术提高猪群抗病能力和防御新的感染疾病的发生，以保证猪群的健康生长。

（二）管理体系的统一

1. 总公司成立兽医技术部，各服务部主任兼防疫员（每场1名），防疫人员由总公司统一管理、统一考核、统一技术培训。

2. 防疫员的主要责任是迅速联络、严格监督、传达和执行公司制订的防疫和保健程序。

3. 协助经理搞好生产，管理好养殖户猪场环境、猪舍的清洁、卫生及消毒工作。

（三）控制药品成本的具体措施

1. 统一采购制度，常规治疗药品和器械等每月25日前由服务部生产主管和内勤汇总统计，服务部经理审查后上报总部，由兽医总监、总经理批准统一采购，严格控制国外、厂外药品，特别是进口高价产品，如果因为生产需要，必须提前以书面形式说明用药的原因和对象，经服务部经理签字后统一上报。

2. 统一药费标准执行制度，严格控制治疗费用和保健费用。

3. 技术培训和信息联系制度

（1）防疫人员每月底必须到总公司统一接受技术培训，每天必须保持和技术部联系，及时向总公司兽医总监、技术总监汇报农户实际情况，及时汇报疾病发生和生猪死亡的情况以及采取的措施。

（2）服务部技术员务必每天24小时保持和农户联系，有问题及时到达检查，及时把非健康状态猪分开，分别进行药物治疗和生物保健措施。

（四）紧急疫情的处理方案

1. 公司兽医总监、兽医师、防疫员实行 24 小时电话联络制度。

2. "公司＋农户"同一猪群有 5 头以上同时发生疾病的，有 2 头以上突然死亡的定为预警疫情，兽医总监、兽医师必须制订预防治疗方案。如果 2 天实施无效，兽医总监、兽医师、实验分析室主任及防疫员必须亲自到场准确诊断和治疗。

3. "公司＋农户"同一猪群有 10 头以上同时发生疾病的，有 5 头以上突然死亡的定为紧急疫情，相关领导、兽医总监、兽医师、实验分析室主任、防疫员必须立即到场紧急诊断和决定治疗方案，疫情得到控制以后兽医总监、兽医师、实验分析室主任才能够离开。

十三、考核激励方案

服务部的考核分为三级考核机制，即为服务部经理、服务点主任和养殖户技术员。生产、成本的指标制订要结合实际的生产情况而制订，本着跳起来摸高的原则制订。

1. 服务部经理　见表 4-5。

表 4-5　服务部经理年度月度考核

服务部经理年度月度考核　　　　　　　　　　　　　考核人：分管副总

	序号	项目	目标指标	考核办法	奖罚分配兑现办法
月度指标	1	料肉比	育肥：2.8（超过 105 千克部分按 3.0 计算）	每低 0.01 个点奖 30 元，每超 0.01 个点罚 15 元	月度兑现 30%，年度兑现 70%
	2	药费	肥猪 18 元/头	定额节约部分奖 5%，超出定额部分罚 2.5%	
	3	成活率	肥猪 96%	少死一头奖 10 元，多死一头罚 10 元	

2. 服务点主任 见表4-6。

表4-6 服务点主任月度考核

服务点主任月度考核 考核人：服务部经理

批次指标	序号	项目	目标指标	考核办法	奖罚分配兑现办法
	1	饲料转化率	育肥2.8（超过1.5千克部分按3.0计算）	每低0.01个点奖30元，每超0.01个点罚15元	月度兑现30%；年度兑现70%
	2	药费	肥猪18元/头	定额节约部分奖10%，超出定额部分罚5%	
	3	成活率	肥猪96%	少死淘一头奖20元，多死淘一头罚20元	

注：均按批次考核。

3. 片区技术员 见表4-7。

表4-7 片区技术员月度考核

管片技术员月度考核 考核人：服务点主任

批次考核	考核项目	考核指标	基数	考核办法	奖罚分配兑现办法
	成活率	96%	200元	超过或低于一个百分点奖50元或罚20元	
	正品率	95%	200元	超过或低于一个百分点奖50元或罚30元	当月兑现
	饲料转化率	2.8	300元	低于或高于0.05奖罚50元	
	药费	18元/头		超过罚5%，低于奖10%	

注：凡每个养殖户指标达不到标准的项目从零元起计算罚款，达到标准以上从基数开始计算奖励。技术员每月发基本工资1 500元。

十四、相关表格

养殖户猪舍建设申请表、开户申请表、领取货物凭证簿、订苗申请表、领苗通知单、领苗单、猪场与服务部猪苗交接表、领物单、肉猪饲养管理记录本、处方笺、肉猪销售磅码单、残次猪鉴定表、服务部肉猪死淘鉴定审核表、服务部存栏养殖户领用饲料即时情况表、服务部技术员工作日报、服务部生产计划月报表和服务部生产结果月报表见表4-8至表4-24。

表4-8 养殖户猪舍建设申请表

姓名：　　　　　　　饲养量：　　　　　　　猪舍地址：

项目	符合标准	项目评级		
		A	B	C
合格场地要求	1. 远离居民区500米以上，距离化工厂、制革厂、屠宰场等1 500米以上。2. 交通便利，能安全畅通3吨车以上。3. 有相应排污面积。4. 水源充足，要求比例为100头猪10～15米³，山坑水不受污染，地下水8米以下，水质硬度不能大，没有含矿物质性毒物。5. 地势高燥，向阳通风			
合格猪舍要求	1. 猪舍应坐北朝南，偏东15°。2. 要求分生活区、生产区、粪便病畜处理区，住所、猪舍、饲料房建筑在上风向，粪便池、病猪栏在下风向。3. 饲养面积每头猪为1.3～1.5米²。4. 建筑选用砖瓦、木质结构。5. 猪舍按公司猪舍建筑图标准建筑。6. 猪舍四周用完整布篷或胶料帐幕围封，方便通风升降使用。7. 配套设施按示图安装			
配套设施要求	1. 出猪台、出猪手推车、标准秤、储水池、投药池、斗车、水泵、背式喷雾器、水鞋、拖鞋、温度计、胶桶、扫把、栏猪板、铁铲、软水管。2. 防暑降温装置包括配有煲凉水炉灶、锅、防洒网、牛角风扇、用水喷雾装置。3. 防寒保温设备配有屋中屋胶纸、垫板、250～500瓦保温灯装置。4. 防疫设备包括设有大小消毒池、消毒洗手盆。5. 免疫设备包括注射器、12号针头、疫苗保温箱。以上设施数量按饲养猪只数量合理配置			

（续）

姓名：　　　　　　饲养量：　　　　　　猪舍地址：

项目	符合标准	项目评级		
		A	B	C
环境卫生要求	1. 猪舍四周2米内没有残余废物，保证清洁。2. 舍内没有存放非养猪使用物品。3. 饲料药物房内饲料、物品整洁、存放合理。4. 住所周围卫生清洁。5. 配套设施用完清洗存放到杂物房			
劳动力要求	1. 每个饲养员饲养管理250～300头肉猪。2. 工作勤恳，有较强责任心。3. 兼职管理相应减小饲养数量。4. 雇请劳动力，户主要有充足时间监督管理			
饲养管理要求	1. 提前完成进苗准备工作。2. 进苗后每天做好检查猪只工作，并调教猪只，按大小强弱分群。3. 合理使用各品种饲料、按时喂料、定期搞好卫生洁清、消毒。4. 按期使用疫苗接种，并做好猪群保健工作			
合作意识要求	1. 配合做好"公司＋农户"合作模式规定事项。2. 执行肉猪饲养管理标准工作。3. 不倒卖猪只、饲料、药品，不外购猪只、饲料、药品添加入猪群，不混养其他禽畜。4. 服从公司安排领取猪苗，肉猪上市的计划和时间。5. 技术人员指导安排的饲养管理工作按时完成。6. 出猪时服从销售人员指导及指挥			

检查实施情况说明：

技术员签名：
年　　月　　日

服务部经理审核：

签名：
年　　月　　日

　　A为标准，B、C级需要整改为符合标准要求。符合公司项目要求的请打"√"，不符合标准栏内容要求条款用"×"。由各片区技术员到现场了解情况，严格检查。如有特殊情况请在检查实施中详细说明，经主管审核方可通过。

表 4-9 养殖户开户申请表

养殖户姓名		编 号		身份证号	
籍 贯	市 县/区 镇/乡 村 社/组				
猪舍地址					
猪舍使用面积（米²）		联系电话			
饲养数量（头）		猪苗订金（元）		申请开户日期	年 月 日
开户条件（供技术员填写）	1. 基地建设是否符合要求（ ），猪舍布局是否合理（ ）。 2. 猪舍建筑是否符合要求（ ），猪舍结构（单排、双排）、稳固程度（稳固、不稳固），出猪台是否建好（ ），猪笼车（ ）、台秤（ ）、道路是否畅通（ ）。 3. 猪舍水源（自来水、井水、山溪水、其他）是否充足（ ）。 4. 水鞋（ ）对、拖鞋（ ）对、温度计（ ）个、干湿温度计（ ）个。 5. 冬、春季保温用具：（1）帐幕、（2）消毒晒干的稻草、（3）保温灯、（4）保温板、（5）大油桶、（6）木柴、（7）木炭、（8）米糠或谷壳等。 6. 夏季防暑降温设备：（1）牛角风扇、（2）瓦面喷水降温系统、（3）冲洗猪身、（4）遮光网、（5）瓦面是否涂白、（6）滴水降温。 7. 直接参与管理固定人员名单（ ），饲养员素质（高/一般/差/极差），各项报表的填写情况（ ）。 8. 本批养猪苗数量（ ）只。 验收结果和意见 技术员签名：
部门主管意见	
备 注	

注：本表经技术员审批、部门主管签加意见后方可生效。一式两份，服务部、财务部各存一份。

表4-10　养殖户领取货物凭证簿

（封面）

姓名：　　　　　　　　品种：

编码：

地址：

年　月　日

接种疫苗注意事项：

（1）按照程序和剂量接种疫苗，没有技术员同意不得无故推迟接种。

（2）在接种疫苗时和接种后的三天内要特别注意加强保温室的温度。

（3）接种疫苗时注意防止猪群打堆、死猪。

（4）领用疫苗宜用泡沫箱或保温瓶，如用金属容器装疫苗和稀释疫苗，有可能会降低防疫效果，稀释好的疫苗在1小时内用完，也可分几次稀释。

（5）稀释疫苗要用蒸馏水或冷开水，注射用具要煮沸30分钟晾干才可用。

（双面印，共12页、每页6行空格）

存款：　　　　　　数量：　　　　　　　　第1页

月	日	领取物品金额							结余额							发药盖章	发料盖章
		万	千	百	十	元	角	分	万	千	百	十	元	角	分		

存款：　　　　　　数量：　　　　　　　　第12页

月	日	领取物品金额							结余额							发药盖章	发料盖章
		万	千	百	十	元	角	分	万	千	百	十	元	角	分		

表4-11 猪苗订单

姓 名		订苗日期	
领取簿号		数 量	
电话		目前存款	
地址			
备注			

养殖户签名： 经办人： 年 月 日

（一式三份，服务部、财务部和养殖户各存一份）

订猪苗几条规定

（1）一经订苗，在发出《领苗通知单》前退单的每苗扣罚2元，在发出《领苗通知单》后退单的，每苗扣罚3元；在领苗当天退单的每苗扣猪苗损失费5元，退户的定金一律不计利息。

（2）结算后取走所有定金的养殖户若须再订苗，必须向公司服务部重新申请开户。

（3）在特殊情况下，为了确保"公司＋养殖户"的合作长期运作下去，养殖户定金必须在当批肉猪结算一个月后方可取走。

（4）领猪苗后，养殖所需全部饲料、药物等必须到公司领取。

（5）所有合格成品猪必须由公司统一收购、销售、结算。

（6）各养殖户必须自觉执行公司的各项规定。

（7）取款时，要凭此单据和户主身份证。

（8）如有违反，均按公司有关规定处罚。

表4-12 领取猪苗通知单

养殖户： 编号：

请你于 年 月 日 午 时 分到 等候，然后到 猪场领 头猪苗，请做好各项消毒准备工作，自备车辆，领苗后拿调拨单立即到服务部电脑室入数、取料。

制单人： 年 月 日

（本单一式两份，服务部、养殖户各一份，养殖户联领苗时将此单交猪场，由猪场开调拨单发苗）

表4-13　养殖户领苗单

姓名：　　　　　编号：　　　　领苗日期：　　　年　月　日

领苗数量	领苗总重量	基础重量	基础重量单价	基础重量金额	与基础重量相比		补扣款	猪苗总金额
					超	不足		

猪苗来源：　　　　　开单人：　　　　　养殖户签名：

（一式三份，服务部、财务、养殖户各一份）

表4-14　猪苗防疫保健情况交接表

日期：　　　年　月　日

猪场名称			交接人签名	
猪苗品种		天龄	数　量	
疫苗接种情况				
保健用药情况				
病史与用药史				

注：1. 此表为了让服务部了解养殖户猪群的各方面情况，从而对猪群作出有效的针对性饲养、保健、防疫及疾病防治方案。

2. 此表仅作服务部技术员内部存档。

表 4 - 15 养殖户领物单

姓名：　　　　编号：　　　　领物日期：　　年　月　日

物品名称	物品规格	单位	领取数量	单价	领取金额	备注

开单人姓名：　　　　发料人姓名：　　　　养殖户签名：

本表一式四份，服务部、财务、饲料厂、养殖户各一份。

表 4 - 16　肉猪饲养管理记录本

进苗天数	日期	猪群生产情况				疾病预防	疾病治疗					技术员签名	进料量
		存栏头数	用料品种	总耗料量	平均料量	保健用药疫苗接种	症　状	治疗用药	治疗效果	死亡淘汰			

注：1. 养殖户每天如实填写，这对提高饲养管理技术和积累经验有很大作用。

2. 肉猪上市结算时，财务部要凭记录完备的此表方可给予结算，否则不予结算。

（上表格正反印刷，每页 15 格空行、共 10 页）

表 4 - 17　处　方　笺（便笺纸大小）

养殖户姓名：　　　　猪群日龄：　　　　数量：

R
//
用法：

技术员：　　　　　　年　月　日

表 4 - 18　肉猪销售磅码单

日期：　　　年　月　日

编号：		养殖户：		去向：	
品种：		验收员：		备注：	
磅码	头数	次数	毛重	毛重	备注
1					
2					
3					
4					
5					
6					
7					
8					
9					
10					
11					
12					
13					
14					
15					
合计					

净重：　　　　千克　　　单价：　　　元/千克　　金额：　　　元

均重：　　　　千克　　　经手人：　　　　收货人：

养殖户：

本表一式四联，养殖户、客户、销售部、财务部各一份。

表 4-19 残次猪鉴定表

养殖户姓名		残次数量（头）	
残次情况说明（外表特征、体重大小等）： 技术员签字： 年　月　日			
养殖户意见： 养殖户签名： 年　月　日			
服务部经理意见： 服务部经理签名： 年　月　日			

表 4-20 肉猪死淘鉴定审核表

养殖户姓名		进苗时间		养殖户编号	
进苗数量		死亡/淘汰		日期	
死淘原因： 技术员签名：					
养殖户确认意见： 签名：					
生产主管审核意见： 签名：					
部门经理审核意见： 签名：					

　　注：本表经养殖户、技术员、生产主管、服务部经理共同核定后由技术员交打单员统一输入电脑数据库存档。

表 4-21　服务部　　月　　日止养殖户物料领用情况表

养殖户	投苗时间	计划上市时间	计划上市数量	小猪料									中猪料									大猪料									合计								
				定额			实际			差异			定额			实际			差异			定额			实际			差异			定额			实际			差异		
				头	总包数	包数	头	总包数	包数	头	总包数	包数	头	总包数	包数	头	总包数	包数	头	总包数	包数	头	总包数	包数	头	总包数	包数	头	总包数	包数	头	总包数	包数	头	总包数	包数	头	总包数	包数
合计																																							

小猪料每头　　包　中猪料每头　　包　大猪料每头　　包
总包数　　包
饲料规格为：40千克/包

表 4-22 昨日工作汇报

时间： 填表人：

养殖户姓名	进苗量	日龄	进苗日期	采食量	健康状况	死亡淘汰	存在问题	处理方法	效果评估	备注

今日行程安排

养殖户姓名	联系电话	联系地址	工作内容	备注

表 4-23 月度生产计划报表

服务部月度肉猪上市计划

服务部名称： 上报日期：

日期	投苗合计	养殖户姓名	投苗数	养殖户姓名	投苗数	养殖户姓名	投苗数	养殖户姓名	投苗数
1									
2									
3									
4									
5									
6									
7									
8									
9									
10									
11									
12									
13									

（续）

日期	投苗合计	养殖户姓名	投苗数	养殖户姓名	投苗数	养殖户姓名	投苗数	养殖户姓名	投苗数
14									
15									
16									
17									
18									
19									
20									
21									
22									
23									
24									
25									
26									
27									
28									
29									
30									
31									
小计									

服务部月度肉猪上市计划

服务部名称：　　　　　　　　　上报日期：

期间	上市合计	养殖户姓名	上市数	养殖户姓名	上市数
1～5 号					
6～10 号					
11～15 号					
16～20 号					
21～25 号					
26～31 号					
小　计					

表 4-24 月度生产结果报表

服务部生产日报明细表（时间： 年 月 日）

养殖户姓名	投苗时间	管线技术员	批次投苗数（头）	月初存栏数（头）	本日发生数					本月累计数			累计销售（头）	累计死淘（头）
					昨日存栏（头）	本日投苗（头）	本日死淘（头）	本日销售（头）	本日存栏（头）	本月投苗（头）	本月死淘（头）	本月销售（头）		
服务部合计														

月度养殖户结算情况报表

服务点	户数	进苗数（头）	总重（千克）	均重（千克）	上市头数（头）	平均日龄（天）	上市率（%）	正品率（%）	上市头重/均重	日增重（克）	总耗料（克）	料肉比	头药费（元）	头毛利（元）	合计毛利（元）
									/						
									/						
									/						
本月合计									/						
上月数据									/						
去年同期									/						

注：上月数据和去年同期数据尽可能填写，如没有数据则填写"无"。

服务部猪只存栏情况表

服务点	合计			上四月进苗情况*						上三月进苗情况						上两月进苗情况						上月进苗情况			
	进苗户数(头)	死淘数(头)	月底存栏数(头)	进苗头数(头)	月底存栏(头)	本月死淘(头)	死淘率(%)	累计死淘(头)	死淘率(%)	进苗头数(头)	月底存栏(头)	本月死淘(头)	死淘率(%)	累计死淘(头)	死淘率(%)	进苗头数(头)	月底存栏(头)	本月死淘(头)	死淘率(%)	累计死淘(头)	死淘率(%)	进苗头数(头)	月底存栏(头)	本月死淘(头)	死淘率(%)
小计																									

* 超过四个月的填在此栏；死淘率=死淘数/进苗数*100

服务部猪只月度销售情况表

服务点	正品猪			残次猪	
	头数	总重量	平均体重	头数	重量
小　计					

十五、养殖户承诺

公司提请养殖户对本《养殖户手册》的各条款，特别是关于"公司和养殖户权利与义务"条款、"合作养殖户应遵守的规则"条款及"违约责任"条款进行充分、全面和准确的理解，养殖户若有疑问请及时提出。养殖户对本《养殖户手册》一经签收，即表明公司已对该手册中的全部条款作了详细的说明，双方对该手册全部条款的含义认识一致。

手册签收人（养殖户签名）：

日　　期：　年　月　　日

特　别　承　诺

（1）本人承诺严格遵守和执行《养殖户手册》中的各项规定，诚实守信，并承担猪只的养殖成活及养殖质量等养殖户应承担的风险。

（2）本人承诺全部猪苗、饲料及药物按照公司规定的价格（包括公司调整的价格）补贴等进行结算。

（3）本人承诺成品猪全部如数交回公司收购，不以任何借口私留或变卖，否则本人按公司领用价支付全部猪苗、饲料及药物款。

（4）本人承诺如果未遵守和执行《养殖户手册》中的任何条款，公司均有权终止合作，停止供应饲料及药物，并终止一切服务，如果因此给公司造成损失的，该损失由本人承担。

手册签收人（养殖户签名）：

养殖户身份证号码：

签收日期：　　　　　　年　　　月　　　日

本承诺一式两份，公司留底一份。

附　录
猪 饲 养 标 准

一、中国猪饲养标准（2004）

（一）瘦肉型猪饲养标准

1. 生长肥育猪饲养标准

附表-1　生长肥育猪[①]每千克饲料营养含量
（自由采食，88%干物质）

体重/千克	3~8	8~20	20~35	35~60	60~90
平均体重/千克	5.5	14.0	27.5	47.5	75.0
日增重/（千克/天）	0.24	0.44	0.61	0.69	0.80
采食量/（千克/天）	0.30	0.74	1.43	1.90	2.50
饲料/增重	1.25	1.68	2.34	2.75	3.13
饲料消化能含量/［兆焦/千克（千卡/千克）］	4.21 (1 005)	10.06 (2 405)	19.15 (4 575)	25.44 (6 080)	33.48 (8 000)
饲料代谢能含量/［兆焦/千克（千卡/千克）][②]	4.04 (965.09)	9.66 (2 310)	18.39 (4 390)	24.43 (5 835)	32.15 (7 675)
粗蛋白质/（克/天）	21.0	19.0	17.8	16.4	14.5
能量蛋白比/［千焦/%（千卡/%）］	668 (160)	716 (170)	752 (180)	817 (195)	923 (220)
赖氨酸能量比/［克/兆焦（克/兆卡）］	1.01 (4.24)	0.85 (3.56)	0.68 (2.83)	0.61 (2.56)	0.53 (2.19)

（续）

体重/千克	3～8	8～20	20～35	35～60	60～90
氨基酸③/%					
赖氨酸（Lys）	1.42	1.16	0.90	0.82	0.70
蛋氨酸（Met）	0.40	0.30	0.24	0.22	0.19
蛋氨酸（Met）＋胱氨酸（Cys）	0.81	0.66	0.51	0.48	0.40
苏氨酸（Thr）	0.94	0.75	0.58	0.56	0.48
色氨酸（Trp）	0.27	0.21	0.16	0.15	0.13
异亮氨酸（Ile）	0.79	0.64	0.48	0.46	0.39
亮氨酸（Leu）	1.42	1.13	0.85	0.78	0.63
精氨酸（Arg）	0.98	0.80	0.61	0.57	0.47
缬氨酸（Val）	0.45	0.36	0.28	0.26	0.21
组氨酸（His）	0.45	0.36	0.28	0.26	0.21
苯丙氨酸（Phe）	0.85	0.69	0.52	0.48	0.40
苯丙氨酸（Phe）＋酪氨酸（Tyr）	1.33	1.07	0.82	0.77	0.64
矿物质元素或每千克饲粮含量④					
钙（Ca）/%	0.88	0.74	0.62	0.55	0.49
总磷（total P）/%	0.74	0.58	0.53	0.48	0.43
非植酸磷（nonphytate P）/%	0.54	0.36	0.25	0.20	0.17
钠（Na）/%	0.25	0.15	0.12	0.10	0.10
氯（Cl）/%	0.25	0.15	0.10	0.09	0.08
镁（Mg）/%	0.04	0.04	0.04	0.04	0.04
钾（K）/%	0.30	0.26	0.24	0.21	0.18
铜（Cu）/毫克	6.00	6.00	4.50	4.00	3.50
碘（I）/毫克	0.14	0.14	0.14	0.14	0.14
铁（Fe）/毫克	105	105	70	60	50
锰（Mn）/毫克	4.00	4.00	3.00	2.00	2.00
硒（Se）/毫克	0.30	0.30	0.30	0.25	0.25

（续）

体重/千克	3~8	8~20	20~35	35~60	60~90
锌（Zn）/毫克	110	110	70	60	50
维生素和脂肪酸或每千克饲粮的含量⑤					
维生素 A/国际单位⑥	2 200	1 800	1 500	1 400	1 300
维生素 D_3/国际单位⑦	22⑤	200	170	160	150
维生素 E/国际单位⑧	16	11	11	11	11
维生素 K/毫克	0.50	0.50	0.50	0.50	0.50
硫胺素/毫克	1.50	1.00	1.00	1.00	1.00
核黄素/毫克	4.00	3.50	2.50	2.00	2.00
泛酸/毫克	12.00	10.00	8.00	7.50	7.00
烟酸/毫克	20.00	15.00	10.00	8.50	7.50
吡哆醇/毫克	2.00	1.50	1.00	1.00	1.00
生物素/毫克	0.08	0.05	0.05	0.05	0.05
叶酸/毫克	0.30	0.30	0.30	0.30	0.30
维生素 B_{12}/微克	20.00	17.50	11.00	8.00	6.00
胆碱/克	0.60	0.50	0.35	0.30	0.30
亚油酸/%	0.10	0.10	0.10	0.10	0.10

注：①瘦肉率高于65%的公、母混养猪群（阉公猪和青年母猪各一半）。

②假定代谢率为消化能的96%。

③3~10千克猪的赖氨酸百分比是根据试验和经验数据的估测值，其他氨基酸的需要量是其与赖氨酸的比例（理想蛋白质）的估测值；20~90千克猪赖氨酸的需要量是结合生长模型、试验数据和经验数据的估测值，其他氨基酸的需要量是其与赖氨酸的比例（理想蛋白质）的估测值。

④矿物质的需要量包括饲料原料中提供的矿物质量；对于发育公猪和后备母猪，钙、总磷和有效磷的需要量应提高 0.005%~0.1%。

⑤维生素需要量包括饲料中提供的维生素量。

⑥1国际单位维生素 A＝0.344 微克维生素 A 醋酸酯。

⑦1国际单位维生素 D_3＝0.025 微克胆钙化醇。

⑧1国际单位维生素 E＝0.67 毫克 D‐α‐生育酚或 1 毫克 DL‐α‐生育酚醋酸酯。

附表-2　生长育肥猪① 每日每头营养需要量

（自由采食，88%干物质）

体重/千克	3~8	8~20	20~35	35~60	60~90
平均体重/千克	5.5	14.0	27.5	47.5	75.0
日增重/（千克/天）	0.24	0.44	0.61	0.69	0.80
采食量/（千克/天）	0.30	0.74	1.43	1.90	2.50
饲料/增重	1.25	1.68	2.34	2.75	3.13
饲料消化能含量/〔兆焦/天（千卡/天）〕	4.21 (1 005)	10.06 (2 405)	19.15 (4 575)	25.44 (6 080)	33.48 (8 000)
饲料代谢能含量/〔兆焦/天（千卡/天）〕②	4.04 (965)	9.66 (2 310)	18.39 (4 390)	24.43 (5 835)	32.15 (7 675)
粗蛋白质/（克/天）	63	141	255	312	363
氨基酸③/（克/天）					
赖氨酸（Lys）	4.3	8.6	12.9	15.6	17.5
蛋氨酸（Met）	1.2	2.2	3.4	4.2	4.8
蛋氨酸（Met）＋胱氨酸（Cys）	2.4	4.9	7.3	9.1	10.0
苏氨酸（Thr）	2.8	5.6	8.3	10.6	12.0
色氨酸（Trp）	0.8	1.6	2.3	2.9	3.3
异亮氨酸（Ile）	2.4	4.7	6.7	8.7	9.8
亮氨酸（Leu）	4.3	8.4	12.2	14.8	15.8
精氨酸（Arg）	1.7	3.4	5.0	5.7	5.5
缬氨酸（Val）	2.9	5.9	8.7	10.8	11.8
组氨酸（His）	1.4	2.7	4.0	4.9	5.5
苯丙氨酸（Phe）	2.6	5.1	7.4	9.1	10.0
苯丙氨酸（Phe）＋酪氨酸（Tyr）	4.0	7.9	11.7	14.6	16.0
矿物质元素或每千克饲粮含量④					
钙（Ca）/%	2.64	5.48	8.87	10.45	12.25
总磷（total P）/%	2.22	4.29	7.58	9.12	10.75
非植酸磷（nonphytate P）/%	1.62	2.66	3.58	3.80	4.25
钠（Na）/%	0.75	1.11	1.72	1.90	2.50

（续）

体重/千克	3～8	8～20	20～35	35～60	60～90
氯（Cl）/%	0.75	1.11	1.43	1.71	2.00
镁（Mg）/%	0.12	0.30	0.57	0.76	1.00
钾（K）/%	0.90	1.92	3.43	3.99	4.50
铜（Cu）/毫克	1.80	4.44	6.44	7.60	8.75
碘（I）/毫克	0.04	0.10	0.20	0.27	0.35
铁（Fe）/毫克	31.50	77.70	100.10	114.00	125.00
锰（Mn）/毫克	1.20	2.96	4.29	3.80	5.00
硒（Se）/毫克	0.09	0.22	0.43	0.48	0.63
锌（Zn）/毫克	33.0	81.40	100.10	114.00	125.00
维生素和脂肪酸⑤					
维生素 A/国际单位⑥	660	1 330	2 145	2 660	3 250
维生素 D_3/国际单位⑦	66	148	243	304	375
维生素 E/国际单位⑧	5	8.5	16	21	28
维生素 K/毫克	0.15	0.37	0.72	0.95	1.25
硫胺素/毫克	0.45	0.74	1.43	1.90	2.50
核黄素/毫克	1.20	2.59	3.58	3.80	5.00
泛酸/毫克	3.60	7.40	11.44	16.15	18.75
烟酸/毫克	6.00	11.10	14.30	16.15	18.75
吡哆醇/毫克	0.60	1.11	1.43	1.90	2.50
生物素/毫克	0.02	0.04	0.07	0.10	0.13
叶酸/毫克	0.09	0.22	0.43	0.57	0.75
维生素 B_{12}/微克	6.00	12.95	15.73	15.20	15.00
胆碱/克	0.18	0.37	0.50	0.57	0.75
亚油酸/%	0.30	0.74	1.43	1.90	2.50

注：表中注释对应内容同附表-1。

2. 妊娠母猪饲养标准

附表-3 妊娠母猪[①] 每千克饲料营养含量

（88％干物质）

妊娠期	妊娠前期			妊娠后期		
配种体重/千克[②]	120～150	150～180	＞180	120～150	150～180	＞180
预期窝产仔数/头	10	11	11	10	11	11
采食量/（千克/天）	2.10	2.14	2.00	2.60	2.80	3.00
饲料消化能含量/［兆焦/千克（千卡/千克）］	12.75（3 050）	12.25（2 950）	12.15（2 900）	12.75（3 050）	12.55（3 000）	12.55（3 000）
饲料代谢能含量/［兆焦/千克（千卡/千克）］[③]	12.25（2 930）	11.85（2 830）	11.65（2 830）	12.56（2 930）	12.05（2 880）	12.05（2 880）
粗蛋白质/（克/天）[④]	13.0	12.0	12.0	14.0	13.0	12.0
能量蛋白比/［千焦/％（千卡/％）］	981（235）	1029（246）	1030（246）	911（218）	965（231）	1045（250）
赖氨酸能量比/［克/兆焦（克/兆卡）］	0.42（1.74）	0.40（1.67）	0.38（1.58）	0.42（1.70）	0.41（1.70）	0.38（1.60）
氨基酸/％						
赖氨酸（Lys）	0.53	0.49	0.46	0.53	0.51	0.48
蛋氨酸（Met）	0.14	0.13	0.12	0.14	0.13	0.12
蛋氨酸(Met)+胱氨酸(Cys)	0.34	0.32	0.31	0.34	0.33	0.32
苏氨酸（Thr）	0.40	0.39	0.37	0.40	0.40	0.38
色氨酸（Trp）	0.10	0.09	0.09	0.10	0.09	0.09
异亮氨酸（Ile）	0.29	0.28	0.26	0.29	0.29	0.27
亮氨酸（Leu）	0.45	0.41	0.37	0.45	0.42	0.38
精氨酸（Arg）	0.06	0.02	0.00	0.06	0.02	0.00
缬氨酸（Val）	0.35	0.32	0.30	0.35	0.33	0.31
组氨酸（His）	0.17	0.16	0.15	0.17	0.17	0.16
苯丙氨酸（Phe）	0.29	0.27	0.25	0.29	0.28	0.26
苯丙氨酸（Phe）+酪氨酸（Tyr）	0.49	0.45	0.43	0.49	0.47	0.44

（续）

妊娠期	妊娠前期	妊娠后期
妊娠期矿物质元素或每千克饲粮含量⑤		
钙（Ca）/%	0.68	
总磷（total P）/%	0.54	
非植酸磷（nonphytate P）/%	0.32	
钠（Na）/%	0.14	
氯（Cl）/%	0.11	
镁（Mg）/%	0.04	
钾（K）/%	0.18	
铜（Cu）/毫克	5.0	
碘（I）/毫克	0.13	
铁（Fe）/毫克	75.0	
锰（Mn）/毫克	18.0	
硒（Se）/毫克	0.14	
锌（Zn）/毫克	45.0	
维生素和脂肪酸或每千克饲粮含量⑥		
维生素 A/国际单位⑦	3 620	
维生素 D_3/国际单位⑧	180	
维生素 E/国际单位⑨	40	
维生素 K/毫克	0.50	
硫胺素/毫克	0.90	
核黄素/毫克	3.40	
泛酸/毫克	11	
烟酸/毫克	9.05	
吡哆醇/毫克	0.90	
生物素/毫克	0.19	
叶酸/毫克	1.20	

（续）

妊娠期	妊娠前期	妊娠后期
维生素 B$_{12}$/微克	14.0	
胆碱/克	1.15	
亚油酸/%	0.10	

注：①消化能和氨基酸是根据国内试验报告，企业经验数据和 NRC（1998）妊娠模型得到的。

②妊娠前期指妊娠前 12 周，妊娠后期是指妊娠后 4 周；"120～150 千克"适用于初产母猪和因泌乳期消耗过度的经产母猪，"150～180 千克"阶段适用于自身尚有生产潜力的经产母猪，"180 千克以上"指达到标准成年体重的经产母猪，其对养分的需要量不随体重的增加而变化。

③假定代谢能为消化能的 96%。

④以玉米—豆粕型为基础确定。

⑤矿物质需要量包括饲料原料中提供的矿物质。

⑥维生素需要量包括饲料中提供的维生素量。

⑦1 国际单位维生素 A＝0.344 微克维生素 A 醋酸酯。

⑧1 国际单位维生素 D$_3$＝0.025 微克胆钙化醇。

⑨1 国际单位维生素 E＝0.67 毫克 D-α-生育酚或 1 毫克 DL-α-生育酚醋酸酯。

3. 泌乳母猪每千克饲粮养分含量

附表-4 泌乳母猪[①]每千克饲料营养含量

（88%干物质）

分娩体重/千克	140～180		180～240	
泌乳期体重变化/千克	0.0	−10.0	−7.5	−15
哺乳窝仔数/头	9	9	10	10
采食量/（千克/天）	5.25	4.65	5.65	5.20
饲料消化能含量/［兆焦/千克（千卡/千克）］	13.80（3 300）	13.80（3 300）	13.80（3 300）	13.80（3 300）
饲料代谢能含量/［兆焦/千克[②]（千卡/千克）][③]	13.25（3 170）	13.25（3 170）	13.25（3 170）	13.25（3 170）
粗蛋白质/（克/天）	17.5	18.0	18.0	18.5
能量蛋白比/［千焦/%（千卡/%）］	789（189）	767（183）	767（183）	746（178）

附录 猪饲养标准

（续）

分娩体重/千克	140～180		180～240	
赖氨酸能量比/［克/兆焦（克/兆卡）］	0.64 (2.67)	0.67 (2.83)	0.66 (2.76)	0.68 (2.85)
氨基酸/%				
赖氨酸（Lys）	0.88	0.93	0.91	0.94
蛋氨酸（Met）	0.22	0.24	0.23	0.24
蛋氨酸（Met）＋胱氨酸（Cys）	0.42	0.45	0.44	0.45
苏氨酸（Thr）	0.56	0.59	0.58	0.60
色氨酸（Trp）	0.16	0.17	0.17	0.18
异亮氨酸（Ile）	0.49	0.52	0.51	0.53
亮氨酸（Leu）	0.95	1.01	0.98	1.02
精氨酸（Arg）	0.48	0.48	0.47	0.47
缬氨酸（Val）	0.74	0.79	0.77	0.81
组氨酸（His）	0.34	0.36	0.35	0.37
苯丙氨酸（Phe）	0.47	0.50	0.48	0.50
苯丙氨酸（Phe）＋酪氨酸（Tyr）	0.97	1.03	1.00	1.04
矿物质元素或每千克饲粮含量[④]				
钙（Ca）/%	0.77			
总磷（total P）/%	0.62			
非植酸磷（nonphytate P）/%	0.36			
钠（Na）/%	0.21			
氯（Cl）/%	0.16			
镁（Mg）/%	0.04			
钾（K）/%	0.21			
铜（Cu）/毫克	5.0			
碘（I）/毫克	0.14			
铁（Fe）/毫克	80.0			

· 303 ·

（续）

分娩体重/千克	140～180	180～240
锰（Mn）/毫克	20.5	
硒（Se）/毫克	0.15	
锌（Zn）/毫克	51.0	
维生素和脂肪酸或每千克饲粮含量⑤		
维生素 A/国际单位⑥	2 050	
维生素 D₃/国际单位⑦	205	
维生素 E/国际单位⑧	45	
维生素 K/毫克	0.5	
硫胺素/毫克	1.00	
核黄素/毫克	3.85	
泛酸/毫克	12	
烟酸/毫克	10.25	
吡哆醇/毫克	1.00	
生物素/毫克	0.21	
叶酸/毫克	1.35	
维生素 B₁₂/微克	15	
胆碱/克	1.00	
亚油酸/%	0.10	

注：①由于国内缺乏哺乳母猪的试验数据，消化能和氨基酸是根据国内一些企业的经验数据和 NRC（1998）的泌乳模型得到的。

②假定代谢能为消化能的 96%。

③以玉米—豆粕型为基础确定的。

④矿物质需要量包括饲料原料中提供的矿物质。

⑤维生素需要量包括饲料中提供的维生素量。

⑥1 国际单位维生素 A＝0.344 微克维生素 A 醋酸酯。

⑦1 国际单位维生素 D₃＝0.025 微克胆钙化醇。

⑧1 国际单位维生素 E＝0.67 毫克 D-α-生育酚或 1 毫克 DL-α-生育酚醋酸酯。

4. 配种公猪饲养标准

附表-5　配种公猪每千克饲料养分含量和每日每头营养需要量

（88%干物质）①

项　　目	每千克饲粮养分含量	每日每头需要量
饲粮消化能含量/［兆焦/千克（千卡/千克）］	12.95（3 100）	12.95（3 100）
代谢能摄入量/［兆焦/千克（千卡/千克）］	12.45（2 975）	12.45（2 975）
消化量摄入量/［兆焦/千克②（千卡/千克）］	21.70（6 820）	21.70（6 820）
饲粮代谢能含量/［兆焦/千克（千卡/千克）］	20.85（6 545）	20.85（6 545）
采食量/（千克/天）③	2.2	2.2
粗蛋白质④/%	13.5	13.5
能量蛋白比/［千焦/%（千卡/%）］	959（230）	959（230）
赖氨酸能量比/［克/兆焦（克/兆卡）］	0.42（1.78）	0.42（1.78）

氨基酸需要量

氨基酸	每千克饲粮养分含量	每日需要量
赖氨酸（Lys）	0.55%	12.1 克
蛋氨酸（Met）	0.15%	3.31 克
蛋氨酸（Met）＋胱氨酸（Cys）	0.38%	8.4 克
苏氨酸（Thr）	0.46%	10.1 克
色氨酸（Trp）	0.11%	2.4 克
异亮氨酸（Ile）	0.32%	7.0 克
亮氨酸（Leu）	0.47%	10.3 克
精氨酸（Arg）	0.00%	0.0 克
缬氨酸（Val）	0.36%	7.9 克
组氨酸（His）	0.17%	3.7 克
苯丙氨酸（Phe）	0.30%	6.6 克
苯丙氨酸（Phe）＋酪氨酸（Tyr）	0.52%	11.4 克

矿物质元素⑤

钙（Ca）/%	0.70%	15.4 克

（续）

项　　目	每千克饲粮养分含量	每日每头需要量
总磷（total P）/%	0.55%	12.1 克
有效磷（nonphytate P）	0.32%	7.04 克
钠（Na）/%	0.14%	3.08 克
氯（Cl）/%	0.11%	2.42 克
镁（Mg）/%	0.04%	0.88 克
钾（K）/%	0.20%	4.40 克
铜（Cu）/毫克	5	11
碘（I）/毫克	0.15	0.33
铁（Fe）/毫克	80	176
锰（Mn）/毫克	20	44
硒（Se）/毫克	0.15	0.33
锌（Zn）/毫克	75	165
维生素和脂肪酸[6]		
维生素 A/国际单位[7]	4 000	8 800
维生素 D₃/国际单位[8]	220	485
维生素 E/国际单位[9]	45	100
维生素 K/毫克	0.50	1.10
硫胺素/毫克	1.0	2.2
核黄素/毫克	3.5	7.7
泛酸/毫克	12	26.4
烟酸/毫克	10	22
吡哆醇/毫克	1.0	2.2
生物素/毫克	0.20	0.44
叶酸/毫克	1.30	2.86

（续）

项　　目	每千克饲粮养分含量	每日每头需要量
维生素 B_{12}/微克	15	33
胆碱/克	1.25	2.75
亚油酸	0.10%	2.2 克

注：①需要量的制订以每日采食 2.2 千克饲粮为基础，采食量需要根据公猪的体重和期望的增重进行调整。

②假定代谢能为消化能的 96%。

③以玉米—豆粕型为基础确定的。

④配种前 1 个月采食量 20%～25%，冬季严寒期采食量增加 10%～20%。

⑤矿物质需要量包括饲料原料中提供的矿物质。

⑥维生素需要量包括饲料中提供的维生素量。

⑦1 国际单位维生素 A=0.344 微克维生素 A 醋酸酯。

⑧1 国际单位维生素 D_3=0.025 微克胆钙化醇。

⑨1 国际单位维生素 E=0.67 毫克 D-α-生育酚或 1 毫克 DL-α-生育酚醋酸酯。

（二）肉脂型猪饲养标准

1. 生长育肥猪饲养标准

附表-6　生长育肥猪每千克饲料营养含量

（一型标准①，自由采食，88% 干物质）

体重/千克	5～8	8～15	15～30	30～60	60～90
日增重/（千克/天）	0.22	0.38	0.50	0.60	0.70
采食量/（千克/天）	0.40	0.87	1.36	2.02	2.94
饲料/增重	1.82	2.29	2.72	3.37	4.20
饲料消化能含量/［兆焦/天（千卡/千克）］	13.80（3 300）	13.60（3 250）	12.95（3 100）	12.95（3 100）	12.95（3 100）
粗蛋白质②/（克/天）	21.0	18.2	16.0	14.0	13.0
能量蛋白比/［千焦/%（千卡/%）］	657（157）	747（179）	810（194）	925（221）	996（238）
赖氨酸能量比/［克/兆焦（克/兆卡）］	0.97（4.06）	0.77（3.23）	0.66（2.75）	0.53（2.23）	0.46（1.94）

（续）

体重/千克	5～8	8～15	15～30	30～60	60～90
氨基酸[3]/%					
赖氨酸（Lys）	1.34	1.05	0.85	0.69	0.60
蛋氨酸（Met）＋胱氨酸（Cys）	0.65	0.53	0.43	0.38	0.34
苏氨酸（Thr）	0.77	0.62	0.50	0.45	0.39
色氨酸（Trp）	0.19	0.15	0.12	0.11	0.11
异亮氨酸（Ile）	0.73	0.59	0.47	0.43	0.37
矿物质元素或每千克饲粮含量[4]					
钙（Ca）/%	0.866	0.74	0.64	0.55	0.46
总磷（total P）/%	0.67	0.60	0.55	0.46	0.37
非植酸磷（nonphytate P）/%	0.42	0.32	0.29	0.21	0.14
钠（Na）/%	0.20	0.15	0.09	0.09	0.09
氯（Cl）/%	0.20	0.15	0.07	0.07	0.07
镁（Mg）/%	0.04	0.04	0.04	0.04	0.04
钾（K）/%	0.29	0.26	0.24	0.21	0.16
铜（Cu）/毫克	6.0	5.5	4.6	3.7	3.0
碘（I）/毫克	0.13	0.13	0.13	0.13	0.13
铁（Fe）/毫克	100	92	74	55	37
锰（Mn）/毫克	4.0	3.0	3.0	2.0	2.0
硒（Se）/毫克	0.30	0.27	0.23	0.14	0.09
锌（Zn）/毫克	100	90	75	55	45
维生素和脂肪酸或每千克饲粮含量[5]					
维生素 A/国际单位[6]	2 100	2 000	1 600	1 200	1 200
维生素 D_3/国际单位[7]	210	200	180	140	140
维生素 E/国际单位[8]	15	15	10	10	10
维生素 K/毫克	0.5	0.5	0.5	0.5	0.5

（续）

体重/千克	5～8	8～15	15～30	30～60	60～90
硫胺素/毫克	1.5	1.0	1.0	1.0	1.0
核黄素/毫克	4.0	3.5	3.0	2.0	2.0
泛酸/毫克	12	10	8	7	6
烟酸/毫克	20.0	14.0	12.0	9.0	6.5
吡哆醇/毫克	2.0	15	1.5	1.0	1.0
生物素/毫克	0.08	0.05	0.05	0.05	0.05
叶酸/毫克	0.30	0.30	0.30	0.30	0.30
维生素 B_{12}/微克	20.0	16.5	14.5	10.0	5.0
胆碱/克	0.5	0.4	0.3	0.3	0.3
亚油酸/%	0.1	0.1	0.1	0.1	0.1

注：①一型标准：瘦肉率（52±1.5）%，达 90 千克时间 175 天左右的肉脂型猪。

②粗蛋白质的需要量原则上是以玉米—豆粕型日粮满足可消化氨基酸需要而确定的。为克服早期断奶给仔猪带来的应激，5～8 千克阶段使用了较多的动物蛋白和乳制品。

表中其余注释对应内容同附表-1。

附表-7　生长肥育猪每日每头营养需要量
（一型标准①，自由采食，88%干物质）

体重/千克	5～8	8～15	15～30	30～60	60～90
日增重/（千克/天）	0.22	0.38	0.50	0.60	0.70
采食量/（千克/天）	0.40	0.87	1.36	2.02	2.94
饲料/增重	1.82	2.29	2.72	3.37	4.20
饲料消化能含量/〔兆焦/天（兆卡/千克）〕	13.80（3 300）	13.60（3 250）	12.95（3 100）	12.95（3 100）	12.95（3 100）
粗蛋白质②/（克/天）	84.0	158.3	217.6	282.8	382.2
氨基酸③/（克/天）					
赖氨酸（Lys）	5.4	9.1	11.6	13.9	17.6
蛋氨酸（Met）＋胱氨酸（Cys）	2.6	4.6	5.8	7.7	10.0

（续）

体重/千克	5～8	8～15	15～30	30～60	60～90
苏氨酸（Thr）	3.1	5.4	6.8	9.1	11.5
色氨酸（Trp）	0.8	1.3	1.6	2.2	3.2
异亮氨酸（Ile）	2.9	5.1	6.4	8.7	10.9
矿物质元素④					
钙（Ca）/%	3.4	6.4	8.7	11.1	13.5
总磷（total P）/%	2.7	5.2	7.5	9.3	10.9
非植酸磷（nonphytate P）/%	1.7	2.8	3.9	4.2	4.1
钠（Na）/%	0.8	1.3	1.2	1.8	2.6
氯（Cl）/%	0.8	1.3	1.0	1.4	2.1
镁（Mg）/%	0.2	0.3	0.5	0.8	1.2
钾（K）/%	1.2	2.3	3.3	4.2	4.7
铜（Cu）/毫克	2.40	4.79	6.12	8.08	8.82
铁（Fe）/毫克	40.00	80.04	100.64	111.10	108.78
碘（I）/毫克	0.05	0.11	0.18	0.26	0.38
锰（Mn）/毫克	1.60	2.61	4.08	4.04	5.88
硒（Se）/毫克	0.12	0.22	0.34	0.30	0.29
锌（Zn）/毫克	40.0	78.3	102.0	111.1	132.3
维生素和脂肪酸⑤					
维生素 A/国际单位⑥	840	1 740	2 176	2 424	3 528
维生素 D₃/国际单位⑦	84	174	244.8	282.8	411.6
维生素 E/国际单位⑧	6.0	13.1	13.6	20.2	29.4
维生素 K/毫克	0.2	0.4	0.7	1.0	1.5
硫胺素/毫克	0.6	0.9	1.4	2.0	2.9
核黄素/毫克	1.6	3.0	4.1	4.0	5.9
泛酸/毫克	4.8	12.2	16.3	18.2	19.1

（续）

体重/千克	5~8	8~15	15~30	30~60	60~90
烟酸/毫克	8.0	12.2	16.3	18.2	19.1
吡哆醇/毫克	0.8	1.3	2.0	2.0	2.9
生物素/毫克	0.0	0.0	0.1	0.1	0.1
叶酸/毫克	0.1	0.3	0.4	0.6	0.9
维生素 B_{12}/微克	8.0	14.4	19.7	20.2	14.7
胆碱/克	0.2	0.3	0.4	0.6	0.9
亚油酸/%	0.4	0.9	1.4	2.0	2.9

注：①一型标准：瘦肉率（52±1.5）%，达 90 千克时间 175 天左右的肉脂型猪。

②粗蛋白质的需要量原则上是以玉米—豆粕型日粮满足可消化氨基酸需要而确定的。为克服早期断奶给仔猪带来的应激，5~8 千克阶段使用了较多的动物蛋白和乳制品。

表中其余注释对应内容同附表-1。

附表-8　生长肥育猪每千克饲料营养含量

（二型标准①，自由采食，88%干物质）

体重/千克	8~15	15~30	30~60	60~90
日增重/（千克/天）	0.34	0.45	0.55	0.65
采食量/（千克/天）	0.87	1.30	1.96	2.89
饲料/增重	2.56	2.89	3.56	4.45
饲料消化能含量/［兆焦/千克（千卡/千克）］	13.30 (3 180)	12.25 (2 930)	12.25 (2 930)	12.25 (2 930)
粗蛋白质②/（克/天）	17.5	16.0	14.0	13.0
能量蛋白比/［千焦/%（千卡/%）］	760 (182)	766 (183)	875 (209)	942 (225)
赖氨酸能量比/［克/兆焦（克/兆卡）］	0.74 (3.11)	0.65 (2.73)	0.53 (2.22)	0.46 (1.91)
氨基酸③/%				

（续）

体重/千克	5～8	8～15	15～30	30～60	60～90
赖氨酸（Lys）	0.99	0.80	0.65	0.56	
蛋氨酸（Met）＋胱氨酸（Cys）	0.56	0.40	0.35	0.32	
苏氨酸（Thr）	0.64	0.48	0.41	0.37	
色氨酸（Trp）	0.18	0.12	0.11	0.10	
异亮氨酸（Ile）	0.54	0.45	0.40	0.34	
矿物质元素或每千克饲粮含量④					
钙（Ca）/%	0.72	0.62	0.53	0.44	
总磷（total P）/%	0.58	0.53	0.44	0.35	
非植酸磷（nonphytate P）/%	0.31	0.27	0.20	0.13	
钠（Na）/%	0.14	0.09	0.09	0.09	
氯（Cl）/%	0.14	0.07	0.07	0.07	
镁（Mg）/%	0.04	0.04	0.04	0.04	
钾（K）/%	0.25	0.23	0.20	0.15	
铜（Cu）/毫克	5.00	4.00	3.00	3.00	
铁（Fe）/毫克	90	70	55	35	
碘（I）/毫克	0.12	0.12	0.12	0.12	
锰（Mn）/毫克	3.00	2.50	2.00	2.00	
硒（Se）/毫克	0.26	0.22	0.13	0.09	
锌（Zn）/毫克	90	70	53	44	
维生素和脂肪酸或每千克饲粮含量⑤					
维生素 A/国际单位⑥	1 900	1 550	1 150	1 150	
维生素 D_3/国际单位⑦	190	170	130	130	
维生素 E/国际单位⑧	15	10	10	10	
维生素 K/毫克	0.45	0.45	0.45	0.45	
硫胺素/毫克	1.00	1.00	1.00	1.00	
核黄素/毫克	3.00	2.50	2.00	2.00	

（续）

体重/千克	8～15	15～30	30～60	60～90
泛酸/毫克	10.00	8.00	7.00	6.00
烟酸/毫克	14.00	12.00	9.00	6.50
吡哆醇/毫克	1.50	1.50	1.00	1.00
生物素/毫克	0.05	0.04	0.04	0.04
叶酸/毫克	0.30	0.30	10.00	5.00
维生素 B_{12}/微克	15.00	13.00	10.00	5.00
胆碱/克	0.40	0.30	0.30	0.30
亚油酸/%	0.10	0.10	0.10	0.10

注：①二型标准：瘦肉率49%±1.5%，达90千克时间185天左右的肉脂型猪，5～8千克阶段的各种营养需要同一型标准。

表中②同附表-5，表中其余注释对应内容同附表-1。

附表-9　生长肥育猪每日每头营养需要量
（二型标准①，自由采食，88%干物质）

体重/千克	8～15	15～30	30～60	60～90
日增重/（千克/天）	0.34	0.45	0.55	0.65
采食量/（千克/天）	0.87	1.30	1.96	2.89
饲料/增重	2.56	2.89	3.56	4.45
饲料消化能含量/［兆焦/天（千卡/千克）］	13.30 (3 180)	12.25 (2 930)	12.25 (2 930)	12.25 (2 930)
粗蛋白质/（克/天）	152.3	20.0	274.4	375.7
氨基酸/（克/天）				
赖氨酸（Lys）	8.6	10.4	12.7	16.2
蛋氨酸（Met）＋胱氨酸（Cys）	4.9	5.2	6.9	9.2
苏氨酸（Thr）	5.5	6.2	8.0	10.7
色氨酸（Trp）	1.6	1.6	2.2	2.9
异亮氨酸（Ile）	4.7	5.9	7.8	9.8

（续）

体重/千克	8～15	15～30	30～60	60～90
矿物质元素				
钙（Ca）/%	6.3	8.1	10.4	12.7
总磷（total P）/%	5.0	6.9	8.6	10.1
非植酸磷（nonphytate P）/%	2.7	3.5	3.9	3.8
钠（Na）/%	1.2	1.2	1.8	2.6
氯（Cl）/%	1.2	0.9	1.4	2.0
镁（Mg）/%	0.3	0.5	0.8	1.2
钾（K）/%	2.2	3.0	3.9	4.3
铜（Cu）/毫克	4.4	5.2	5.9	8.7
铁（Fe）/毫克	78.3	91.0	107.8	101.2
碘（I）/毫克	0.1	0.2	0.2	0.3
锰（Mn）/毫克	2.6	3.3	3.9	5.8
硒（Se）/毫克	0.2	0.3	0.3	0.3
锌（Zn）/毫克	78.3	91.0	103.9	127.2
维生素和脂肪酸				
维生素 A/国际单位[6]	1 653	2 015	2 254	3 324
维生素 D_3/国际单位[7]	165	221	255	376
维生素 E/国际单位[8]	13.1	13.0	19.6	28.9
维生素 K/毫克	0.4	0.6	0.9	1.3
硫胺素/毫克	0.9	1.3	2.0	2.9
核黄素/毫克	2.6	3.3	3.9	5.8
泛酸/毫克	8.7	10.4	13.7	17.3
烟酸/毫克	12.16	15.6	17.6	18.79
吡哆醇/毫克	1.3	2.0	2.0	2.9
生物素/毫克	0.0	0.1	0.1	0.1
叶酸/毫克	0.3	0.4	0.6	0.9

（续）

体重/千克	8～15	15～30	30～60	60～90
维生素 B_{12}/微克	13.1	16.9	19.6	14.5
胆碱/克	0.3	0.4	0.6	0.9
亚油酸/%	0.9	1.3	2.0	2.9

注：①二型标准：瘦肉率（49±1.5）%，达90千克时间185天左右的肉脂型猪，5～8千克阶段的各种营养需要同一型标准。

表中其余注释对应内容同附表-1。

附表-10　生长肥育猪每千克饲料营养含量

（二型标准①，自由采食，88%干物质）

体重/千克	15～30	30～60	60～90
日增重/（千克/天）	0.40	0.50	0.59
采食量/（千克/天）	1.28	1.95	2.92
饲料/增重	3.20	3.90	4.95
饲料消化能含量/[兆焦/千克(兆卡/千克)]	11.70 (2 800)	11.70 (2 800)	11.70 (2 800)
粗蛋白质/（克/天）	15.0	14.0	13.0
能量蛋白比/[千焦/%（千卡/%）]	780 (187)	835 (200)	900 (215)
赖氨酸能量比/[克/兆焦（克/兆卡）]	0.67 (2.79)	0.50 (2.11)	0.43 (1.79)
氨基酸/%			
赖氨酸（Lys）	0.78	0.59	0.50
蛋氨酸（Met）＋胱氨酸（Cys）	0.40	0.31	0.28
苏氨酸（Thr）	0.46	0.38	0.33
色氨酸（Trp）	0.11	0.10	0.09
异亮氨酸（Ile）	0.44	0.36	0.31
矿物质元素或每千克饲粮含量			
钙（Ca）/%	0.59	0.50	0.42
总磷（total P）/%	0.50	0.42	0.34
非植酸磷（nonphytate P）/%	0.27	0.19	0.13

（续）

体重/千克	15～30	30～60	60～90
钠（Na）/%	0.08	0.08	0.08
氯（Cl）/%	0.07	0.07	0.07
镁（Mg）/%	0.03	0.03	0.03
钾（K）/%	0.22	0.19	0.14
铜（Cu）/毫克	4.00	3.00	3.00
铁（Fe）/毫克	70	50	35
碘（I）/毫克	0.12	0.12	0.12
锰（Mn）/毫克	3.00	2.00	2.00
硒（Se）/毫克	0.21	0.13	0.08
锌（Zn）/毫克	70	50	40
维生素和脂肪酸或每千克饲粮含量			
维生素 A/国际单位[6]	1 470	1 090	1 090
维生素 D_3/国际单位[7]	168	126	126
维生素 E/国际单位[8]	9	9	9
维生素 K/毫克	0.4	0.4	0.4
硫胺素/毫克	1.0	1.0	1.0
核黄素/毫克	2.50	2.00	2.00
泛酸/毫克	8.00	7.00	6.00
烟酸/毫克	12.00	9.00	6.50
吡哆醇/毫克	1.50	1.00	1.00
生物素/毫克	0.04	0.04	0.04
叶酸/毫克	0.25	0.25	0.25
维生素 B_{12}/微克	12.00	10.00	5.00
胆碱/克	0.34	0.25	0.25
亚油酸/%	0.10	0.10	0.10

注：①二型标准：瘦肉率（49±1.5)%，达 90 千克时间 185 天左右的肉脂型猪，5～8 千克阶段的各种营养需要同一型标准。

表中其余注释对应内容同附表-1。

附表-11 生长肥育猪每日每头营养需要量

（三型标准①，自由采食，88%干物质）

体重/千克	15～30	30～60	60～90
日增重/（千克/天）	0.4	0.5	0.59
采食量/（千克/天）	1.28	1.95	2.92
饲料/增重	3.20	3.90	4.95
饲料消化能含量/［兆焦/天（千卡/千克）］	11.70 (2 800)	11.70 (2 800)	11.70 (2 800)
粗蛋白质/（克/天）	192.0	273.0	379.6
氨基酸/（克/天）			
赖氨酸（Lys）	10.0	11.5	14.6
蛋氨酸（Met）＋胱氨酸（Cys）	5.1	6.0	8.2
苏氨酸（Thr）	5.9	7.4	9.6
色氨酸（Trp）	1.4	2.0	2.6
异亮氨酸（Ile）	5.6	7.0	9.1
矿物质元素			
钙（Ca）/%	7.6	9.8	12.3
总磷（total P）/%	6.4	8.2	9.9
非植酸磷（nonphytate P）/%	3.5	3.7	3.8
钠（Na）/%	1.0	1.6	2.3
氯（Cl）/%	0.9	1.4	2.0
镁（Mg）/%	0.4	0.6	0.9
钾（K）/%	2.8	3.7	4.4
铜（Cu）/毫克	5.1	5.9	8.8
铁（Fe）/毫克	89.6	97.5	102.2
铜（Cu）/毫克	0.2	0.2	0.4
锰（Mn）/毫克	3.8	3.9	5.8
硒（Se）/毫克	0.3	0.3	0.3
锌（Zn）/毫克	89.6	97.5	116.8

（续）

体重/千克	15～30	30～60	60～90
维生素和脂肪酸			
维生素 A/国际单位[6]	1 856	2 145	3 212
维生素 D₃/国际单位[7]	217.6	243.8	365.0
维生素 E/国际单位[8]	12.8	19.5	29.2
维生素 K/毫克	0.5	0.8	1.2
硫胺素/毫克	1.3	2.0	2.9
核黄素/毫克	3.2	3.9	5.8
泛酸/毫克	10.2	13.7	17.5
烟酸/毫克	15.36	17.55	18.98
吡哆醇/毫克	1.9	2.0	2.9
生物素/毫克	0.1	0.1	0.1
叶酸/毫克	0.3	0.5	0.7
维生素 B₁₂/微克	15.4	19.5	14.6
胆碱/克	0.4	0.5	0.7
亚油酸/%	1.3	2.0	2.9

注：①三型标准：瘦肉率（46±1.5）%，达 90 千克时间 200 天左右的肉脂型猪，5～8 千克阶段的各种营养需要同一型标准。

表中其余注释对应内容同附表-1。

附表- 12　妊娠、哺乳母猪每千克饲料营养含量

（88%干物质）

项　　目	妊娠母猪	泌乳母猪
采食量/（千克/天）	2.10	5.10
饲粮代谢能含量/［兆焦/千克（千卡/千克）］	11.70 （2 800）	13.60 （3 250）
粗蛋白质/（克/天）	13.0	17.5
能量蛋白比/［千焦/%（千卡/%）］	900 （215）	777 （1 860）

（续）

项　　目	妊娠母猪	泌乳母猪
赖氨酸能量比/〔克/兆焦（克/兆卡）〕	0.37 (1.54)	0.58 (2.43)
氨基酸/%		
赖氨酸（Lys）	0.43	0.79
蛋氨酸（Met）＋胱氨酸（Cys）	0.30	0.40
苏氨酸（Thr）	0.35	0.52
色氨酸（Trp）	0.08	0.14
异亮氨酸（Ile）	0.25	0.45
矿物质元或每千克饲粮含量		
钙（Ca）/%	0.62	0.72
总磷（total P）/%	0.50	0.58
非植酸磷（nonphytate P）/%	0.30	0.34
钠（Na）/%	0.12	0.20
氯（Cl）/%	0.10	0.16
镁（Mg）/%	0.04	0.04
钾（K）/%	0.16	0.20
铜（Cu）/毫克	4.00	5.00
碘（I）/毫克	70	80
铁（Fe）/毫克	0.12	0.14
锰（Mn）/毫克	16	20
硒（Se）/毫克	0.15	0.15
锌（Zn）/毫克	50	50
维生素和脂肪酸或每千克饲粮含量		
维生素 A/国际单位[6]	3 600	2 000
维生素 D_3/国际单位[7]	180	200
维生素 E/国际单位[8]	36	44
维生素 K/毫克	0.40	0.50

（续）

项　　目	妊娠母猪	泌乳母猪
硫胺素/毫克	1.00	1.00
核黄素/毫克	3.20	3.75
泛酸/毫克	10.00	12.00
烟酸/毫克	8.00	10.00
吡哆醇/毫克	1.00	1.00
生物素/毫克	0.16	0.20
叶酸/毫克	1.10	1.30
维生素 B_{12}/微克	12.00	15.00
胆碱/克	1.00	1.00
亚油酸/%	0.10	0.10

注：表中注释对应内容同附表-1。

2. 地方猪种饲养标准

附表-13　地方猪种后备母猪每千克饲粮养分含量

（88%干物质）[1]

体重/千克	10～20	20～40	40～70
预日增重/（千克/天）	0.30	0.40	0.50
预期采食量/（千克/天）	0.63	1.08	1.65
饲料/增重	2.10	2.70	3.30
饲料消化能含量/[兆焦/天（千卡/千克）]	12.97（3 100）	12.55（3 000）	12.15（2 900）
粗蛋白质/（克/天）	18.3	16.0	14.0
能量蛋白比/[千焦/%（千卡/%）]	721（172）	784（188）	868（207）
赖氨酸能量比/[克/兆焦（克/兆卡）]	0.77（3.23）	0.70（2.93）	0.48（2.00）
氨基酸%			
赖氨酸（Lys）	1.00	0.88	0.67
蛋氨酸（Met）＋胱氨酸（Cys）	0.50	0.44	0.36
苏氨酸（Thr）	0.59	0.53	0.43

（续）

体重/千克	10～20	20～40	40～70
色氨酸（Trp）	0.15	0.13	0.11
异亮氨酸（Ile）	0.56	0.49	0.41
矿物质元素			
钙（Ca）/%	0.74	0.62	0.53
总磷（total P）/%	0.60	0.53	0.44
非植酸磷（nonphytate P）/%	0.37	0.28	0.30

注：① 除钙、磷外的矿物质元素及维生素的需要，可参照肉脂型生长肥育猪的二型标准。

3. 种公猪饲养标准

附表- 14　种公猪每千克饲粮养分含量①

（88%干物质，肉脂型）

体重/千克	10～20	20～40	40～70
日增重/（千克/天）	0.35	0.45	0.50
采食量/（千克/天）	0.72	1.17	1.67
饲料消化能含量/［兆焦/天（千卡/千克）］	12.97（3 100）	12.5（3 000）	12.55（3 000）
粗蛋白质/（克/天）	18.8	17.5	14.6
能量蛋白比/［千焦/%（千卡/%）］	690（165）	717（171）	860（205）
赖氨酸能量比/［克/兆焦（克/兆卡）］	0.81（3.39）	0.73（3.07）	0.50（2.09）
氨基酸%			
赖氨酸（Lys）	1.05	0.92	0.73
蛋氨酸（Met）＋胱氨酸（Cys）	0.53	0.47	0.37
苏氨酸（Thr）	0.62	0.55	0.47
色氨酸（Trp）	0.16	0.13	0.12
异亮氨酸（Ile）	0.59	0.52	0.45
矿物质元素			
钙（Ca）/%	0.74	0.64	0.55
总磷（total P）/%	0.60	0.55	0.46
非植酸磷（nonphytate P）/%	0.37	0.29	0.21

注：①除钙、磷外的矿物质元素及维生素的需要，可参照肉脂型生长肥育猪的一型标准。

附表-15 种公猪每日每头养分含量^①

（88%干物质，肉脂型）

体重/千克	10～20	20～40	40～70
日增重/（千克/天）	0.35	0.45	0.50
采食量/（千克/天）	0.72	1.17	1.67
饲料消化能含量/[兆焦/天（千卡/千克）]	12.97（3 100）	12.55（3 000）	12.55（3 000）
粗蛋白质/（克/天）	135.4	204.8	243.8
能量蛋白比/[千焦/%（千卡/%）]			
氨基酸%			
赖氨酸（Lys）	7.6	10.8	12.2
蛋氨酸（Met）＋胱氨酸（Cys）	3.8	10.8	12.2
苏氨酸（Thr）	4.5	10.8	12.2
色氨酸（Trp）	1.2	10.8	12.2
异亮氨酸（Ile）	4.2	10.8	12.2
矿物质元素（克/天）			
钙（Ca）/%	5.3	10.8	12.2
总磷（total P）/%	4.3	10.8	12.2
非植酸磷（nonphytate P）/%	2.7	10.8	12.2

注：①除钙、磷外的矿物质元素及维生素的需要，可参照肉脂型生长肥育猪的一型标准。

二、美国 NRC 猪饲养标准（2008 年第 10 版）

（一）瘦肉型生长肥育猪营养标准

附表-16 瘦肉型生长肥育猪每千克饲粮养分含量

（90%干物质）

指　标	体重/千克					
	3～5	5～10	10～20	20～50	50～80	80～120
消化能/（兆焦/千克）	14.24	14.24	14.24	14.24	14.24	14.24
代谢能/（兆焦/千克）	13.67	13.67	13.67	13.67	13.67	13.67

（续）

指　　标	体重/千克					
	3～5	5～10	10～20	20～50	50～80	80～120
粗蛋白/（克/天）	26.0	23.7	20.9	18.0	15.5	13.2
消化摄入能/（兆焦/天）	3.58	7.08	14.24	26.40	36.68	43.75
日采食风干料量/（克/天）	250	500	1 000	1 855	2 575	3 075
钙（Ca）/%	0.90	0.80	0.70	0.60	0.50	0.45
总磷（total P）/%	0.70	0.65	0.60	0.50	0.45	0.40
有效磷/%	0.55	0.40	0.32	0.23	0.19	0.15
钠（Na）/%	0.25	0.20	0.15	0.10	0.10	0.10
氯（Cl）/%	0.25	0.20	0.15	0.08	0.08	0.08
镁（Mg）/%	0.04	0.04	0.04	0.04	0.04	0.04
钾（K）/%	0.30	0.28	0.26	0.23	0.19	0.17
铜（Cu）/毫克	6.00	6.00	5.00	4.00	3.50	3.00
铁（Fe）/毫克	100	100	80	60	50	40
碘（I）/毫克	0.14	0.14	0.14	0.14	0.14	0.14
锰（Mn）/毫克	4.00	4.00	3.00	2.00	2.00	2.00
硒（Se）/毫克	0.30	0.30	0.25	0.15	0.15	0.15
锌（Zn）/毫克	100	100	80	60	50	50
维生素 A/国际单位[6]	2 200	2 200	1 750	1 300	1 300	1 300
维生素 D_3/国际单位[7]	220	220	200	150	150	150
维生素 E/国际单位[8]	16	16	11	11	11	11
维生素 K/毫克	0.50	0.50	0.50	0.50	0.50	0.50
生物素/毫克	0.08	0.05	0.05	0.05	0.05	0.05
胆碱/毫克	0.60	0.50	0.40	0.30	0.30	0.30
叶酸/毫克	0.30	0.30	0.30	0.30	0.30	0.30
可利用尼克酸/毫克	20.00	15.00	12.50	10.00	7.00	7.00
泛酸/毫克	12.00	10.00	9.00	8.00	7.00	7.00

（续）

指　　标	体重/千克					
	3～5	5～10	10～20	20～50	50～80	80～120
核黄素/毫克	4.00	3.50	3.00	2.50	2.00	2.00
维生素 B_1/毫克	1.00	1.00	1.00	1.00	1.00	1.00
维生素 B_2/毫克	2.00	1.50	1.50	1.00	1.00	1.00
维生素 B_{12}/毫克	20.00	17.50	15.00	10.00	5.00	5.00
以总氨基酸为基础/%						
精氨酸	0.59	0.54	0.46	0.37	0.27	0.19
组氨酸	0.48	0.43	0.36	0.30	0.24	0.19
异亮氨酸	0.83	0.73	0.63	0.51	0.42	0.33
亮氨酸	1.50	1.32	1.12	0.90	0.71	0.54
赖氨酸	1.50	1.35	1.15	0.95	0.75	0.60
蛋氨酸＋胱氨酸	0.86	0.76	0.65	0.54	0.44	0.35
苯丙氨酸＋酪氨酸	1.41	1.25	1.06	0.87	0.70	0.55
苏氨酸	0.98	0.86	0.74	0.61	0.51	0.41
色氨酸	0.27	0.24	0.21	0.17	0.14	0.11
缬氨酸	1.04	0.92	0.79	0.64	0.52	0.40
以直肠可消化氨基酸为基础/%						
精氨酸	0.54	0.49	0.42	0.33	0.24	0.16
组氨酸	0.43	0.38	0.32	0.26	0.21	0.16
异亮氨酸	0.73	0.65	0.55	0.45	0.37	0.29
亮氨酸	1.35	1.20	1.02	0.83	0.67	0.51
赖氨酸	1.34	1.19	1.01	0.83	0.66	0.52
蛋氨酸＋胱氨酸	0.76	0.68	0.58	0.47	0.39	0.31
苯丙氨酸＋酪氨酸	1.26	1.12	0.95	0.78	0.63	0.49
苏氨酸	0.84	0.74	0.63	0.52	0.43	0.34
色氨酸	0.24	0.22	0.18	0.15	0.12	0.10

（续）

指　　标	体重/千克					
	3～5	5～10	10～20	20～50	50～80	80～120
缬氨酸	0.91	0.81	0.69	0.56	0.45	0.35
以表观回肠可消化氨基酸为基础/%						
精氨酸	0.51	0.46	0.39	0.31	0.22	0.14
组氨酸	0.40	0.36	0.31	0.25	0.20	0.16
异亮氨酸	0.69	0.61	0.52	0.42	0.34	0.26
亮氨酸	1.29	1.15	0.98	0.80	0.64	0.50
赖氨酸	1.26	1.11	0.94	0.77	0.61	0.47
蛋氨酸＋胱氨酸	0.71	1.15	0.89	0.72	0.58	0.45
苯丙氨酸＋酪氨酸	1.18	1.15	0.89	0.72	0.58	0.45
苏氨酸	0.75	0.66	0.56	0.46	0.37	0.30
色氨酸	0.22	0.19	0.16	0.13	0.10	0.08
缬氨酸	0.84	0.74	0.63	0.51	0.41	0.32

注：表中注释对应同附表-1。

附表- 17　瘦肉型生长肥育猪每日每头营养需要量

指　　标	体重/千克					
	3～5	5～10	10～20	20～50	50～80	80～120
消化能/（兆焦/千克）	14.24	14.24	14.24	14.24	14.24	14.24
代谢能/（兆焦/千克）	13.67	13.67	13.67	13.67	13.67	13.67
粗蛋白/（克/天）	26.0	23.7	20.9	18.0	15.5	13.2
消化摄入能/（兆焦/天）	3.58	7.08	14.24	26.40	36.68	43.75
代谢能摄入量/（兆焦/天）	3.43	6.78	13.67	25.33	35.21	41.99
采食风干料量/（克/天）	250	500	1 000	1 855	2 575	3 075
钙（Ca）/%	2.25	4.00	7.00	11.13	12.88	13.84
总磷（total P）/%	1.75	3.25	6.00	9.28	11.59	12.30
有效磷/%	1.38	2.00	3.20	4.27	4.89	4.61

（续）

指　标	体重/千克					
	3～5	5～10	10～20	20～50	50～80	80～120
钠（Na）/%	0.63	1.00	1.50	1.86	2.58	3.08
氯（Cl）/%	0.63	1.00	1.50	1.48	2.06	2.46
镁（Mg）/%	0.10	0.20	0.40	0.74	1.03	1.23
钾（K）/%	0.75	1.40	2.60	4.27	4.89	5.23
铜（Cu）/毫克	1.50	3.00	5.00	7.42	9.01	9.23
碘（I）/毫克	0.04	0.07	0.14	0.26	0.36	0.43
铁（Fe）/毫克	25.00	50.00	80.00	111.3	129.8	123.0
锰（Mn）/毫克	1.00	2.00	3.00	3.71	5.15	6.15
硒（Se）/毫克	0.08	0.15	0.25	0.28	0.39	0.46
锌（Zn）/毫克	25	50	80	111.3	129.8	153.8
维生素 A/国际单位⑥	550	1 100	1 750	2 412	3 348	3 998
维生素 D/国际单位⑦	55	110	200	278	386	46
维生素 E/国际单位⑧	4	8	11	20	28	34
维生素 K/毫克	0.13	0.25	0.50	0.93	1.29	1.54
生物素/毫克	0.02	0.03	0.05	0.09	0.13	0.15
胆碱/毫克	0.15	0.25	0.40	0.56	0.77	0.92
叶酸/毫克	0.08	0.15	0.30	0.56	0.77	0.92
可利用尼克酸/毫克	5.00	7.50	12.50	18.55	18.03	21.53
泛酸/毫克	3.00	5.00	9.00	14.84	18.03	21.53
核黄素/毫克	1.00	1.75	3.00	4.64	5.15	6.15
维生素 B_1/毫克	0.38	0.50	1.00	1.86	2.58	3.08
维生素 B_6/毫克	0.50	0.75	1.50	1.86	2.58	15.38
维生素 B_{12}/毫克	5.00	8.75	15.00	18.55	12.88	15.38
以总氨基酸为基础/（克/天）						
精氨酸	1.5	2.7	4.6	6.8	7.1	5.7

（续）

指　　标	体重/千克					
	3～5	5～10	10～20	20～50	50～80	80～120
组氨酸	1.2	2.1	3.7	5.6	6.3	5.9
异亮氨酸	2.1	3.7	6.3	9.5	10.7	10.1
亮氨酸	3.8	6.6	11.2	16.8	18.4	16.6
赖氨酸	3.8	6.7	11.5	17.5	19.7	18.5
蛋氨酸＋胱氨酸	2.2	3.8	6.5	9.9	11.3	10.8
苯丙氨酸＋酪氨酸	3.5	6.2	10.6	16.1	18.0	16.8
苏氨酸	2.5	4.3	7.4	11.3	3.6	12.6
色氨酸	0.7	1.2	2.1	3.2	3.6	3.4
缬氨酸	2.6	4.6	7.9	11.9	13.3	12.4
以直肠可消化氨基酸为基础/（克/天）						
精氨酸	1.4	2.4	4.2	6.1	6.2	4.8
组氨酸	1.1	1.9	3.2	4.9	5.5	5.1
异亮氨酸	1.8	3.2	5.5	8.4	9.4	8.8
亮氨酸	3.4	6.0	10.3	15.5	17.2	15.8
赖氨酸	3.4	5.9	10.1	15.3	17.1	15.8
蛋氨酸＋胱氨酸	1.9	3.4	5.8	8.8	10.0	10.8
苯丙氨酸＋酪氨酸	3.2	5.5	9.5	14.4	16.1	15.1
苏氨酸	2.1	3.7	6.3	9.7	11.0	10.5
色氨酸	0.6	1.1	1.9	2.8	3.1	2.9
缬氨酸	2.3	4.0	6.9	10.4	11.6	10.8
以表观回肠可消化氨基酸为基础/（克/天）						
精氨酸	1.3	2.3	3.9	5.7	5.7	4.3
组氨酸	1.0	1.8	3.1	4.6	5.2	4.8
异亮氨酸	1.7	3.0	5.2	7.8	8.7	8.0
亮氨酸	3.2	5.7	9.8	14.8	16.5	15.3

（续）

指　标	体重/千克					
	3～5	5～10	10～20	20～50	50～80	80～120
赖氨酸	3.2	5.5	9.4	14.2	15.8	14.4
蛋氨酸＋胱氨酸	1.8	3.1	5.3	8.2	9.3	8.8
苯丙氨酸＋酪氨酸	3.0	5.2	8.9	13.4	15.0	13.9
苏氨酸	1.9	3.3	5.6	8.5	9.6	9.1
色氨酸	0.5	1.0	1.6	2.4	2.7	2.5
缬氨酸	2.1	3.7	6.3	9.5	10.6	9.8

注：表中注释对应同附表-1。

（二）种母猪与种公猪营养标准

附表-18　种母猪与种公猪饲养标准

指　标	每千克饲料养分含量			每日每头营养需要量		
	妊娠	泌乳	公猪	妊娠	泌乳	公猪
消化能/（兆焦/千克）	14.24	14.24	14.24			
代谢能/（兆焦/千克）	13.67	13.67	13.67			
粗蛋白/（克/天）	12.80	17.50	13.00			
消化摄入能/（兆焦/天）				26.33	74.73	28.47
代谢能摄入量/（兆焦/天）				25.29	71.74	65.30
采食风干料量/（克/天）				1.85	5.25	2.00
钙（Ca）/克	0.75	0.75	0.75	13.9	39.4	15.0
总磷（total P）/克	0.60	0.60	0.60	11.1	31.5	12.0
有效磷/克	0.35	0.35	0.35	6.5	18.4	7.0
钠（Na）/克	0.15	0.20	0.15	2.8	10.5	3.0
氯（Cl）/克	0.12	0.16	0.12	2.2	8.4	2.4
镁（Mg）/克	0.04	0.04	0.04	0.7	2.1	0.8
钾（K）/克	0.20	0.20	0.20	3.7	10.5	4.0

（续）

指　标	每千克饲料养分含量			每日每头营养需要量		
	妊娠	泌乳	公猪	妊娠	泌乳	公猪
铜（Cu）/毫克	5.0	5.0	5.0	9.3	26.3	10
铁（Fe）/毫克	80	80	80	148	420	160
碘（I）/毫克	0.14	0.14	0.14	0.3	0.5	0.7
锰（Mn）/毫克	20	20	20	37	105	40
硒（Se）/毫克	0.15	0.15	0.15	0.3	0.8	0.3
锌（Zn）/毫克	50	50	50	93	263	100
维生素 A/国际单位⑥	4 000	2 000	4 000	7 400	10 500	8 000
维生素 D/国际单位⑦	200	200	200	370	1 050	400
维生素 E/国际单位⑧	44	44	44	81	231	88
维生素 K/毫克	0.50	0.50	0.50	0.90	2.60	1.00
生物素/毫克	0.20	0.20	0.20	0.4	1.1	0.4
胆碱/毫克	1.25	1.00	1.25	2.3	5.3	2.5
叶酸/毫克	1.3	1.3	1.3	2.4	6.8	2.6
可利用尼克酸/毫克	10	10	10	19	53	20
泛酸/毫克	12	12	12	22	63	24
核黄素/毫克	3.75	3.75	3.75	6.9	19.7	7.5
维生素 B_1/毫克	1.0	1.0	1.0	1.9	5.3	2.0
维生素 B_6/毫克	1.0	1.0	1.0	1.9	5.3	2.0
维生素 B_{12}/毫克	15	15	15	28	79	30

注：表中注释对应同附表-1。

（三）妊娠母猪营养标准

附表-19 妊娠母猪每千克饲粮总氨基酸与可消化氨基酸含量

配种体重/千克	125	150	175	200	200	200
妊娠期体增重/千克	55	45	40	35	30	35
预期窝产仔数/头	11	12	12	12	12	14
消化能/（兆焦/千克）	14.24	14.24	14.24	14.24	14.24	14.24
代谢能/（兆焦/千克）	13.67	13.67	13.67	13.67	13.67	13.67
粗蛋白质/（克/天）	12.9	12.8	12.4	12.0	12.1	12.4
消化摄入能/（兆焦/天）	27.88	26.23	26.81	27.36	25.60	26.27
代谢能摄入量/（兆焦/天）	26.77	25.18	25.75	26.27	24.58	25.23
采食风干料量/（克/天）	1.96	1.84	1.88	1.92	1.80	1.85
以总氨基酸为基础/%						
精氨酸	0.06	0.03	0.0	0.0	0.0	0.0
组氨酸	0.19	0.18	0.17	0.16	0.17	0.17
异亮氨酸	0.33	0.32	0.31	0.30	0.30	0.31
亮氨酸	0.50	0.49	0.46	0.42	0.43	0.45
赖氨酸	0.58	0.57	0.54	0.52	0.52	0.54
蛋氨酸＋胱氨酸	0.37	0.38	0.37	0.36	0.36	0.37
苯丙氨酸＋酪氨酸	0.54	0.54	0.51	0.49	0.49	0.51
苏氨酸	0.44	0.45	0.44	0.43	0.44	0.45
色氨酸	0.11	0.11	0.11	0.10	0.10	0.11
缬氨酸	0.39	0.38	0.36	0.34	0.34	0.36
以直肠可消化氨基酸为基础/%						
精氨酸	0.04	0.0	0.0	0.0	0.0	0.0
组氨酸	0.16	0.16	0.15	0.14	0.14	0.15
异亮氨酸	0.29	0.28	0.27	0.26	0.26	0.27
亮氨酸	0.48	0.47	0.44	0.44	0.44	0.46
赖氨酸	0.50	0.49	0.46	0.44	0.44	0.46

（续）

配种体重/千克	125	150	175	200	200	200
蛋氨酸＋胱氨酸	0.33	0.33	0.32	0.31	0.32	0.33
苯丙氨酸＋酪氨酸	0.48	0.48	0.46	0.44	0.44	0.46
苏氨酸	0.37	0.38	0.37	0.36	0.37	0.38
色氨酸	0.10	0.10	0.09	0.09	0.09	0.09
缬氨酸	0.34	0.33	0.31	0.30	0.30	0.31
以表观回肠可消化氨基酸为基础/%						
精氨酸	0.03	0.0	0.0	0.0	0.0	0.0
组氨酸	0.15	0.15	0.14	0.13	0.13	0.14
异亮氨酸	0.26	0.26	0.25	0.24	0.24	0.25
亮氨酸	0.50	0.19	0.46	0.42	0.43	0.45
赖氨酸	0.58	0.57	0.54	0.52	0.52	0.54
蛋氨酸＋胱氨酸	0.37	0.38	0.37	0.36	0.36	0.37
苯丙氨酸＋酪氨酸	0.54	0.54	0.51	0.49	0.49	0.51
苏氨酸	0.44	0.45	0.44	0.43	0.44	0.45
色氨酸	0.11	0.11	0.11	0.10	0.10	0.11
缬氨酸	0.39	0.38	0.36	0.34	0.34	0.36

（四）泌乳母猪营养标准

附表-20　泌乳母猪每千克饲粮总氨基酸与可消化氨基酸含量

母猪产后体重/千克	175	175	175	175	175	175
泌乳期体重变化/千克	0	0	0	－10	－10	－10
仔猪日增重/克	150	200	250	150	200	250
消化能（兆焦/千克）	14.24	14.24	14.24	14.24	14.24	14.24
代谢能[1]（兆焦/千克）	13.67	13.67	13.67	13.67	13.67	13.67
粗蛋白质/（克/天）	16.3	17.5	18.4	17.2	18.5	19.2
消化摄入量[2][3]（兆焦/天）	61.23	76.22	91.13	50.74	65.65	80.55

（续）

母猪产后体重/千克	175	175	175	175	175	175
代谢能摄入量（兆焦/天）	58.57	73.15	87.48	48.71	63.03	77.33
采食风干料量（克/天）	4.31	5.35	6.40	3.56	4.61	5.66
以总氨基酸为基础（%）[4]						
精氨酸	0.40	0.48	0.54	0.39	0.49	0.55
组氨酸	0.32	0.36	0.38	0.34	0.38	0.40
异亮氨酸	0.45	0.50	0.53	0.50	0.54	0.57
亮氨酸	0.86	0.97	1.05	0.95	1.05	1.12
赖氨酸	0.82	0.91	0.97	0.89	0.97	1.03
蛋氨酸＋胱氨酸	0.40	0.44	0.46	0.44	0.47	0.49
苯丙氨酸＋酪氨酸	0.90	1.00	1.07	0.98	1.08	1.14
苏氨酸	0.54	0.58	0.61	0.58	0.63	0.65
色氨酸	0.15	0.16	0.17	0.17	0.18	0.19
缬氨酸	0.68	0.76	0.82	0.76	0.83	0.88
以直肠可消化氨基酸为基础/%						
精氨酸	0.36	0.44	0.49	0.35	0.44	0.50
组氨酸	0.28	0.32	0.34	0.30	0.34	0.36
异亮氨酸	0.40	0.44	0.47	0.44	0.48	0.50
亮氨酸	0.80	0.90	0.96	0.87	0.97	1.03
赖氨酸	0.71	0.79	0.85	0.77	0.85	0.90
蛋氨酸＋胱氨酸	0.35	0.39	0.41	0.39	0.42	0.43
苯丙氨酸＋酪氨酸	0.80	0.89	0.95	0.88	0.97	1.02
苏氨酸	0.45	0.49	0.52	0.50	0.53	0.56
色氨酸	0.13	0.14	0.15	0.15	0.16	0.17
缬氨酸	0.60	0.67	0.72	0.66	0.73	0.77
以表观回肠可消化氨基酸为基础（%）[5]						
精氨酸	0.34	0.41	0.46	0.33	0.41	0.47

（续）

母猪产后体重/千克	175	175	175	175	175	175
组氨酸	0.27	0.30	0.32	0.29	0.32	0.34
异亮氨酸	0.37	0.41	0.44	0.41	0.44	0.47
亮氨酸	0.77	0.86	0.92	0.83	0.92	0.98
赖氨酸	0.66	0.73	0.79	0.72	0.79	0.84
蛋氨酸＋胱氨酸	0.33	0.36	0.38	0.36	0.39	0.40
苯丙氨酸＋酪氨酸	0.36	0.80	0.89	0.82	0.90	0.96
苏氨酸	0.40	0.43	0.46	0.44	0.47	0.49
色氨酸	0.11	0.12	0.13	0.13	0.14	0.14
缬氨酸	0.55	0.61	0.66	0.61	0.67	0.71

注：① 假定代谢能为消化能的 94%～96%。

② 妊娠母猪消化能及饲料摄入量，氨基酸需要量根据妊娠模型估计。

③ 泌乳母猪消化能及饲料摄入量，氨基酸需要量根据泌乳模型估计，假定每窝10头，哺乳期喂 21 天。

④ 3～20 千克猪的赖氨酸是根据经验数据估测的，其他的氨基酸是根据其与赖氨酸的比估测的；20～120 千克猪赖氨酸的需要量是根据生长模型估测的。

⑤ 换算关系 1 千卡＝4.18 千焦；1 国际单位维生素 A＝0.344 微克维生素 A 醋酸酯；1 国际单位维生素 D_3＝0.025 微克胆钙化醇；1 国际单位维生素 E＝0.67 毫克 D-α-生育酚或 1 毫克 DL-α-生育酚醋酸酯。

三、美国 NRC 猪饲养标准（2012 年第 11 版）

（一）生长肥育猪营养标准

附表- 21 生长肥育猪不同体重每千克饲料营养含量
（90%干物质，自由采食）[a]

	体重/千克						
	5～7	7～11	11～25	25～50	50～75	75～100	100～135
净能（千卡/千克）[b]	2 448	2 448	2 412	2 475	2 475	2 475	2 475

（续）

	体重/千克						
	5～7	7～11	11～25	25～50	50～75	75～100	100～135
可消化能（千卡/千克）b	3 542	3 542	3 490	3 402	3 402	3 402	3 402
有效代谢能（千卡/千克）b	3 400	3 400	3 350	3 300	3 300	3 300	3 300
每天吸收代谢能（千卡/千克）	904	1 592	3 033	4 959	6 989	8 265	9 196
估测食入＋浪费饲料量（克/天）c	280	493	953	1 582	2 229	2 636	2 933
日增重（克/天）	210	335	585	758	900	917	867
日沉积体蛋白（克/天）	—	—	—	128	147	141	122
矿物质与维生素							
钙（%）	0.85	0.80	0.70	0.66	0.59	0.52	0.46
磷（%）d	0.70	0.65	0.60	0.56	0.52	0.47	0.43
标准总消化道可消化磷（%）	0.45	0.40	0.33	0.31	0.27	0.24	0.21
表观总消化道可消化磷（%）d	0.41	0.36	0.29	0.26	0.23	0.21	0.18
钠（%）	0.40	0.35	0.28	0.10	0.10	0.10	0.10
氯（%）	0.50	0.45	0.32	0.08	0.08	0.08	0.08
镁（%）	0.04	0.04	0.04	0.04	0.04	0.04	0.04
钾（%）	0.30	0.28	0.26	0.23	0.19	0.17	0.17
铜（毫克）	6.00	6.00	5.00	4.00	3.50	3.00	3.00
铁（毫克）	100	100	100	60	50	40	40
碘（毫克）	0.14	0.14	0.14	0.14	0.14	0.14	0.14
锰（毫克）	4.00	4.00	3.00	2.00	2.00	2.00	2.00
硒（毫克）	0.30	0.30	0.25	0.20	0.15	0.15	0.15
锌（毫克）	100	100	80	60	50	50	50
维生素 A（国际单位）e	2 200	2 200	1 750	1 300	1 300	1 300	1 300
维生素 D（国际单位）f	220	220	200	150	150	150	150
维生素 E（国际单位）g	16	16	11	11	11	11	11
维生素 K（毫克）	0.50	0.50	0.50	0.50	0.50	0.50	0.50

（续）

	体重/千克						
	5～7	7～11	11～25	25～50	50～75	75～100	100～135
生物素（毫克）	0.08	0.05	0.05	0.05	0.05	0.05	0.05
胆碱（克）	0.60	0.50	0.40	0.30	0.30	0.30	0.30
叶酸（毫克）	0.30	0.30	0.30	0.30	0.30	0.30	0.30
可利用尼克酸（毫克）h	30.00	30.00	30.00	30.00	30.00	30.00	30.00
泛酸（毫克）	12.00	10.00	9.00	8.00	7.00	7.00	7.00
核黄素（毫克）	4.00	3.50	3.00	2.50	2.00	2.00	2.00
维生素 B_1（毫克）	1.50	1.00	1.00	1.00	1.00	1.00	1.00
维生素 B_6（毫克）	7.00	7.00	7.00	1.00	1.00	1.00	1.00
维生素 B_{12}（微克）	20.00	17.50	15.00	10.00	5.00	5.00	5.00
亚油酸（%）	0.10	0.10	0.10	0.10	0.10	0.10	0.10
氨基酸[i,j]							
以总氨基酸为基础（%）							
精氨酸	0.75	0.68	0.62	0.50	0.44	0.38	0.32
组氨酸	0.58	0.53	0.48	0.39	0.34	0.30	0.25
异亮氨酸	0.88	0.79	0.73	0.59	0.52	0.45	0.39
亮氨酸	1.71	1.54	1.41	1.13	0.98	0.85	0.71
赖氨酸	1.70	1.53	1.40	1.12	0.97	0.84	0.71
蛋氨酸	0.49	0.44	0.40	0.32	0.28	0.25	0.21
蛋氨酸＋胱氨酸	0.96	0.87	0.79	0.65	0.57	0.50	0.43
苯丙氨酸	1.01	0.91	0.83	0.68	0.59	0.51	0.43
苯丙氨酸＋酪氨酸	1.60	1.44	1.32	1.08	0.94	0.82	0.70
苏氨酸	1.05	0.95	0.87	0.72	0.64	0.56	0.49
色氨酸	0.28	0.25	0.23	0.19	0.17	0.15	0.13
缬氨酸	1.10	1.00	0.91	0.75	0.65	0.57	0.49
总氮	3.63	3.29	3.02	2.51	2.20	1.94	1.67

	体重/千克						
	5～7	7～11	11～25	25～50	50～75	75～100	100～135
以回肠表观可消化氨基酸为基础（%）							
精氨酸	0.64	0.57	0.51	0.41	0.34	0.29	0.24
组氨酸	0.49	0.44	0.40	0.32	0.27	0.24	0.19
异亮氨酸	0.74	0.66	0.60	0.49	0.42	0.36	0.30
亮氨酸	1.45	1.30	1.18	0.94	0.81	0.69	0.57
赖氨酸	1.45	1.31	1.19	0.94	0.81	0.69	0.57
蛋氨酸	0.42	0.38	0.34	0.27	0.23	0.20	0.16
蛋氨酸＋胱氨酸	0.79	0.71	0.65	0.53	0.46	0.40	0.33
苯丙氨酸	0.85	0.76	0.69	0.56	0.48	0.41	0.34
苯丙氨酸＋酪氨酸	1.32	1.19	1.08	0.87	0.75	0.65	0.54
苏氨酸	0.81	0.73	0.67	0.54	0.47	0.41	0.35
色氨酸	0.23	0.21	0.19	0.16	0.13	0.12	0.10
缬氨酸	0.89	0.80	0.73	0.59	0.51	0.44	0.36
总氮	2.84	2.55	2.32	1.88	1.62	1.40	1.16
以回肠标准可消化氨基酸为基础（%）							
精氨酸	0.68	0.61	0.56	0.45	0.39	0.33	0.28
组氨酸	0.52	0.46	0.42	0.34	0.29	0.25	0.21
异亮氨基	0.77	0.69	0.63	0.51	0.45	0.39	0.33
亮氨酸	1.50	1.35	1.23	0.99	0.85	0.74	0.62
赖氨酸	1.50	1.35	1.23	0.98	0.85	0.73	0.61
蛋氨酸	0.43	0.39	0.36	0.28	0.24	0.21	0.18
蛋氨酸＋胱氨酸	0.82	0.74	0.68	0.55	0.48	0.42	0.36

（续）

	体重/千克						
	5～7	7～11	11～25	25～50	50～75	75～100	100～135
苯丙氨酸	0.88	0.79	0.72	0.59	0.51	0.44	0.37
苯丙氨酸＋酪氨酸	1.38	1.25	1.14	0.92	0.80	0.69	0.58
苏氨酸	0.88	0.79	0.73	0.59	0.52	0.46	0.42
色氨酸	0.25	0.22	0.20	0.17	0.15	0.13	0.11
缬氨酸	0.95	0.86	0.78	0.64	0.55	0.48	0.41
总氮	3.10	2.80	2.56	2.11	1.84	1.61	1.37

注：[a]体重 25～125 千克中、高瘦肉率混合猪群，平均日体蛋白沉积量 135 克，公、母猪比例 1∶1。

[b]日粮能量含量基于玉米、豆饼基础日粮，有效消化能和代谢能使用小于和大于 25 千克体重猪净能的固定转化值计算。在这种日粮中，有效消化能和代谢能与真实消化能和代谢能相似。最佳日粮能量含量变化主要取决于当地饲料成分的价格，当使用其他饲料成分时，要按照净能含量换算，营养需要与营养—净能比率一致。

[c]假设饲料浪费量为 5%。

[d]表观总消化道可消化磷和总磷需要量基于玉米和豆饼日粮，依据标准总消化道可消化磷需要量和日粮中玉米、豆饼和磷酸氢钙的需要量来计算，假设日粮中含 0.1% 盐酸赖氨酸和 3% 的维生素和矿物质，玉米和豆饼应满足标准回肠可消化赖氨酸需要，磷酸氢钙应满足标准总消化道可消化磷需要。

[e]1 国际单位维生素 A＝0.30 微克视黄醇或 0.344 克视黄醇乙酸酯。

[f]1 国际单位维生素 D_2 或 D_3＝0.025 微克。

[g]1 国际单位维生素 E＝0.67 毫克 D-α-生育酚或 1 毫克 DL-α-生育酚乙酸酯。近期猪营养研究已表明天然和人工合成 α-生育酚乙酸酯活性有本质差别。

[h]玉米、高粱、小麦和大麦中不含尼克酸，其加工副产品中含量也很少，湿磨加工发酵处理后含量会增加。

[i]5～25 千克猪赖氨酸需求据经验资料估测，其他氨基酸需要量依据氨基酸与维持和生长需要赖氨酸的比率确定。25～135 千克猪氨基酸需要根据生长模型计算。

[j]表观回肠可消化氨基酸和总氨基酸需要量基于玉米、豆饼日粮，从标准回肠可消化氨基酸需要量以及添加 0.1% 盐酸赖氨酸和 3% 维生素和矿物质的玉米、豆饼日粮中氨基酸的含量来计算。每一种氨基酸需要量、日粮玉米和豆饼含量与营养需求应满足标准回肠可消化需要量。

附表-22 生长肥育猪不同年龄阶段每日每头所需营养含量
（90％干物质，自由采食）[a]

	体重（千克）						
	5～7	7～11	11～25	25～50	50～75	75～100	100～135
净能（千卡/千克）[b]	2 448	2 448	2 412	2 475	2 475	2 475	2 475
可消化能（千卡/千克）[b]	3 542	3 542	3 490	3 402	3 402	3 402	3 402
有效代谢能（千卡/千克）	3 400	3 400	3 350	3 300	3 300	3 300	3 300
每天吸收代谢能（千卡/千克）	904	1 592	3 033	4 959	6 989	8 265	9 196
估测食入＋浪费饲料量(克/天)[c]	280	493	953	1 582	2 229	2 636	2 933
日增重（克/天）	210	335	585	758	900	917	867
日沉积蛋白（克/天）	—	—	—	128	147	141	122
矿物质与维生素							
钙（克/天）	2.26	3.75	6.34	9.87	12.43	13.14	12.80
总磷（克/天）[d]	1.86	3.04	5.43	8.47	10.92	11.86	11.97
标准总消化道可消化磷(克/天)	1.20	1.87	2.99	4.59	5.78	6.11	5.95
表观总消化道可消化磷(克/天)[d]	1.09	1.69	2.63	3.90	4.89	5.15	4.98
钠（克）	1.06	1.64	2.53	1.50	2.12	2.51	2.79
氯（克）	1.33	2.11	2.90	1.20	1.69	2.00	2.23
镁（克）	0.11	0.19	0.36	0.60	0.85	1.00	1.11
钾（克）	0.80	1.31	2.35	3.46	4.02	4.26	4.74
铜（毫克）	1.60	2.81	4.53	6.01	7.41	7.52	8.36
铁（毫克）	26.6	46.8	90.5	90.2	105.9	100.2	111.5
碘（毫克）	0.04	0.07	0.13	0.21	0.30	0.35	0.39
锰（毫克）	1.06	1.87	2.72	3.01	4.24	5.01	5.57
硒（毫克）	0.08	0.14	0.23	0.30	0.32	0.38	0.42
锌（毫克）	26.6	46.8	72.4	90.2	105.9	125.3	139.4
维生素 A（国际单位）[e]	58.5	1 030	1 584	1 954	2 753	3 257	3 623
维生素 D（国际单位）[f]	59	103	181	225	318	376	418
维生素 E（国际单位）[g]	4.3	7.5	10.0	16.5	23.3	27.6	30.7

（续）

	体重（千克）						
	5～7	7～11	11～25	25～50	50～75	75～100	100～135
维生素 K（毫克）	0.13	0.23	0.45	0.75	1.06	1.25	1.39
生物素（毫克）	0.02	0.02	0.05	0.08	0.11	0.13	0.14
胆碱（克）	0.16	0.23	0.36	0.45	0.64	0.75	0.84
叶酸（毫克）	0.08	0.14	0.27	0.45	0.64	0.75	0.84
可利用尼克酸（毫克）h	7.98	14.05	27.16	45.09	63.53	75.15	83.62
泛酸（毫克）	3.19	4.68	8.15	12.02	14.82	17.54	19.51
核黄素（毫克）	1.06	1.64	2.72	3.76	4.24	5.01	5.57
维生素 B_1（毫克）	0.40	0.47	0.91	1.50	2.12	2.51	2.79
维生素 B_6（毫克）	1.86	3.28	2.72	1.50	2.12	2.51	2.79
维生素 B_{12}（微克）	5.32	8.20	13.58	15.03	10.59	12.53	13.94
亚油酸（克）	0.3	0.5	0.9	1.5	2.1	2.5	2.8
氨基酸i,j							
以总氨基酸为基础（克/天）							
精氨酸	2.0	3.2	5.6	7.6	9.3	9.6	9.0
组氨酸	1.6	2.5	4.4	5.9	7.2	7.4	7.0
异亮氨酸	2.3	3.7	6.6	8.9	11.0	11.4	10.8
亮氨酸	4.6	7.2	12.7	17.0	20.8	21.3	19.9
赖氨酸	4.5	7.2	12.6	16.9	20.6	21.1	19.7
蛋氨酸	1.3	2.1	3.6	4.9	6.0	6.1	5.8
蛋氨酸＋胱氨酸	2.5	4.1	7.2	9.8	12.1	12.6	12.0
苯丙氨酸	2.7	4.3	7.5	10.2	12.5	12.8	12.1
苯丙氨酸＋酪氨酸	4.2	6.8	12.0	16.2	20.0	20.6	19.5
苏氨酸	2.8	4.4	7.9	10.8	13.4	14.1	13.1
色氨酸	0.7	1.2	2.1	2.9	3.5	3.7	3.5
缬氨酸	2.9	4.7	8.3	11.3	13.9	14.4	13.6

（续）

	体重（千克）						
	5～7	7～11	11～25	25～50	50～75	75～100	100～135
总氮	9.7	15.4	27.3	37.7	46.6	48.6	46.5

以回肠表观可消化氨基酸为基础（克/天）

	5～7	7～11	11～25	25～50	50～75	75～100	100～135
精氨酸	1.7	2.7	4.7	6.1	7.3	7.3	6.6
组氨酸	1.3	2.1	3.6	4.8	5.8	5.9	5.4
异亮氨酸	2.0	3.1	5.5	7.3	8.9	9.0	8.4
亮氨酸	3.8	6.1	10.7	14.1	17.1	17.3	16.0
赖氨酸	3.9	6.1	10.7	14.1	17.1	17.3	15.9
蛋氨酸	1.1	1.8	3.1	4.1	4.9	5.0	4.6
蛋氨酸＋胱氨酸	2.1	3.3	5.9	7.9	9.7	9.9	9.3
苯丙氨酸	2.3	3.6	6.3	8.4	10.1	10.3	9.6
苯丙氨酸＋酪氨酸	3.5	5.6	9.8	13.1	15.9	16.3	15.1
苏氨酸	2.2	3.4	6.0	8.1	9.9	10.3	9.7
色氨酸	0.6	1.0	1.7	2.3	2.8	2.9	2.7
缬氨酸	2.4	3.7	6.6	8.8	10.7	10.9	10.2
总氮	7.6	12.0	21.0	28.3	34.3	35.0	32.5

以回肠标准可消化氨基酸为基础（克/天）

	5～7	7～11	11～25	25～50	50～75	75～100	100～135
精氨酸	1.8	2.9	5.1	6.8	8.2	8.4	7.8
组氨酸	1.4	2.2	3.8	5.1	6.2	6.3	5.8
异亮氨基	2.0	3.2	5.7	7.7	9.4	9.7	9.1
亮氨酸	4.0	6.3	11.1	14.9	18.1	18.5	17.2
赖氨酸	4.0	6.3	11.1	14.8	17.9	18.3	16.9
蛋氨酸	1.2	1.8	3.1	4.3	5.2	5.3	4.9
蛋氨酸＋胱氨酸	2.2	3.5	6.1	8.3	10.2	10.5	9.9
苯丙氨酸	2.3	3.7	6.6	8.8	10.8	11.0	10.3
苯丙氨酸＋酪氨酸	3.7	5.8	10.3	13.8	16.9	17.3	16.3

（续）

	体重（千克）						
	5～7	7～11	11～25	25～50	50～75	75～100	100～135
苏氨酸	2.3	3.7	6.6	8.9	11.1	11.6	11.1
色氨酸	0.7	1.0	1.8	2.5	3.1	3.2	3.0
缬氨酸	2.5	4.0	7.1	9.6	11.7	12.1	11.4
总氮	8.3	13.1	23.2	31.7	39.0	40.2	38.1

注：注释同附表-21。

附表-23 不同体重青年去势公猪、青年母猪和未去势公猪每千克饲料营养含量（90%干物质，自由采食）

	50～75 千克			75～100 千克			100～135 千克		
	去势公猪	母猪	公猪	去势公猪	母猪	公猪	去势公猪	母猪	公猪
净能（千卡/千克）[a]	2 475	2 475	2 475	2 475	2 475	2 475	2 475	2 475	2 475
有效可消化能（千卡/千克）[a]	3 402	3 402	3 402	3 402	3 402	3 402	3 402	3 402	3 402
有效代谢能（千卡/千克）[a]	3 300	3 300	3 300	3 300	3 300	3 300	3 300	3 300	3 300
每天吸收代谢能（千卡/千克）	7 282	6 658	6 466	8 603	7 913	7 657	9 495	8 910	8 633
估测食入＋浪费饲料量（克/天）[b]	2 323	2 124	2 062	2 744	2 524	2 442	3 029	2 842	2 754
日增重（克/天）	917	866	872	936	897	922	879	853	906
日沉积蛋白（克/天）	145	145	150	139	144	156	119	126	148
矿物质与维生素									
钙（%）	0.56	0.61	0.64	0.50	0.56	0.61	0.43	0.49	0.57
总磷（%）[c]	0.50	0.53	0.55	0.45	0.49	0.53	0.41	0.45	0.50
标准总消化道可消化磷（%）	0.26	0.28	0.30	0.23	0.26	0.29	0.20	0.23	0.27
表观总消化道可消化磷（%）[c]	0.22	0.24	0.25	0.19	0.21	0.24	0.17	0.19	0.23

（续）

	50～75 千克			75～100 千克			100～135 千克		
	去势公猪	母猪	公猪	去势公猪	母猪	公猪	去势公猪	母猪	公猪
氨基酸[d,e]									
以总氨基酸为基础（%）									
精氨酸	0.42	0.45	0.46	0.37	0.40	0.42	0.31	0.34	0.38
组氨酸	0.32	0.35	0.35	0.28	0.31	0.33	0.24	0.26	0.30
异亮氨酸	0.50	0.53	0.54	0.43	0.48	0.50	0.37	0.40	0.45
亮氨酸	0.94	1.00	1.02	0.81	0.89	0.95	0.68	0.75	0.85
赖氨酸	0.93	0.99	1.01	0.80	0.89	0.94	0.67	0.74	0.85
蛋氨酸	0.27	0.29	0.29	0.23	0.26	0.27	0.20	0.22	0.25
蛋氨酸＋胱氨酸	0.55	0.58	0.59	0.48	0.53	0.55	0.41	0.45	0.50
苯丙氨酸	0.56	0.60	0.61	0.49	0.54	0.57	0.41	0.45	0.51
苯丙氨酸＋酪氨酸	0.90	0.96	0.98	0.79	0.86	0.91	0.67	0.73	0.83
苏氨酸	0.61	0.65	0.66	0.54	0.59	0.62	0.47	0.51	0.56
色氨酸	0.16	0.17	0.17	0.14	0.15	0.16	0.12	0.13	0.15
缬氨酸	0.63	0.67	0.68	0.55	0.60	0.63	0.47	0.51	0.57
总氮	2.12	2.25	2.28	1.86	2.03	2.13	1.60	1.74	1.94
以回肠表观可消化氨基酸为基础（%）									
精氨酸	0.33	0.35	0.36	0.28	0.31	0.33	0.22	0.25	0.29
组氨酸	0.26	0.28	0.29	0.22	0.25	0.26	0.18	0.20	0.24
异亮氨酸	0.40	0.43	0.44	0.34	0.38	0.40	0.29	0.32	0.36
亮氨酸	0.77	0.83	0.84	0.66	0.73	0.78	0.54	0.60	0.70
赖氨酸	0.77	0.83	0.84	0.65	0.73	0.78	0.54	0.60	0.69
蛋氨酸	0.22	0.24	0.24	0.19	0.21	0.22	0.16	0.17	0.20
蛋氨酸＋胱氨酸	0.44	0.47	0.47	0.38	0.42	0.44	0.32	0.35	0.40
苯丙氨酸	0.46	0.49	0.50	0.39	0.44	0.46	0.33	0.36	0.41
苯丙氨酸＋酪氨酸	0.72	0.77	0.78	0.62	0.68	0.73	0.52	0.57	0.65
苏氨酸	0.45	0.48	0.49	0.39	0.43	0.45	0.33	0.36	0.41
色氨酸	0.13	0.14	0.14	0.11	0.12	0.13	0.09	0.10	0.12

（续）

	50～75 千克			75～100 千克			100～135 千克		
	去势公猪	母猪	公猪	去势公猪	母猪	公猪	去势公猪	母猪	公猪
缬氨酸	0.48	0.52	0.53	0.42	0.46	0.49	0.35	0.38	0.44
总氮	1.55	1.66	1.69	1.33	1.47	1.56	1.11	1.22	1.40
以回肠标准可消化氨基酸为基础（%）									
精氨酸	0.37	0.40	0.40	0.32	0.35	0.37	0.27	0.29	0.33
组氨酸	0.28	0.30	0.30	0.24	0.26	0.28	0.20	0.22	0.25
异亮氨酸	0.43	0.46	0.46	0.37	0.41	0.43	0.31	0.34	0.39
亮氨酸	0.82	0.88	0.89	0.70	0.78	0.83	0.59	0.65	0.74
赖氨酸	0.81	0.87	0.88	0.69	0.77	0.82	0.58	0.64	0.73
蛋氨酸	0.23	0.25	0.26	0.20	0.22	0.24	0.17	0.18	0.21
蛋氨酸＋胱氨酸	0.46	0.49	0.50	0.40	0.44	0.47	0.34	0.37	0.42
苯丙氨酸	0.49	0.52	0.53	0.42	0.46	0.49	0.35	0.39	0.44
苯丙氨酸＋酪氨酸	0.76	0.82	0.83	0.66	0.73	0.77	0.56	0.61	0.69
苏氨酸	0.50	0.53	0.54	0.44	0.48	0.51	0.38	0.42	0.46
色氨酸	0.14	0.15	0.15	0.12	0.13	0.14	0.10	0.11	0.13
缬氨酸	0.53	0.57	0.58	0.46	0.51	0.54	0.39	0.44	0.48
总氮	1.76	1.88	1.91	1.54	1.69	1.78	1.31	1.43	1.61

注：[a] 日粮能量含量基于玉米、豆饼基础日粮，有效消化能和代谢能使用小于和大于 25 千克体重猪净能的固定转化值计算。在这种日粮中，有效消化能和代谢能与真实消化能和代谢能相似。最佳日粮能量含量变化主要取决于当地饲料成分的价格，当使用其他饲料成分时，要按照净能含量换算，营养需要与营养—净能比率一致。

[b] 假设饲料浪费量为 5%。

[c] 表观总消化道可消化磷和总磷需要量基于玉米和豆饼日粮，依据标准总消化道可消化磷需要量和日粮中玉米、豆饼和磷酸氢钙的需要量来计算，假设日粮中含 0.1% 盐酸赖氨酸和 3% 的维生素和矿物质，玉米和豆饼应满足标准回肠可消化赖氨酸需要，磷酸氢钙应满足标准总消化道可消化磷需要。

[d] 氨基酸需要根据生长模型计算。

[e] 表观回肠可消化氨基酸和总氨基酸需要量基于玉米、豆饼日粮，从标准回肠可消化氨基酸需要量以及添加 0.1% 盐酸赖氨酸和 3% 维生素和矿物质的玉米、豆饼日粮中氨基酸的含量来计算。每一种氨基酸需要量、日粮玉米和豆饼含量与营养需求应满足标准回肠可消化需要量。

附表- 24　不同体重青年去势公猪、青年母猪和未去势公猪
每日每头饲料营养含量（90％干物质，自由采食）

	50～75 千克			75～100 千克			100～135 千克		
	去势公猪	母猪	公猪	去势公猪	母猪	公猪	去势公猪	母猪	公猪
净能（千卡/千克）[a]	2 475	2 475	2 475	2 475	2 475	2 475	2 475	2 475	2 475
有效可消化能（千卡/千克）[a]	3 402	3 402	3 402	3 402	3 402	3 402	3 402	3 402	3 402
有效代谢能（千卡/千克）[a]	3 300	3 300	3 300	3 300	3 300	3 300	3 300	3 300	3 300
每天吸收代谢能（千卡/千克）	7 282	6 658	6 466	8 603	7 913	7 657	9 495	8 910	8 633
估测食入＋浪费饲料量（克/天）[b]	2 323	2 124	2 062	2 744	2 524	2 442	3 029	2 842	2 754
日增重（克/天）	917	866	872	936	897	922	879	853	906
日沉积蛋白（克/天）	145	145	150	139	144	156	119	126	148
矿物质与维生素									
钙（克/天）	12.27	12.22	12.59	12.91	13.36	14.26	12.47	13.11	15.01
总磷（克/天）[c]	10.95	10.65	10.77	11.85	11.86	12.30	11.88	12.05	13.13
标准总消化道可消化磷（克/天）	5.71	5.68	5.85	6.00	6.21	6.63	5.80	6.10	6.98
表观总消化道可消化磷（克/天）[c]	4.81	4.81	4.97	5.04	5.25	5.63	4.84	5.12	5.91
氨基酸[d,e]									
以总氨基酸为基础（克/天）									
精氨酸	9.3	9.0	8.9	9.5	9.6	9.8	8.9	9.1	10.0
组氨酸	7.2	7.0	6.9	7.3	7.4	7.6	6.9	7.1	7.8
异亮氨酸	11.0	10.7	10.5	11.3	11.4	11.6	10.6	10.9	11.9
亮氨酸	20.7	20.3	20.0	21.1	21.5	22.0	19.6	20.2	22.3
赖氨酸	20.5	20.1	19.9	20.9	21.3	21.8	19.4	20.0	22.1
蛋氨酸	5.9	5.8	5.8	6.1	6.2	6.3	5.7	5.9	6.4

（续）

	50～75 千克			75～100 千克			100～135 千克		
	去势公猪	母猪	公猪	去势公猪	母猪	公猪	去势公猪	母猪	公猪
蛋氨酸＋胱氨酸	12.1	11.8	11.6	12.5	12.6	12.9	11.9	12.1	13.2
苯丙氨酸	12.4	12.1	12.0	12.7	12.9	13.2	11.9	12.2	13.4
苯丙氨酸＋酪氨酸	19.9	19.4	19.2	20.5	20.7	21.2	19.3	19.8	21.6
苏氨酸	13.5	13.1	12.8	14.2	14.1	14.3	13.6	13.8	14.8
色氨酸	3.5	3.4	3.4	3.7	3.7	3.7	3.5	3.5	3.8
缬氨酸	13.9	13.5	13.3	14.3	14.4	14.7	13.5	13.8	15.0
总氮	46.7	45.4	44.7	48.5	48.7	49.5	46.1	46.9	50.8
以回肠表观可消化氨基酸为基础（克/天）									
精氨酸	7.2	7.1	7.1	7.2	7.4	7.7	6.4	6.7	7.6
组氨酸	5.8	5.7	5.6	5.8	6.0	6.1	5.3	5.5	6.2
异亮氨酸	8.8	8.6	8.5	8.9	9.1	9.4	8.2	8.5	9.4
亮氨酸	17.0	16.7	16.5	17.1	17.5	18.1	15.7	16.3	18.2
赖氨酸	16.9	16.7	16.5	17.1	17.5	18.1	15.6	16.2	18.1
蛋氨酸	4.9	4.8	4.8	4.9	5.1	5.2	4.5	4.7	5.2
蛋氨酸＋胱氨酸	9.6	9.4	9.3	9.8	10.0	10.2	9.2	9.5	10.4
苯丙氨酸	10.1	9.9	9.8	10.2	10.4	10.7	9.4	9.7	10.8
苯丙氨酸＋酪氨酸	15.9	15.6	15.4	16.1	16.4	16.9	14.9	15.4	17.0
苏氨酸	9.9	9.7	9.5	10.2	10.3	10.5	9.6	9.8	10.7
色氨酸	2.8	2.8	2.7	2.9	2.9	3.0	2.7	2.8	3.0
缬氨酸	10.7	10.5	10.3	10.8	11.0	11.3	10.0	10.3	11.4
总氮	34.1	33.5	33.1	34.6	35.3	36.2	31.9	33.0	36.5
以回肠标准可消化氨基酸为基础（克/天）									
精氨酸	8.2	8.0	7.9	8.3	8.4	8.7	7.6	7.9	8.8
组氨酸	6.1	6.0	6.0	6.2	6.3	6.5	5.7	5.9	6.6
异亮氨酸	9.4	9.2	9.1	9.6	9.7	10.0	9.0	9.2	10.1

（续）

	50～75 千克			75～100 千克			100～135 千克		
	去势公猪	母猪	公猪	去势公猪	母猪	公猪	去势公猪	母猪	公猪
亮氨酸	18.0	17.7	17.5	18.3	18.7	19.2	16.9	17.5	19.4
赖氨酸	17.8	17.5	17.3	18.1	18.4	19.0	16.6	17.2	19.2
蛋氨酸	5.1	5.0	5.0	5.2	5.3	5.5	4.8	5.0	5.5
蛋氨酸＋胱氨酸	10.2	9.9	9.8	10.4	10.6	10.8	9.8	10.1	11.0
苯丙氨酸	10.7	10.5	10.4	10.9	11.1	11.4	10.2	10.5	10.5
苯丙氨酸＋酪氨酸	16.8	16.5	16.3	17.2	17.5	17.9	16.0	16.5	18.2
苏氨酸	11.1	11.4	11.3	11.6	11.6	11.8	11.1	11.2	12.1
色氨酸	3.1	3.0	3.0	3.2	3.2	3.3	3.0	3.1	3.3
缬氨酸	11.7	11.4	11.3	12.0	12.2	12.4	11.2	11.5	12.6
总氮	38.9	37.9	37.4	40.1	40.4	41.3	37.6	38.6	42.1

注：注释同附表-23。

附表-25　不同体重生长猪不同体蛋白沉积量每千克饲料养分含量（90％干物质，自由采食）

平均体蛋白沉积量（克/天）	50～75 千克			75～100 千克			100～135 千克		
	115	135	155	115	135	155	115	135	155
净能（千卡/千克）[a]	2 475	2 475	2 475	2 475	2 475	2 475	2 475	2 475	2 475
有效可消化能（千卡/千克）[a]	3 402	3 402	3 402	3 402	3 402	3 402	3 402	3 402	3 402
有效代谢能（千卡/千克）[a]	3 300	3 300	3 300	3 300	3 300	3 300	3 300	3 300	3 300
每天吸收代谢能（千卡/千克）	6 980	6 989	6 982	8 254	8 265	8 250	9 204	9 196	9 197
估测食入＋浪费饲料量（克/天）[b]	2 226	2 229	2 227	2 633	2 636	2 632	2 936	2 933	2 934
日增重（克/天）	817	900	982	842	917	994	804	867	930
日沉积蛋白（克/天）	125	147	168	121	141	163	104	122	140

（续）

平均体蛋白沉积量（克/天）	50～75千克			75～100千克			100～135千克		
	115	135	155	115	135	155	115	135	155
矿物质与维生素									
钙（%）	0.51	0.59	0.66	0.46	0.52	0.59	0.40	0.46	0.52
总磷（%）c	0.47	0.52	0.56	0.43	0.47	0.52	0.39	0.43	0.46
标准总消化道可消化磷（%）	0.24	0.27	0.31	0.21	0.24	0.28	0.19	0.21	0.24
表观总消化道可消化磷（%）c	0.20	0.23	0.26	0.18	0.21	0.23	0.15	0.18	0.20
氨基酸d,e									
以总氨基酸为基础（%）									
精氨酸	0.41	0.44	0.47	0.35	0.38	0.41	0.30	0.32	0.34
组氨酸	0.31	0.34	0.36	0.27	0.30	0.32	0.23	0.25	0.27
异亮氨酸	0.48	0.52	0.55	0.42	0.45	0.48	0.36	0.39	0.41
亮氨酸	0.90	0.98	1.05	0.78	0.85	0.91	0.66	0.71	0.76
赖氨酸	0.89	0.97	1.04	0.78	0.84	0.90	0.65	0.71	0.76
蛋氨酸	0.26	0.28	0.30	0.23	0.25	0.26	0.19	0.21	0.22
蛋氨酸＋胱氨酸	0.53	0.57	0.61	0.47	0.50	0.53	0.40	0.43	0.45
苯丙氨酸	0.54	0.59	0.63	0.48	0.51	0.55	0.40	0.43	0.46
苯丙氨酸＋酪氨酸	0.87	0.94	1.00	0.77	0.82	0.88	0.65	0.70	0.74
苏氨酸	0.60	0.64	0.67	0.53	0.56	0.59	0.47	0.49	0.51
色氨酸	0.16	0.17	0.18	0.14	0.15	0.16	0.12	0.13	0.13
缬氨酸	0.61	0.65	0.69	0.53	0.57	0.61	0.46	0.49	0.52
总氮	2.05	2.20	2.33	1.82	1.94	2.05	1.57	1.67	1.75
以回肠表观可消化氨基酸为基础（%）									
精氨酸	0.31	0.34	0.37	0.26	0.29	0.32	0.21	0.24	0.26
组氨酸	0.25	0.27	0.29	0.22	0.24	0.25	0.18	0.19	0.21
异亮氨酸	0.38	0.42	0.45	0.33	0.36	0.39	0.28	0.30	0.32

（续）

平均体蛋白沉积量	50～75 千克			75～100 千克			100～135 千克		
（克/天）	115	135	155	115	135	155	115	135	155
亮氨酸	0.74	0.81	0.87	0.64	0.69	0.75	0.53	0.57	0.62
赖氨酸	0.74	0.81	0.87	0.63	0.69	0.74	0.52	0.57	0.61
蛋氨酸	0.21	0.23	0.25	0.18	0.20	0.22	0.15	0.16	0.18
蛋氨酸＋胱氨酸	0.42	0.46	0.49	0.37	0.40	0.42	0.31	0.33	0.35
苯丙氨酸	0.44	0.48	0.51	0.38	0.41	0.44	0.32	0.34	0.37
苯丙氨酸＋酪氨酸	0.69	0.75	0.80	0.60	0.65	0.70	0.50	0.54	0.58
苏氨酸	0.44	0.47	0.50	0.38	0.41	0.43	0.33	0.35	0.37
色氨酸	0.12	0.13	0.14	0.11	0.12	0.12	0.09	0.10	0.10
缬氨酸	0.47	0.51	0.54	0.40	0.44	0.47	0.34	0.36	0.39
总氮	1.50	1.62	1.73	1.29	1.40	1.49	1.08	1.16	1.24
以回肠标准可消化氨基酸为基础（%）									
精氨酸	0.36	0.39	0.41	0.31	0.33	0.36	0.26	0.28	0.30
组氨酸	0.27	0.29	0.31	0.23	0.25	0.27	0.19	0.21	0.22
异亮氨酸	0.41	0.45	0.47	0.36	0.39	0.41	0.30	0.33	0.35
亮氨酸	0.79	0.85	0.91	0.68	0.74	0.79	0.57	0.62	0.66
赖氨酸	0.78	0.85	0.91	0.67	0.73	0.78	0.56	0.61	0.65
蛋氨酸	0.22	0.24	0.26	0.19	0.21	0.23	0.16	0.18	0.19
蛋氨酸＋胱氨酸	0.45	0.48	0.51	0.39	0.42	0.45	0.33	0.36	0.38
苯丙氨酸	0.47	0.51	0.54	0.41	0.44	0.47	0.34	0.37	0.39
苯丙氨酸＋酪氨酸	0.74	0.80	0.85	0.64	0.69	0.74	0.54	0.58	0.62
苏氨酸	0.49	0.52	0.55	0.43	0.46	0.49	0.38	0.40	0.42
色氨酸	0.14	0.15	0.16	0.12	0.13	0.14	0.10	0.11	0.12
缬氨酸	0.51	0.55	0.59	0.45	0.48	0.51	0.38	0.41	0.43
总氮	1.71	1.84	1.95	1.50	1.61	1.71	1.28	1.37	1.44

注：注释同附表-23。

附表- 26 不同体重生长猪不同体蛋白沉积量每日每头
饲料营养含量（90％干物质，自由采食）

平均体蛋白沉积量（克/天）	50～75 千克			75～100 千克			100～135 千克		
	115	135	155	115	135	155	115	135	155
净能（千卡/千克）[a]	2 475	2 475	2 475	2 475	2 475	2 475	2 475	2 475	2 475
有效可消化能（千卡/千克）[a]	3 402	3 402	3 402	3 402	3 402	3 402	3 402	3 402	3 402
有效代谢能（千卡/千克）[a]	3 300	3 300	3 300	3 300	3 300	3 300	3 300	3 300	3 300
每天吸收代谢能（千卡/千克）	6 980	6 989	6 982	8 254	8 265	8 250	9 204	9 196	9 197
估测食入＋浪费饲料量（克/天）[b]	2 226	2 229	2 227	2 633	2 636	2 632	2 936	2 933	2 934
日增重（克/天）	817	900	982	842	917	994	804	867	930
日沉积蛋白（克/天）	125	147	168	121	141	163	104	122	140
矿物质与维生素									
钙（克/天）	10.80	12.43	13.99	11.45	13.14	14.83	11.21	12.80	14.39
总磷（克/天）[c]	9.91	10.92	11.88	10.80	11.86	12.90	10.98	11.97	12.94
标准总消化道可消化磷（克/天）	5.02	5.78	6.51	5.33	6.11	6.90	5.21	5.95	6.69
表观总消化道可消化磷（克/天）[c]	4.21	4.89	5.54	4.44	5.15	5.85	4.32	4.98	5.64
氨基酸[d,e]									
以总氨基酸为基础（克/天）									
精氨酸	8.6	9.3	9.9	8.9	9.6	10.2	8.4	9.0	9.6
组氨酸	6.6	7.2	7.7	6.8	7.4	7.9	6.5	7.0	7.4
异亮氨酸	10.2	11.0	11.6	10.6	11.4	12.1	10.1	10.8	11.4
亮氨酸	19.1	20.8	22.2	19.6	21.3	22.8	18.4	19.9	21.2
赖氨酸	18.9	20.6	22.0	19.4	21.1	22.6	18.2	19.7	21.1
蛋氨酸	5.5	6.0	6.4	5.7	6.1	6.6	5.3	5.8	6.2

（续）

平均体蛋白沉积量（克/天）	50～75 千克			75～100 千克			100～135 千克		
	115	135	155	115	135	155	115	135	155
蛋氨酸＋胱氨酸	11.2	12.1	12.8	11.7	12.6	13.3	11.2	12.0	12.7
苯丙氨酸	11.5	12.5	13.3	11.9	12.8	13.7	11.2	12.1	12.8
苯丙氨酸＋酪氨酸	18.5	20.0	21.2	19.2	20.6	21.9	18.2	19.5	20.7
苏氨酸	12.6	13.4	14.1	13.3	14.1	14.9	13.0	13.7	14.3
色氨酸	3.3	3.5	3.7	3.4	3.7	3.9	3.3	3.5	3.7
缬氨酸	12.9	13.9	14.7	13.4	14.4	15.2	12.7	13.6	14.4
总氮	43.5	46.6	49.2	45.5	48.6	51.3	43.8	46.5	48.9
以回肠表观可消化氨基酸为基础（克/天）									
精氨酸	6.6	7.3	7.8	6.6	7.3	7.9	6.0	6.6	7.1
组氨酸	5.3	5.8	6.2	5.4	5.9	6.3	5.0	5.4	5.8
异亮氨酸	8.1	8.9	9.5	8.3	9.0	9.7	7.7	8.4	8.9
亮氨酸	15.6	17.1	18.3	15.9	17.3	18.6	14.7	16.0	17.1
赖氨酸	15.6	17.1	18.3	15.8	17.3	18.6	14.6	15.9	17.1
蛋氨酸	4.5	4.9	5.2	4.6	5.0	5.4	4.2	4.6	4.9
蛋氨酸＋胱氨酸	8.9	9.7	10.3	9.2	9.9	10.6	8.7	9.3	9.9
苯丙氨酸	9.3	10.1	10.8	9.5	10.3	11.1	8.8	9.6	10.2
苯丙氨酸＋酪氨酸	14.7	15.9	17.0	15.0	16.3	17.4	14.0	15.1	16.1
苏氨酸	9.2	9.9	10.5	9.6	10.3	10.9	9.1	9.7	10.3
色氨酸	2.6	2.8	3.0	2.7	2.9	3.1	2.5	2.7	2.9
缬氨酸	9.9	10.7	11.4	10.1	10.9	11.7	9.4	10.2	10.8
总氮	31.6	34.3	36.6	32.3	35.0	37.3	30.1	32.5	34.5
以回肠标准可消化氨基酸为基础（克/天）									
精氨酸	7.5	8.2	8.8	7.7	8.4	9.0	7.2	7.8	8.3
组氨酸	5.6	6.2	6.6	5.8	6.3	6.7	5.4	5.8	6.2
异亮氨酸	8.7	9.4	10.0	9.0	9.7	10.3	8.4	9.1	9.7
亮氨酸	16.6	18.1	19.3	17.0	18.5	19.8	15.9	17.2	18.4

（续）

平均体蛋白沉积量 （克/天）	50～75 千克			75～100 千克			100～135 千克		
	115	135	155	115	135	155	115	135	155
赖氨酸	16.4	17.9	19.2	16.8	18.3	19.6	15.6	16.9	18.1
蛋氨酸	4.7	5.2	5.5	4.8	5.3	5.7	4.5	4.9	5.2
蛋氨酸＋胱氨酸	9.4	10.2	10.8	9.8	10.5	11.2	9.2	9.9	10.5
苯丙氨酸	9.9	10.8	11.5	10.2	11.0	11.8	9.6	10.3	11.0
苯丙氨酸＋酪氨酸	15.6	16.9	18.0	16.0	17.3	18.5	15.1	16.3	17.3
苏氨酸	10.4	11.1	11.7	10.9	11.6	12.2	10.5	11.1	11.7
色氨酸	2.9	3.1	3.3	3.0	3.2	3.4	2.8	3.0	3.2
缬氨酸	10.9	11.7	12.5	11.2	12.1	12.9	10.6	11.4	12.1
总氮	31.6	34.3	36.6	32.3	35.0	37.3	30.1	32.5	34.5

注：注释同附表-23。

（二）妊娠母猪与泌乳母猪营养标准

附表-27 妊娠母猪每千克饲料营养含量

（90％干物质，自由采食）[a]

体况评分 （体重，千克）	1 (140)		2 (165)		3 (185)		4[+] (205)					
妊娠期增重 （千克）	65		60		52.2		45		40		45	
产仔数[b]	12.5		13.5		13.5		13.5		13.5		13.5	
妊娠期（天）	<90	>90	<90	>90	<90	>90	<90	>90	<90	>90	<90	>90
饲料净能含量 （千卡/千克）[a]	2 518	2 518	2 518	2 518	2 518	2 518	2 518	2 518	2 518	2 518	2 518	2 518
饲料有效可消化能（千卡/千克）[a]	3 388	3 388	3 388	3 388	3 388	3 388	3 388	3 388	3 388	3 388	3 388	3 388
饲料有效代谢能（千卡/千克）[a]	3 300	3 300	3 300	3 300	3 300	3 300	3 300	3 300	3 300	3 300	3 300	3 300

（续）

体况评分 （体重，千克）	1 (140)		2 (165)		3 (185)		4+ (205)					
妊娠期增重 （千克）	65		60		52.2		45		40		45		
产仔数[b]	12.5		13.5		13.5		13.5		13.5		13.5		
妊娠期（天）	<90	>90	<90	>90	<90	>90	<90	>90	<90	>90	<90	>90
估测有效代谢能日摄入量（千卡/天）	6 678	7 932	6 928	8 182	6 928	8 182	6 897	8 151	6 427	7 681	6 521	7 775
食入＋浪费饲料量（克/天）[c]	2 130	2 530	2 210	2 610	2 210	2 610	2 200	2 600	2 050	2 450	2 080	2 480
日增重（克/天）	578	543	539	481	472	408	410	340	364	298	416	313
矿物质与维生素												
总钙（%）	0.61	0.83	0.54	0.78	0.49	0.72	0.43	0.67	0.46	0.71	0.46	0.75
总磷（%）[d]	0.49	0.62	0.45	0.58	0.41	0.55	0.38	0.52	0.40	0.54	0.40	0.56
标准总消化道可消化磷（%）	0.27	0.36	0.24	0.34	0.21	0.31	0.19	0.29	0.20	0.31	0.20	0.33
表观总消化道可消化磷（%）[d]	0.23	0.31	0.20	0.29	0.18	0.27	0.16	0.25	0.17	0.26	0.17	0.28
氨基酸[e, f]												
以总氨基酸为基础（%）												
精氨酸	0.32	0.42	0.27	0.37	0.23	0.32	0.20	0.29	0.21	0.29	0.21	0.31
组氨酸	0.22	0.27	0.19	0.23	0.16	0.20	0.14	0.18	0.14	0.18	0.14	0.19
异亮氨酸	0.36	0.43	0.31	0.38	0.27	0.33	0.24	0.29	0.24	0.30	0.24	0.31
亮氨酸	0.55	0.75	0.47	0.66	0.41	0.59	0.36	0.53	0.36	0.54	0.37	0.57
赖氨酸	0.61	0.80	0.52	0.71	0.45	0.62	0.39	0.55	0.39	0.56	0.40	0.59
蛋氨酸	0.18	0.23	0.15	0.20	0.13	0.17	0.11	0.16	0.11	0.16	0.12	0.17
蛋氨酸＋胱氨酸	0.41	0.54	0.36	0.48	0.32	0.44	0.29	0.40	0.29	0.41	0.30	0.43

（续）

体况评分 （体重，千克）	1 (140)		2 (165)		3 (185)		4+ (205)					
妊娠期增重 （千克）	65		60		52.2		45		40		45	
产仔数b	12.5		13.5		13.5		13.5		13.5		13.5	
妊娠期（天）	<90	>90	<90	>90	<90	>90	<90	>90	<90	>90	<90	>90
苯丙氨酸	0.34	0.44	0.29	0.40	0.25	0.35	0.23	0.31	0.23	0.32	0.23	0.34
苯丙氨酸＋酪 氨酸	0.61	0.79	0.53	0.70	0.46	0.62	0.41	0.56	0.41	0.57	0.42	0.60
苏氨酸	0.46	0.58	0.41	0.53	0.37	0.48	0.34	0.44	0.34	0.45	0.35	0.47
色氨酸	0.11	0.15	0.10	0.14	0.09	0.13	0.08	0.12	0.08	0.12	0.08	0.13
缬氨酸	0.45	0.58	0.39	0.52	0.34	0.46	0.31	0.42	0.31	0.43	0.32	0.45
总氮	1.62	2.15	1.42	1.95	1.26	1.77	1.14	1.62	1.15	1.65	1.18	1.74
以回肠表观可消化氨基酸为基础（%）												
精氨酸	0.23	0.32	0.19	0.28	0.15	0.23	0.12	0.20	0.12	0.21	0.13	0.22
组氨酸	0.17	0.21	0.14	0.18	0.11	0.15	0.10	0.13	0.10	0.13	0.10	0.14
异亮氨酸	0.27	0.34	0.23	0.29	0.19	0.25	0.17	0.22	0.17	0.22	0.17	0.23
亮氨酸	0.43	0.60	0.36	0.53	0.30	0.46	0.26	0.41	0.27	0.42	0.28	0.45
赖氨酸	0.49	0.66	0.40	0.57	0.34	0.49	0.29	0.43	0.29	0.44	0.30	0.47
蛋氨酸	0.14	0.19	0.11	0.16	0.09	0.14	0.08	0.12	0.08	0.12	0.08	0.13
蛋氨酸＋胱 氨酸	0.32	0.43	0.27	0.38	0.24	0.34	0.21	0.31	0.21	0.31	0.22	0.33
苯丙氨酸	0.26	0.35	0.22	0.31	0.19	0.27	0.16	0.24	0.16	0.25	0.17	0.26
苯丙氨酸＋酪 氨酸	0.46	0.62	0.39	0.54	0.33	0.47	0.29	0.42	0.29	0.43	0.30	0.45
苏氨酸	0.32	0.43	0.28	0.38	0.25	0.34	0.22	0.31	0.22	0.32	0.23	0.33
色氨酸	0.08	0.12	0.07	0.11	0.06	0.10	0.05	0.09	0.06	0.09	0.06	0.10
缬氨酸	0.33	0.44	0.28	0.39	0.24	0.34	0.21	0.31	0.21	0.31	0.22	0.33
总氮	1.12	1.58	0.95	1.41	0.82	1.25	0.72	1.12	0.73	1.15	0.75	1.23
以回肠标准可消化氨基酸为基础（%）												
精氨酸	0.28	0.37	0.23	0.32	0.19	0.28	0.17	0.24	0.17	0.25	0.17	0.26

（续）

体况评分 （体重，千克）	1 (140)		2 (165)		3 (185)		4+ (205)					
妊娠期增重 （千克）	65		60		52.2		45		40		45	
产仔数[b]	12.5		13.5		13.5		13.5		13.5		13.5	
妊娠期（天）	<90	>90	<90	>90	<90	>90	<90	>90	<90	>90	<90	>90
组氨酸	0.18	0.22	0.15	0.19	0.13	0.16	0.11	0.14	0.11	0.14	0.11	0.15
异亮氨酸	0.30	0.36	0.25	0.32	0.22	0.27	0.19	0.24	0.19	0.24	0.20	0.26
亮氨酸	0.47	0.65	0.40	0.57	0.35	0.51	0.30	0.45	0.31	0.47	0.32	0.49
赖氨酸	0.52	0.69	0.44	0.61	0.37	0.53	0.32	0.46	0.32	0.48	0.33	0.50
蛋氨酸	0.15	0.20	0.12	0.17	0.10	0.15	0.09	0.13	0.09	0.13	0.09	0.14
蛋氨酸＋胱氨酸	0.34	0.45	0.29	0.40	0.26	0.36	0.23	0.33	0.23	0.33	0.24	0.35
苯丙氨酸	0.29	0.38	0.25	0.34	0.21	0.30	0.19	0.27	0.19	0.27	0.19	0.29
苯丙氨酸＋酪氨酸	0.46	0.62	0.40	0.54	0.35	0.47	0.30	0.42	0.30	0.43	0.30	0.45
苏氨酸	0.32	0.43	0.28	0.38	0.25	0.34	0.22	0.31	0.22	0.32	0.23	0.33
色氨酸	0.08	0.10	0.07	0.11	0.06	0.10	0.05	0.09	0.06	0.09	0.06	0.09
缬氨酸	0.33	0.44	0.28	0.39	0.24	0.34	0.21	0.31	0.21	0.31	0.22	0.33
总氮	1.12	1.58	0.95	1.41	0.82	1.25	0.72	1.12	0.73	1.15	0.75	1.23

注：[a] 日粮能量含量基于玉米、豆饼基础日粮，有效消化能和代谢能使用小于和大于 25 千克体重猪净能的固定转化值计算。在这种日粮中，有效消化能和代谢能与真实消化能和代谢能相似。最佳日粮能量含量变化主要取决于当地饲料成分的价格，当使用其他饲料成分时，要按照净能含量换算，营养需要与营养—净能比率一致。

[b] 平均初生重 1.40 千克。

[c] 假设饲料浪费量为 5%。

[d] 表观总消化道可消化磷和总磷需要量基于玉米和豆饼日粮，依据标准总消化道可消化磷需要量和日粮中玉米、豆饼和磷酸氢钙的需要量来计算，假设日粮中含 0.1% 盐酸赖氨酸和 3% 的维生素和矿物质，玉米和豆饼应满足标准回肠可消化赖氨酸需要，磷酸氢钙应满足标准总消化道可消化磷需要。

[e] 氨基酸需要根据生长模型计算。

[f] 表观回肠可消化氨基酸和总氨基酸需要量基于玉米、豆饼日粮，从标准回肠可消化氨基酸需要量以及添加 0.1% 盐酸赖氨酸和 3% 维生素和矿物质的玉米、豆饼日粮中氨基酸的含量来计算。每一种氨基酸需要量、日粮玉米和豆饼含量与营养需求应满足标准回肠可消化需要量。

附表-28　妊娠母猪每日每头饲料营养含量
（90%干物质，自由采食）[a]

体况评分 （体重，千克）	1（140）		2（165）		3（185）		4+（205）					
妊娠期增重 （千克）	65		60		52.2		45		40		45	
产仔数[b]	12.5		13.5		13.5		13.5		13.5		13.5	
妊娠期（天）	<90	>90	<90	>90	<90	>90	<90	>90	<90	>90	<90	>90
饲料净能含量 （千卡/千克）[a]	2 518	2 518	2 518	2 518	2 518	2 518	2 518	2 518	2 518	2 518	2 518	2 518
饲料有效可消化能（千卡/千克）[a]	3 388	3 388	3 388	3 388	3 388	3 388	3 388	3 388	3 388	3 388	3 388	3 388
饲料有效代谢能（千卡/千克）[a]	3 300	3 300	3 300	3 300	3 300	3 300	3 300	3 300	3 300	3 300	3 300	3 300
估测有效代谢能日摄入量（千卡/天）	6 678	7 932	6 928	8 182	6 928	8 182	6 897	8 151	6 427	7 681	6 521	7 775
食入＋浪费饲料量（克/天）[c]	2 130	2 530	2 210	2 610	2 210	2 610	2 200	2 600	2 050	2 450	2 080	2 480
日增重（克/天）	578	543	539	481	472	408	410	340	364	298	416	313
矿物质与维生素												
总钙（克/天）	12.42	19.94	11.42	19.31	10.20	17.91	9.05	16.55	8.89	16.40	9.18	17.77
总磷（克/天）[d]	9.91	14.78	9.40	14.45	8.67	13.59	7.98	12.75	7.69	12.47	7.89	13.29
标准总消化道可消化磷（克/天）	5.40	8.67	4.96	8.39	4.43	7.79	3.93	7.20	3.87	7.13	3.99	7.73
表观总消化道可消化磷（克/天）[d]	4.61	7.49	4.22	7.25	3.75	6.71	3.30	6.19	3.26	6.15	3.37	6.68

（续）

体况评分（体重，千克）	1 (140)		2 (165)		3 (185)		4+ (205)					
妊娠期增重（千克）	65		60		52.2		45		40		45	
产仔数[b]	12.5		13.5		13.5		13.5		13.5		13.5	
妊娠期（天）	<90	>90	<90	>90	<90	>90	<90	>90	<90	>90	<90	>90
氨基酸[e,f]												
以总氨基酸为基础（克/天）												
精氨酸	6.5	10.0	5.7	9.1	4.9	8.0	4.3	7.1	4.0	6.8	4.2	7.3
组氨酸	4.4	6.4	3.9	5.7	3.3	5.2	2.9	4.3	2.7	4.1	2.8	4.4
异亮氨酸	7.2	10.3	6.4	9.4	5.6	8.2	4.9	7.2	4.6	6.9	4.8	7.4
亮氨酸	11.1	17.9	9.9	16.5	8.5	14.6	7.5	13.0	7.1	12.6	7.4	13.5
赖氨酸	12.4	19.3	11.0	17.5	9.4	15.4	8.2	13.6	7.7	13.1	8.0	14.0
蛋氨酸	3.6	5.6	3.1	5.1	2.7	4.5	2.4	3.9	2.2	3.8	2.3	4.1
蛋氨酸+胱氨酸	8.3	12.9	7.5	12.0	6.7	10.8	6.0	9.8	5.7	9.5	5.9	10.1
苯丙氨酸	6.9	10.7	6.1	9.8	5.3	8.7	4.7	7.8	4.5	7.5	4.6	8.0
苯丙氨酸+酪氨酸	12.3	18.9	11.0	17.4	9.6	15.4	8.5	13.8	8.0	13.3	8.3	14.1
苏氨酸	9.4	14.0	8.6	13.2	7.6	12.0	7.1	10.9	6.7	10.5	6.9	11.1
色氨酸	2.2	3.6	2.0	3.4	1.8	3.1	1.6	2.9	1.6	2.8	1.6	3.0
缬氨酸	9.0	14.0	8.1	12.9	7.2	11.5	6.4	10.4	6.0	10.0	6.2	10.65
总氮	32.7	51.7	29.8	48.4	26.5	43.8	23.9	39.9	22.5	38.5	23.3	41.1
以回肠表观可消化氨基酸为基础（克/天）												
精氨酸	4.7	7.8	3.9	6.9	3.2	5.8	2.6	4.9	2.4	4.8	2.6	5.2
组氨酸	3.4	5.0	2.9	4.4	2.4	3.7	2.0	3.1	1.9	3.0	1.9	3.2
异亮氨酸	5.5	8.1	4.8	7.3	4.1	6.2	3.5	5.3	3.3	5.1	3.4	5.5
亮氨酸	8.7	14.5	7.6	13.1	6.4	11.5	5.5	10.1	5.2	9.8	5.4	10.6
赖氨酸	9.9	15.8	8.5	14.1	7.1	12.21	6.0	10.6	5.6	10.2	5.9	11.0

（续）

体况评分（体重，千克）	1 (140)		2 (165)		3 (185)		4+ (205)					
妊娠期增重（千克）	65		60		52.2		45		40		45	
产仔数 [b]	12.5		13.5		13.5		13.5		13.5		13.5	
妊娠期（天）	<90	>90	<90	>90	<90	>90	<90	>90	<90	>90	<90	>90
蛋氨酸	2.7	4.5	2.3	4.0	1.9	3.4	1.6	3.0	1.5	2.9	1.6	3.1
蛋氨酸＋胱氨酸	6.4	10.2	5.7	9.4	5.0	8.5	4.4	7.6	4.2	7.3	4.3	7.8
苯丙氨酸	5.3	8.5	4.6	7.7	3.9	6.7	3.4	5.9	3.2	5.7	3.3	6.2
苯丙氨酸＋酪氨酸	9.4	14.9	8.2	13.5	7.0	11.8	6.0	10.4	5.7	10.0	5.9	10.7
苏氨酸	6.6	10.3	5.9	9.4	5.2	8.5	4.6	7.6	4.4	7.4	4.5	7.8
色氨酸	1.6	2.9	1.5	2.7	1.3	2.4	1.1	2.2	1.1	2.2	1.1	2.3
缬氨酸	6.6	10.7	5.8	9.6	5.0	8.5	4.3	7.6	4.1	7.3	4.3	7.8
总氮	22.7	37.9	20.0	34.9	17.1	30.9	15.0	27.6	14.1	26.8	14.8	28.9
以回肠标准可消化氨基酸为基础（克/天）												
精氨酸	5.6	8.8	4.8	7.9	4.1	6.9	3.5	6.0	3.2	5.8	3.4	6.2
组氨酸	3.7	5.4	3.2	4.8	2.6	4.1	2.2	3.5	2.1	3.3	2.2	3.5
异亮氨酸	6.1	8.8	5.3	7.9	4.6	6.9	4.0	5.9	3.7	5.7	3.9	6.1
亮氨酸	9.6	15.6	8.5	14.2	7.3	12.6	6.4	11.2	6.0	10.8	6.3	11.6
赖氨酸	10.6	16.7	9.2	15.1	7.8	13.1	6.7	11.5	6.3	11.1	6.6	11.9
蛋氨酸	3.0	4.7	2.6	4.3	2.2	3.7	1.8	3.2	1.7	3.1	1.8	3.4
蛋氨酸＋胱氨酸	6.8	10.8	6.1	10.0	5.4	8.9	4.8	8.1	4.5	7.8	4.7	8.3
苯丙氨酸	5.8	9.1	5.1	8.4	4.4	7.4	3.9	6.6	3.7	6.3	3.8	6.8
苯丙氨酸＋酪氨酸	10.1	15.9	9.0	14.5	7.7	12.7	6.7	11.3	6.3	10.9	6.6	11.6
苏氨酸	7.6	11.5	6.9	10.7	6.2	9.7	5.6	8.8	5.3	8.5	5.4	9.0

（续）

体况评分 （体重，千克）	1（140）		2（165）		3（185）		4+（205）					
妊娠期增重 （千克）	65		60		52.2		45		40		45		
产仔数b	12.5		13.5		13.5		13.5		13.5		13.5		
妊娠期（天）	<90	>90	<90	>90	<90	>90	<90	>90	<90	>90	<90	>90
色氨酸	1.9	3.2	1.7	3.0	1.5	2.7	1.4	2.5	1.3	2.4	1.3	2.6
缬氨酸	7.5	11.8	6.7	10.8	5.8	9.5	5.2	8.6	4.9	8.3	5.0	8.8
总氮	26.8	43.1	24.1	40.1	21.2	36.0	18.9	32.6	17.8	31.5	18.5	33.8

注：注释同附表-27。

附表-29　泌乳母猪每千克饲料营养含量
（90%干物质，自由采食）a

体况评分	1			2+		
产后体重（千克）	175	175	175	210	210	210
产仔数	11	11	11	11.5	11.5	11.5
哺乳期（天）	21	21	21	21	21	21
哺乳母猪平均日培养重（克）	190	230	270	190	230	270
饲料净能含量（千卡/千克）a	2 518	2 518	2 518	2 518	2 518	2 518
饲料有效可消化能（千卡/千克）a	3 388	3 388	3 388	3 388	3 388	3 388
饲料有效代谢能（千卡/千克）a	3 300	3 300	3 300	3 300	3 300	3 300
估测吸收的有效代谢能（兆卡/天）	18.7	18.7	18.7	20.7	20.7	20.7
估测食入＋浪费饲料量（克/天）b	5.95	5.95	5.93	6.61	6.61	6.61
期望的母猪体重变化（克/天）	1.5	−7.7	−17.4	3.7	−5.8	−15.9
矿物质与维生素						
总钙（%）	0.63	0.71	0.80	0.60	0.68	0.76

（续）

体况评分	1			2+		
总磷（%）c	0.56	0.62	0.67	0.54	0.60	0.65
标准总消化道可消化能（%）	0.31	0.36	0.40	0.30	0.34	0.38
表观总消化道可消化能（%）c	0.27	0.31	0.35	0.26	0.29	0.33
氨基酸d,e						
以总氨基酸为基础（%）						
精氨酸	0.48	0.50	0.51	0.47	0.48	0.50
组氨酸	0.35	0.37	0.40	0.47	0.50	0.54
异亮氨酸	0.49	0.52	0.56	0.47	0.50	0.54
亮氨酸	0.96	1.05	1.15	0.92	1.01	1.10
赖氨酸	0.86	0.93	1.00	0.83	0.90	0.96
蛋氨酸	0.23	0.25	0.27	0.23	0.24	0.26
蛋氨酸＋胱氨酸	0.47	0.51	0.55	0.46	0.49	0.53
苯丙氨酸	0.47	0.51	0.55	0.46	0.49	0.53
苯丙氨酸＋酪氨酸	0.98	1.07	1.16	0.94	1.03	1.12
苏氨酸	0.58	0.62	0.67	0.56	0.60	0.65
色氨酸	0.16	0.18	0.19	0.15	0.17	0.18
缬氨酸	0.75	0.81	0.87	0.72	0.78	0.84
总氮	1.95	2.08	2.22	1.89	2.01	2.15
以回肠表观可消化氨基酸为基础（%）						
精氨酸	0.39	0.40	0.41	0.38	0.39	0.40
组氨酸	0.28	0.30	0.33	0.27	0.29	0.31
异亮氨酸	0.39	0.42	0.46	0.37	0.41	0.44
亮氨酸	0.79	0.87	0.95	0.76	0.83	0.91
赖氨酸	0.71	0.77	0.83	0.68	0.74	0.80
蛋氨酸	0.19	0.20	0.22	0.18	0.20	0.21
蛋氨酸＋胱氨酸	0.37	0.41	0.44	0.36	0.39	0.42

（续）

体况评分	1			2+		
苯丙氨酸	0.38	0.41	0.45	0.36	0.40	0.43
苯丙氨酸＋酪氨酸	0.78	0.86	0.95	0.75	0.83	0.90
苏氨酸	0.42	0.46	0.50	0.41	0.44	0.48
色氨酸	0.13	0.14	0.16	0.12	0.14	0.15
缬氨酸	0.58	0.64	0.69	0.56	0.61	0.66
总氮	1.40	1.52	1.64	1.35	1.46	1.57
以回肠标准可消化氨基酸为基础（%）						
精氨酸	0.43	0.44	0.46	0.42	0.43	0.45
组氨酸	0.30	0.32	0.34	0.29	0.31	0.33
异亮氨酸	0.41	0.45	0.49	0.40	0.43	0.47
亮氨酸	0.83	0.92	1.00	0.80	0.88	0.96
赖氨酸	0.75	0.81	0.87	0.72	0.78	0.84
蛋氨酸	0.20	0.21	0.23	0.19	0.21	0.22
蛋氨酸＋胱氨酸	0.39	0.43	0.47	0.38	0.41	0.45
苯丙氨酸	0.41	0.44	0.48	0.39	0.42	0.46
苯丙氨酸＋酪氨酸	0.83	0.91	0.99	0.80	0.87	0.95
苏氨酸	0.47	0.51	0.55	0.46	0.49	0.53
色氨酸	0.14	0.15	0.17	0.13	0.15	0.16
缬氨酸	0.64	0.69	0.74	0.61	0.66	0.71
总氮	1.62	1.73	1.86	1.56	1.67	1.79

注：注释同附表-27。

附表-30　泌乳母猪每日每头饲料营养含量
（90%干物质，自由采食）[a]

体况评分	1			2+		
产后体重（千克）	175	175	175	210	210	210

（续）

体况评分	1			2+		
产仔数	11	11	11	11.5	11.5	11.5
哺乳期（天）	21	21	21	21	21	21
哺乳母猪平均日培养重（克）	190	230	270	190	230	270
饲料净能含量（千卡/千克）a	2 518	2 518	2 518	2 518	2 518	2 518
饲料有效可消化能（千卡/千克）a	3 388	3 388	3 388	3 388	3 388	3 388
饲料有效代谢能（千卡/千克）a	3 300	3 300	3 300	3 300	3 300	3 300
估测吸收的有效代谢能（兆卡/天）	18.7	18.7	18.7	20.7	20.7	20.7
估测食入＋浪费饲料量（克/天）b	5.95	5.95	5.93	6.61	6.61	6.61
期望的母猪体重变化（克/天）	1.5	−7.7	−17.4	3.7	−5.8	−15.9
矿物质与维生素						
总钙（克/天）	35.3	40.3	45.0	37.7	42.9	48.1
总磷（克/天）c	31.6	34.8	38.1	34.1	37.4	40.8
标准总消化道可消化能（克/天）	17.7	21.1	22.6	18.9	21.4	24.0
表观总消化道可消化能（克/天）c	15.1	17.3	19.6	16.1	18.4	20.8
氨基酸d,e						
以总氨基酸为基础（克/天）						
精氨酸	27.3	28.2	29.1	29.6	30.5	31.4
组氨酸	19.7	21.1	22.5	51.1	22.6	24.1
异亮氨酸	27.4	29.6	31.9	29.4	31.7	34.1
亮氨酸	54.1	59.5	65.0	57.8	63.4	69.1
赖氨酸	48.7	52.6	56.5	52.4	56.4	60.5
蛋氨酸	13.2	14.2	15.1	14.2	15.2	16.2

（续）

体况评分	1			2+		
蛋氨酸＋胱氨酸	26.7	29.0	31.3	28.7	31.1	33.5
苯丙氨酸	26.7	29.0	31.3	28.6	31.0	33.4
苯丙氨酸＋酪氨酸	55.3	60.5	65.8	59.1	64.6	70.2
苏氨酸	32.7	35.3	37.9	35.2	37.9	40.6
色氨酸	9.0	9.9	10.9	9.6	10.6	11.6
缬氨酸	42.2	45.7	49.2	45.3	48.9	52.5
总氮	109.9	117.8	125.8	118.4	126.5	134.9
以回肠表观可消化氨基酸为基础（克/天）						
精氨酸	21.8	22.6	23.5	23.6	24.4	25.2
组氨酸	15.9	17.2	18.5	17.1	18.4	19.7
异亮氨酸	21.9	23.9	26.0	23.4	25.5	27.7
亮氨酸	44.5	49.2	54.0	47.4	52.3	57.3
赖氨酸	40.0	43.5	47.0	42.9	46.5	50.1
蛋氨酸	10.7	11.6	12.5	11.4	12.3	13.3
蛋氨酸＋胱氨酸	21.0	22.9	24.9	22.4	24.5	26.6
苯丙氨酸	21.3	23.3	25.4	22.8	24.9	27.0
苯丙氨酸＋酪氨酸	44.3	48.9	53.5	47.2	52.0	56.8
苏氨酸	23.8	26.0	28.1	25.5	27.7	30.0
色氨酸	7.2	8.1	8.9	7.7	8.5	9.4
缬氨酸	33.0	36.0	39.0	35.4	38.4	41.6
总氮	79.2	85.9	92.8	84.8	91.7	98.9
以回肠标准可消化氨基酸为基础（克/天）						
精氨酸	24.3	25.1	26.0	26.3	27.1	28.0
组氨酸	16.9	18.2	19.5	18.1	19.4	20.8
异亮氨酸	23.4	25.5	27.5	25.1	27.2	29.4
亮氨酸	47.1	51.9	56.7	50.3	55.2	60.3

（续）

体况评分	1			2+		
赖氨酸	42.2	45.7	49.3	45.3	48.9	52.6
蛋氨酸	11.3	12.2	13.1	12.1	13.0	14.0
蛋氨酸＋胱氨酸	22.3	24.3	26.4	23.8	26.0	28.1
苯丙氨酸	22.9	24.9	27.0	24.5	26.6	28.8
苯丙氨酸＋酪氨酸	46.9	51.6	56.3	50.1	55.0	59.9
苏氨酸	26.8	29.0	31.3	28.8	31.1	33.5
色氨酸	7.9	8.7	9.6	8.4	9.3	10.2
缬氨酸	35.9	38.9	42.0	38.5	41.6	44.9
总氮	91.1	98.1	105.2	97.9	105.1	112.5

注：注释同附表-27。

附表-31　妊娠母猪与泌乳母猪饲料矿物质与维生素需要量（90%干物质）

	每千克饲料营养含量			每日饲料营养含量	
	妊娠母猪	泌乳母猪		妊娠母猪	泌乳母猪
饲料净能（千卡/千克）[a]	2 518	2 518	饲料净能（千卡/千克）[a]	2 518	2 518
饲料有效可消化能（千卡/千克）[a]	3 388	3 388	饲料有效可消化能（千卡/千克）[a]	3 388	3 388
饲料有效代谢能（千卡/千克）[a]	3 300	3 300	饲料有效代谢能（千卡/千克）[a]	3 300	3 300
估测有效代谢能食入量（千卡/天）	6 928	19 700	估测有效代谢能食入量（千卡/天）	6 928	19 700
估测食入＋浪费饲料量（克/天）[b]	2 210	6 280	估测食入＋浪费饲料量（克/天）[b]	2 210	6 280
矿物质与维生素					
钠（%）	0.15	0.20	钠（克）	3.15	11.93

（续）

	每千克饲料营养含量			每日饲料营养含量	
	妊娠母猪	泌乳母猪		妊娠母猪	泌乳母猪
氯（%）	0.12	0.16	氯（克）	2.52	9.55
镁（%）	0.06	0.06	镁（克）	1.26	3.58
钾（%）	0.20	0.20	钾（克）	4.20	11.93
铜（毫克/千克）	10	20	铜（毫克）	21.00	119.32
碘（毫克/千克）	0.14	0.14	碘（毫克）	0.29	0.84
铁（毫克/千克）	80	80	铁（毫克）	168.0	477.3
锰（毫克/千克）	25	25	锰（毫克）	52.49	149.15
硒（毫克/千克）	0.15	0.15	硒（毫克）	0.31	0.89
锌（毫克/千克）	100	100	锌（毫克）	210.0	596.6
维生素 A（国际单位/千克）c	4 000	2 000	维生素 A（国际单位）	8 398	11 932
维生素 D_3（国际单位/千克）d	800	800	维生素 D_3（国际单位）	1 680	4 773
维生素 E（国际单位/千克）e	44	44	维生素 E（国际单位）	92.4	262.5
维生素 K（毫克/千克）	0.50	0.50	维生素 K（毫克）	1.05	2.98
生物素（毫克/千克）	0.20	0.20	生物素（毫克）	0.42	1.19
胆碱（克/千克）	1.25	1.25	胆碱（克）	2.62	5.97
叶酸（毫克/千克）	1.30	1.30	叶酸（毫克）	2.73	7.76
可利用尼克酸（毫克/千克）f	10	10	可利用尼克酸（毫克）	21.00	59.66
泛酸（毫克/千克）	12	12	泛酸（毫克）	25.19	71.59
核黄素（毫克/千克）	3.75	3.75	核黄素（毫克）	7.87	22.37
维生素 B_1（毫克/千克）	1.00	1.00	维生素 B_1（毫克）	2.10	5.97
维生素 B_6（毫克/千克）	1.00	1.00	维生素 B_6（毫克）	2.10	5.97

（续）

	每千克饲料营养含量			每日饲料营养含量	
	妊娠母猪	泌乳母猪		妊娠母猪	泌乳母猪
维生素 B$_{12}$（微克/千克）	15	15	维生素 B$_{12}$（微克）	31.49	89.49
亚油酸（%）	0.10	0.10	亚油酸（克）	2.1	6.0

注：[a]日粮能量含量基于玉米、豆饼基础日粮，有效消化能和代谢能使用小于和大于 25 千克体重猪净能的固定转化值计算。在这种日粮中，有效消化能和代谢能与真实消化能和代谢能相似。最佳日粮能量含量变化主要取决于当地饲料成分的价格，当使用其他饲料成分时，要按照净能含量换算，营养需要与营养—净能比率一致。

[b]假设饲料浪费量为 5%。

[c]1 国际单位维生素 A=0.30 微克视黄醇或 0.344 克视黄醇乙酸酯。

[d]1 国际单位维生素 D$_2$ 或 D$_3$=0.025 微克。

[e]1 国际单位维生素 E=0.67 毫克 D-α-生育酚或 1 毫克 DL-α-生育酚乙酸酯。近期猪营养研究已表明天然和人工合成 α-生育酚乙酸酯活性有本质差别。

[f]玉米、高粱、小麦和大麦中不含尼克酸，其加工副产品中含量也很少，湿磨加工发酵处理后含量会增加。

（三）种公猪营养标准

附表- 32　种公猪每饲料营养需要量（90%干物质）[a]

饲料净能含量（千卡/千克）[b]	2 475
有效可消化能（千卡/千克）[b]	3 402
有效可代谢能（千卡/千克）[b]	3 300
估测有效代谢能食入量（千卡/天）[b]	7 838
估测食入+浪费饲料量（克/天）[c]	2 500

	每千克饲料营养含量	每天饲料营养需要量
以总氨基酸为基础（%）[d]		
精氨酸	0.25%	5.83 克
组氨酸	0.18%	4.30 克
异亮氨酸	0.37%	8.81 克
亮氨酸	0.39%	9.20 克

（续）

	每千克饲料营养含量	每天饲料营养需要量
赖氨酸	3.60%	14.25 克
蛋氨酸	0.11%	2.55 克
蛋氨酸＋胱氨酸	0.31%	7.44 克
苯丙氨酸	0.42%	9.96 克
苯丙氨酸＋酪氨酸	0.70%	16.55 克
苏氨酸	0.28%	6.70 克
色氨酸	0.23%	5.42 克
缬氨酸	0.34%	8.01 克
总氮	1.41%	33.48 克
以回肠表观可消化氨基酸为基础（%）[d]		
精氨酸	0.16%	3.86 克
组氨酸	0.13%	3.16 克
异亮氨酸	0.29%	6.81 克
亮氨酸	0.29%	6.84 克
赖氨酸	0.47%	11.13 克
蛋氨酸	0.07%	1.72 克
蛋氨酸＋胱氨酸	0.23%	5.55 克
苯丙氨酸	0.33%	7.86 克
苯丙氨酸＋酪氨酸	0.54%	12.81 克
苏氨酸	0.17%	4.15 克
色氨酸	0.19%	4.52 克
缬氨酸	0.23%	5.58 克
总氮	0.94%	22.40 克
以回肠标准可消化氨基酸为基础（%）		
精氨酸	0.20%	4.86 克
组氨酸	0.15%	3.46 克

（续）

	每千克饲料营养含量	每天饲料营养需要量
异亮氨酸	0.31%	7.41 克
亮氨酸	0.33%	7.83 克
赖氨酸	0.51%	11.99 克
蛋氨酸	0.08%	1.96 克
蛋氨酸＋胱氨酸	0.25%	5.98 克
苯丙氨酸	0.36%	8.50 克
苯丙氨酸＋酪氨酸	0.58%	13.77 克
苏氨酸	0.22%	5.19 克
色氨酸	0.20%	4.82 克
缬氨酸	0.27%	6.52 克
总氮	1.14%	27.04 克
矿物质		
总钙	0.75%	17.81 克
总磷e	0.75%	17.81 克
标准总消化道可消化磷	0.33%	7.84 克
表观总消化道可消化磷e	0.31%	7.36 克
钠	0.15%	3.56 克
氯	0.12%	2.85 克
镁	0.04%	0.95 克
钾	0.20%	4.75 克
铜	5 毫克	11.88 毫克
碘	0.14 毫克	0.33 毫克
铁	80 毫克	190 毫克
锰	20 毫克	47.5 毫克
硒	0.30 毫克	0.71 毫克
锌	50 毫克	118.75 毫克

（续）

	每千克饲料营养含量	每天饲料营养需要量
维生素		
维生素 A[f]	4 000 国际单位	9 500 国际单位
维生素 D₃[g]	200 国际单位	475 国际单位
维生素 E[h]	44 国际单位	104.5 国际单位
维生素 K	0.50 毫克	1.19 毫克
生物素	0.20 毫克	0.48 毫克
胆碱	1.25 克	2.97 克
叶酸	1.30 毫克	3.09 毫克
可利用尼克酸[i]	10 毫克	23.75 毫克
泛酸	12 毫克	28.50 毫克
核黄素	3.75 毫克	8.91 毫克
维生素 B₁	1.0 毫克	2.38 毫克
维生素 B₆	1.0 毫克	2.38 毫克
维生素 B₁₂	15 微克	35.63 微克
亚油酸	0.1%	2.38%

注：[a]营养需要量基于日采食量加浪费 2.5 千克饲料量计算，饲料采食量也可根据公猪体重和期望增重量进行调整。

[b]日粮能量含量基于玉米、豆饼基础日粮，有效消化能和代谢能使用小于和大于25 千克体重猪净能的固定转化值计算。在这种日粮中，有效消化能和代谢能与真实消化能和代谢能相似。最佳日粮能量含量变化主要取决于当地饲料成分的价格，当使用其他饲料成分时，要按照净能含量换算，营养需要与营养—净能比率一致。

[c]假设饲料浪费量为 5%。

[d]表观回肠可消化氨基酸和总氨基酸需要量基于玉米、豆饼日粮，从标准回肠可消化氨基酸需要量以及添加 0.1% 盐酸赖氨酸和 3% 维生素和矿物质的玉米、豆饼日粮中氨基酸的含量来计算。每一种氨基酸需要量、日粮玉米和豆饼含量与营养需求应满足标准回肠可消化需要量。

[e]表观总消化道可消化磷和总磷需要量基于玉米和豆饼日粮，依据标准总消化道可消化磷需要量和日粮中玉米、豆饼和磷酸氢钙的需要量来计算，假设日粮中含0.1% 盐酸赖氨酸和 3% 的维生素和矿物质，玉米和豆饼应满足标准回肠可消化赖氨酸需要，磷酸氢钙应满足标准总消化道可消化磷需要。

^{f}1 国际单位维生素 A＝0.30 微克视黄醇或 0.344 克视黄醇乙酸酯。

^{g}1 国际单位维生素 D_2 或 D_3＝0.025 微克。

^{h}1 国际单位维生素 E＝0.67 毫克 D-α-生育酚或 1 毫克 DL-α-生育酚乙酸酯。近期猪营养研究已表明天然和人工合成 α-生育酚乙酸酯活性有本质差别。

^{h}玉米、高粱、小麦和大麦中不含尼克酸，其加工副产品中含量也很少，湿磨加工发酵处理后含量会增加。

^{i}表观回肠可消化氨基酸和总氨基酸需要量基于玉米、豆饼日粮，从标准回肠可消化氨基酸需要量以及添加 0.1％盐酸赖氨酸和 3％维生素和矿物质的玉米、豆饼日粮中氨基酸的含量来计算。每一种氨基酸需要量、日粮玉米和豆饼含量与营养需求应满足标准回肠可消化需要量。

参考文献

孙卫东.2010.猪场消毒、免疫接种和药物保健技术.北京：化学工业出版社.

王爱国.2006.现代实用养猪技术.第2版.北京：中国农业出版社.

王佳贵，肖冠华.2009.高效健康养猪关键技术.北京：化学工业出版社.

王云林.2007.现代中国养猪.北京：金盾出版社.

最受养殖户欢迎的精品图书·猪

书　名	书号	作者	定价	开本	出版时间
仔猪健康养殖百问百答　第二版	978 - 7 - 109 - 18395 - 7	董传河 王会珍 吴占元	12	32 开	2014 年 1 月
目标养猪新法　第三版	978 - 7 - 109 - 18345 - 2	季海峰	18	32 开	2014 年 1 月
实用猪病诊疗新技术 第二版	978 - 7 - 109 - 18156 - 4	王建华 李青松 杨　凌	28	32 开	2014 年 1 月
瘦肉型猪快速饲养与疾病防治　第二版	978 - 7 - 109 - 18133 - 5	陈明勇 王宏辉	26	32 开	2014 年 1 月
无公害母猪标准化生产　第二版	978 - 7 - 109 - 18190 - 8	刘　彦	15	32 开	2014 年 1 月
育肥猪健康养殖百问百答　第二版	978 - 7 - 109 - 18149 - 6	柳桂霞等	14	32 开	2014 年 1 月
现代猪场生产管理实用技术　第三版	978 - 7 - 109 - 18706 - 1	曲万文	28	32 开	2014 年 1 月
养猪 300 问　第三版	978 - 7 - 109 - 18811 - 2	周元军等	19.5	32 开	2014 年 1 月

图解畜禽标准化规模养殖系列

书　名	书号	作者	定价	开本	出版时间
猪标准化规模养殖图册	978-7-109-17348-4	吴　德	168	16开	2012年12月
肉鸡标准化规模养殖图册	978-7-109-16441-3	张克英	68	16开	2012年1月
蛋鸡标准化规模养殖图册	978-7-109-16417-8	朱　庆	96	16开	2013年1月
鸭标准化规模养殖图册	978-7-109-17369-9	程安春 王继文	98	16开	2012年8月
鹅标准化规模养殖图册	978-7-109-17084-1	王继文 李　亮 马　敏	80	16开	2013年1月
肉牛标准化规模养殖图册	978-7-109-16418-5	王之盛 万发春	88	16开	2012年1月
奶牛标准化规模养殖图册	978-7-109-16356-0	王之盛 刘长松	88	16开	2012年1月
山羊标准化规模养殖图册	978-7-109-16439-0	杨在宾	120	16开	2012年1月
绵羊标准化规模养殖技术图册	978-7-109-17141-1	张红平	112	16开	2012年8月
兔标准化规模养殖图册	978-7-109-16380-5	谢晓红 易　军 赖松家	88	16开	2012年1月